卷首语：新数据库时代 & 软件定义汽车

生于2001年的《程序员》曾陪伴无数开发者成长，影响了一代又一代的中国技术人，成为了众多技术人的必备读物和从业指南。当这些技术人已经成为核心技术骨干、首席科学家、CTO、企业创始人时，聊起《程序员》，依然侃侃而谈、激情盎然。

相比于20年前，今天的IT技术已经发生了翻天覆地的变化。技术的迅猛发展推动了全行业的数字化变革，在科技的驱动下全球经济取得了蓬勃发展。数字经济崛起，人人都是开发者，家家都是技术公司，我们迎来了开发者最好的大时代！

应时而需，20年后的今天，全新升级版的《新程序员》带着新使命而来。世界级技术大师的深邃思考、前沿技术的发展以及深入行业的应用实践，以音视频、图文等丰富形式为载体，为读者带来深度的IT产业解读和核心技术的一线实践。

继《新程序员.001：开发者黄金十年》后，《新程序员》迎来第二期，重点聚焦“新数据库时代”和“软件定义汽车”两大专题。

新数据库时代

时至今日，数据库在技术领域已发展成熟，它已经有了诸多细分的类别，仍然焕发着新活力。在过去几年间，许多新生数据库诞生并以迅猛之势打开市场，资本对于数据库产业的关注也正在显著提升。位列DB-Engines Ranking第五的MongoDB拥有百亿美元的市值，TiDB创下了全球数据库历史的融资里程碑。本期专题中，数据库理论领域创始人之一、“龙书”——《编译原理》作者、2020年图灵奖得主Jeffrey Ullman断言：数据库领域有足够的资金去生存，不会进入像AI寒冬这样的周期性循环。

面向未来，谁将改变数据库的游戏规则？MongoDB CTO Mark Porter笃定人工智能，阿里云数据库掌门人李飞飞则认为云原生和分布式将成为未来发展方向。

数据库这一领域充分体现了技术人爱造轮子和精准工匠的天性。关系型数据库、非关系型数据库、文档型数据库、分布式数据库、混合式数据库、时序数据库、图数据库、AI向量数据库……对于数据库学习者，本期内容可以让你在最短的时间内概览全局、找准定位点；对于数据库应用者，可以为业务场景和工具选型寻得趁手利器；想要再造性能更优的数据库，你也可以从前行者的洞察中获得启迪，觅得趋势。

软件定义汽车

过去二十年，在为了提供更多安全及娱乐功能的需求的推动下，汽车已经从单纯的交通工具转变为移动计算中心。与服务器机架、高速光纤互连不同，ECU和电路之间的数据通信发生在整个车身内（甚至车身外）。每一次出行，车辆可能都会执行数百万行代码。

在全行业数字化的今天，新一轮的技术变革正在从根本上动摇传统汽车行业的百年游戏规则，并出现了以特斯拉、蔚来、小鹏等为代表的造车新势力与以英伟达、百度、华为等为代表的技术赋能者，“软件吞噬汽车”为互联网公司及开发者带来了前所未有的机遇。但对于众多起于互联网的技术人员而言，汽车行业的开发有何不同？智能网联汽车需要开发者具备什么样的技术能力？且看本期作者娓娓道来。

围绕以上两大主题，我们共邀请了六十余位数据库和智能汽车领域的专家深度参与策划、采访和撰稿，最后精选出43篇深度文章、2张技术及产业全景图、二十多条精彩视频。

左手技术，右手实践，《新程序员.002》让你迅速掌握核心技术，深入热点行业，将自己的技术成长之路与主流产业实践相结合，快速迈入智能化新时代！

《新程序员》编辑部

2021年9月

CONTENTS 目录

策划出品
CSDN

出品人
蒋涛

专家顾问
李海翔 | 俞斌 | 周傲英 | 盖国强 | 杨福川 | 沈嵘
蒋彪

总编辑
孟迎霞

执行总编
唐小引

编辑
田玮靖 | 邓晓娟 | 杨阳 | 屠敏 | 徐威龙 | 何苗
侯菲艳 | 郑丽媛

运营
杨过 | 武力 | 张红月 | 刘双双

美术设计
纪明超 | 席傲然

读者服务部
胡红芳

读者邮箱：reader@csdn.net
地址：北京市朝阳区酒仙桥路10号恒通国际商务园B8座2层，100015
电话：400-660-0108
微信号：csdnkefu

扫描二维码
观看更多精彩内容

软件定义汽车

悦读时间

百味

本期配套视频内容总汇

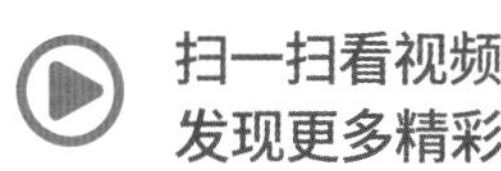

走进新数据库时代!

文 | 《新程序员》编辑部

我们正在迎来数据库的重要时刻!

在开源吞噬软件、互联网数据海量的今天，数据库进入了全新的阶段。

第一，新型数据库全面兴起。数据库领域不再是关系型、非关系型两分天下的局面。借助5G、AI、云计算、大数据等新技术的发展，数据库领域呈现出技术融合的趋势，并涌现出云数据库、AI向量数据库、多模型数据库、超融合时序数据库等新兴产品。

第二，数据库开源已成趋势。一览DB-Engines Ranking，前五中开源占了三位。回想当初，MySQL以开源之势突围、PostgreSQL依托开源全球开花。今天，越来越多的数据库正在以开源构建山河，PolarDB、OceanBase先后开源就是非常典型的例子。

第三，资本的热烈投入。在国际市场，MongoDB身为全球第五大数据库坐拥百亿美元市值，架设于各大公有云之上的Snowflake以825.84亿美元笑傲群雄。而在中国市场，TiDB已经走向国际，并以2.7亿美元的融资为全球数据库历史写下了浓墨重彩的一笔，TDengine、Milvus亦是炙手可热的数据库新秀。

第四，数字化转型正当时。数字化、智能化正在如火如荼地进行中，以金融、制造等为代表的行业还有极大可能上云、替代或升级数据库的空间。

本期《新程序员》将从五个维度为你打开“新数据库时代”的大门：

- 从“数据库发展报告”到资深专家对数据库过去、现在、未来的分析与展望这一过程阐述数据库系统的发展历程。
- 通过介绍以MongoDB、PostgreSQL、人大金仓Kingbase、阿里巴巴PolarDB、蚂蚁集团OceanBase为代表的数据库主流产品，深入讲述数据库技术实践。
- 通过分布式数据库、混合式数据库、时序数据库、图数据库等类型的数据库应用，概览数据库生态。
- 结合行业实践，如面向AI、面向金融的数据库解决方案，了解产业应用。
- 从个人成长角度，分享数据库行业专家的个人经验、数据库系统选型方法论，并邀请资深专家解答开发者关心的数据库技术问题。

同时，本期《新程序员》汇集了数据库理论创始人之一的图灵奖得主Jeffrey Ullman、MongoDB CTO Mark Porter、华东师范大学副校长周傲英、OceanBase创始人阳振坤、阿里云数据库总负责人李飞飞、TiDB创始人黄东旭、云和恩墨创始人盖国强、Neo4j亚太地区技术专家俞方桦等人的深邃思考，致力于全方位解读数据库生态现状、产业应用、技术趋势，并分享企业及个人的数据库实践经验，为众多数据库从业者的职业及个人成长提供双重助力。

此外，我们邀请数位专家精心打造《2021数据库技术与生态全景图》随书收藏，图中汇集当下主流的全球数据库产品，并将其开源。这些数据库星辰大海中的“个体”，将与大家一起构筑、见证“新数据库时代”的到来。

2021年度数据库发展研究报告：关键技术及产业应用

文 | 中国信息通信研究院

管理和分析数据，是人类进入信息时代后推动社会进步的关键环节。当前，随着数据要素市场化配置上升为国家战略，数据正式成为企业、产业乃至国家的战略性资源。数据库系统作为承载数据存储和计算功能的专用软件，经过半个多世纪的发展演进，已成为最主流的数据处理工具，是各企业数据工作流程的核心。2020年，全球数据库市场规模达到671亿美元，中国数据库市场规模约为240.9亿元，占比约5.2%，市场空间广阔。

当前，新一轮科技革命迅猛发展，数据规模爆炸性增长、数据类型愈发丰富、数据应用快速深化，促使数据库产业再次进入创新周期中的混沌状态。全球范围内创新型数据库产品快速涌现，市场格局剧烈变革，我国数据库产业进入重大发展机遇期。

数据库关键技术及发展趋势

数据库技术发展历程

首款企业级数据库产品诞生于20世纪60年代，六十余年发展过程中，数据库共经历前关系型、关系型和后关系型三大阶段（见图1）。

■ 前关系型数据库阶段（1960—1970年）的数据模型主要基于网状模型和层次模型（见图2），代表产品为IDS和IMS，该类产品在当时较好地解决了数据集中存储和共享的问题，但在数据抽象程度和独立性上存在明显不足。

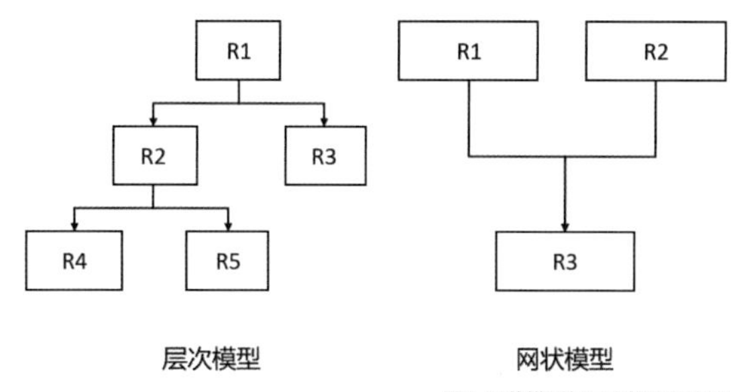

图2 网状模型与层次模型示意图

■ 关系型数据库阶段（1970—2008年）以IBM公司研

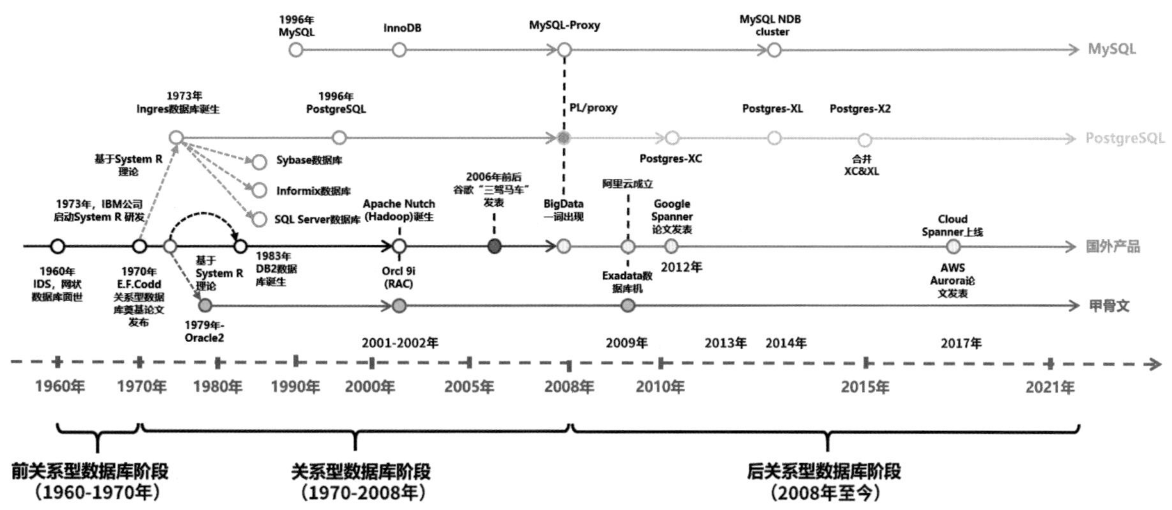

图1 数据库发展历程重要节点

究员E. F. Codd提出关系模型概念（见图3），论述范式理论作为开启标志，期间诞生了一批以Db2、Sybase、Oracle、SQL Server、MySQL、PostgreSQL等为代表的广泛应用的关系型数据库，该阶段技术脉络逐步清晰、市场格局趋于稳定。

学号	姓名	年龄	性别	专业
001	张三	20	男	计算机
002	李四	25	男	软件工程
003	王五	23	男	自动化
004	赵六	22	女	电子工程

图3 关系模型示意图

■ 谷歌的三篇论文开启了后关系型数据库阶段（2008年至今），该阶段由于数据规模爆炸增长、数据类型不断丰富、数据应用不断深化，技术路线呈现多样化发展（见图4）。随着各行业数字化转型不断深入，5G、云计算等新兴技术快速发展，传统数据库的应用系统纷纷优化升级。全球市场格局剧烈变革，我国数据库产业进入重大发展机遇期。

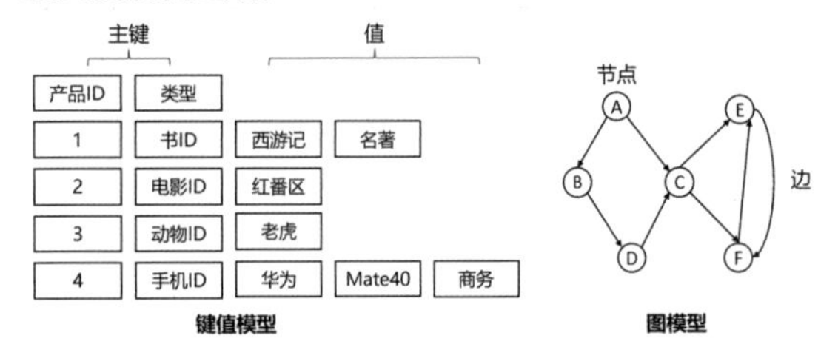

图4 部分非关系模型示意图

数据库技术发展趋势

大数据时代，数据量不断爆炸式增长，数据存储结构也越来越灵活多样，日益变革的新兴业务需求催生数据库及应用系统，其存在形式也愈发丰富。这些变化均对数据库的各类能力不断提出挑战，推动数据库技术的不断演进。

趋势一：多模数据库实现一库多用

后关系型数据库阶段，数据结构越来越灵活多样，如表格类型的关系数据、半结构化的用户画像数据以及非结构化的图片和视频数据等。这些多种结构的数据对应用程序提出了不同存储要求，数据的多样性成为数据库平台面临的一大挑战，数据库因此需要适应多类型数据管理的需求。多模数据库支持灵活地存储不同类型的数据，将各种类型的数据进行集中存储、查询和处理，可以同时满足应用程序对于结构化、半结构化和非结构化数据的统一管理需求。目前行业以Azure Cosmos DB、ArangoDB、SequoiaDB和Lindorm等多模数据库为典型代表。未来在云化架构下，多类型数据管理是一种新趋势，也是简化运维、节省开发成本的一个新选择。

趋势二：统一框架支撑分析与事务混合处理

业务系统的数据处理分为联机事务处理（On-Line Transaction Processing，OLTP）与联机分析处理（On-Line Analytical Processing，OLAP）两类。企业通常维护不同数据库以便支持两类不同的任务，管理和维护成本高。因此，能够统一支持OLTP和OLAP的数据库成为众多企业的需求。产业界当前正基于创新的计算存储框架研发HTAP（Hybrid Transaction and Analytical Process，混合事务和分析处理）数据库，其能够基于统一引擎同时支撑业务系统运行和分析决策场景，避免在传统架构中，出现在线与离线数据库之间大量的数据交互。目前HTAP大致有两种实现方式。第一种是主、备库物理隔离，主库运行OLTP负载，备库运行OLAP负载，主备之间通过重做日志进行数据同步。第二种是采用一体化设计，通过同一套引擎实现混合负载，区分OLTP与OLAP请求所在资源组，对资源组进行逻辑隔离，如Oracle多租户隔离机制。HTAP典型产品有Oracle、SQL Server、Greenplum、TiDB、OceanBase和PolarDB等。需要注意的是，HTAP的价值在于更加简单通用，对于绝大部分中等规模的客户，数据量不会特别大，只需一套系统即可。但对于超大型互联网企业，HTAP数据库的分析性能可能不如专用OLAP数据库或大数据平台。

趋势三：运用AI实现管理自治

面对大规模数据和不同的应用场景，传统数据库组件存在业务类型不敏感、查询优化能力弱等问题。目前研究通过用机器学习算法替代传统数据库组件来实现更高的查询和存储效率，自动化处理各种任务，例如自动管理计算与存储资源、自动防范恶意访问与攻击、主动实现数据库智能调优。机器学习算法通过分析大量数据记录，标记异常值和异常模式，既可以帮助企业提高安全性、防范入侵者破坏，还可以在系统运行时自动、连续、无人工干预地执行修补、调优、备份和升级操作，尽可能减少人为错误或恶意行为，确保数据库高效运行、安全无失。2019年6月，Oracle推出云上自治数据库Autonomous Database；2020年4月，阿里云发布“自动驾驶”级数据库平台DAS；2021年3月，华为发布了融入AI框架的openGauss2.0版本。其均采用上述思想以降低数据库集群的运维管理成本，保障数据库持续稳定、高效运行。未来，80%以上的日常运维工作有望借助AI完成。

趋势四：充分利用新兴硬件

最近十几年，新兴硬件在经历了学术研究、工程化和产品化阶段的发展，对数据库系统设计提供了广阔思路。期间进步最大的硬件技术是多处理器（SMP）、多核（MultiCore）、大内存（Big Memory）和固态硬盘（SSD），多处理器和多核为并行处理提供了可能，SSD大幅提升了数据库系统的IOPS和降低了延迟，大内存促进了内存数据库引擎的发展。根据第三方机构Wikibon预测，2026年SSD单TB成本将低于机械硬盘，达到15美元/TB；非易失性内存（NVM）具有容量大、低延迟、字节寻址、持久化等特性，能够应用于传统数据库存储引擎各个部分，如索引、事务并发控制、日志、垃圾回收等方面；GPU适用于特定数据库操作加速，如扫描、谓词过滤、大量数据的排序、大表关联、聚集等操作；互联网公司在FPGA加速方面进行了很多探索，例如微软利用FPGA加速网卡处理，百度利用FPGA加速查询处理等。随着新型硬件成本逐渐降低，充分利用新兴硬件资源提升数据库性能、降低成本，是未来数据库发展的重要方向之一。

趋势五：与云基础设施深度结合

Gartner预测，到2022年75%的数据库将托管在云端。云计算技术的不断发展催生出将数据库部署在云上的需求，以云服务形式提供数据库功能的云数据库应运而生。云与数据库的融合，减少了数据库参数的重复配置，具有快速部署、高扩展性、高可用性、可迁移性、易运维性和资源隔离等特点。具体有两种形态，一种是基于云资源部署的传统数据库；另一种是基于容器化、微服务、Serverless等理念设计的存算分离的云原生数据库。云原生数据库可以随时随地从多前端访问，提供云服务的计算节点，并且能够灵活、及时地调动资源进行扩、缩容，助力企业降本增效。以AWS、阿里云、Snowflake等为代表的企业，开创了云原生数据库时代。未来，数据库将深度结合云原生与分布式特点，帮助用户实现最大限度资源池化、弹性变配、超高并发等能力，更加便捷、低成本实现云上数字化转型与升级。

趋势六：隐私计算技术助力安全能力提升

随着数据上云趋势显著，云数据库面临的风险相较于传统数据库更加多样化、复杂化。如何解决第三方可信问题是云数据库面临的首要安全挑战。当前云数据库数据安全隐私保护是针对数据所处阶段来制定保护措施的，如在数据传输阶段使用安全传输协议SSL/TLS，在数据持久化存储阶段使用透明存储加密，在返回结果阶段使用数据脱敏策略等。这些传统技术手段虽然可以解决单点风险，但不成体系，且对处于运行或运维状态下的数据缺少有效保护。近年来以同态加密等密码学为代表的软件解决方案和以可信执行环境（TEE）为代表的硬件方案为数据库安全设计提供了许多新思路。密码学方案的核心思路是整个运算过程都在密文状态，通过基于数学理论的算法来直接对密文数据进行检索与计算。硬件方案的核心思路是将存放于普通环境（REE）的加密数据传递给TEE侧，并在TEE侧完成数据解密和计算任务。基于隐私计算技术的数据库产品有CryptDB、ZeroDB、openGauss等。未来，此类数据库将围绕算法安全性和性能损耗等问题，逐步突破，进而提供覆盖数据全生命周期的安全保护机制。

趋势七：区块链数据库辅助数据存证溯源

数据库管理员或黑客对数据库历史记录的修改是一个

经常爆发的问题。但是区块链具有去中心化、信息不可篡改等特征，区块链数据库能够长期留存有效记录，其所有历史操作均不可更改并能追溯，适用于金融等行业的应用场景，典型产品有BlockchainDB、BigchainDB和ChainSQL等。区块链数据库由于要解决节点拜占庭问题而不得不采用代价更高的PBFT、PoW等共识算法，这成为应用落地的一大挑战。此外，由于没有统一的协调者，如何保证区块链网络分片时分布式系统的安全性，高并发下的并行控制如何保证ACID也都是设计者不可忽视的问题。未来，提升区块链数据库性能将成为学术界与工业界共同探讨的主题。

数据库产业发展

全球数据库产业生态成熟壮大，在发展过程中，逐渐细分为数据库产品、数据库服务和数据库支撑体系三个产业（见图5）。

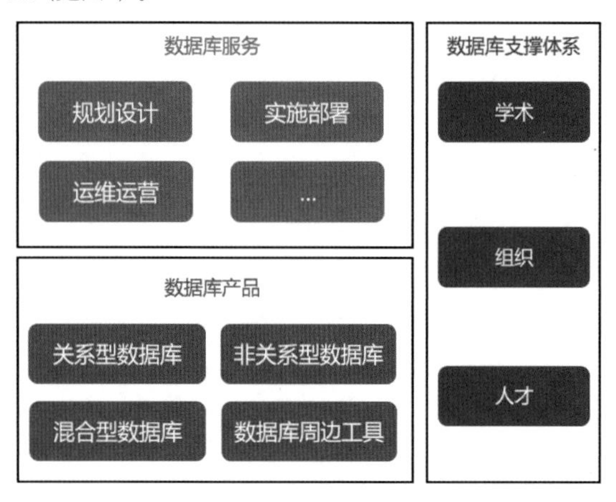

图5 数据库产业链类别全景

2020年全球数据库市场规模为671亿美元，其中中国数据库市场规模为35亿美元（约合240.9亿元），占全球5.2%。

预计到2025年，全球数据库市场规模将达到798亿美元，中国的IT总支出将占全球12.3%。中国数据库市场在全球的占比将在2025年接近中国IT总支出在全球的占比，中国数据库市场总规模将达到688.02亿元（见图6），市场年复合增长率（CAGR）为23.4%。

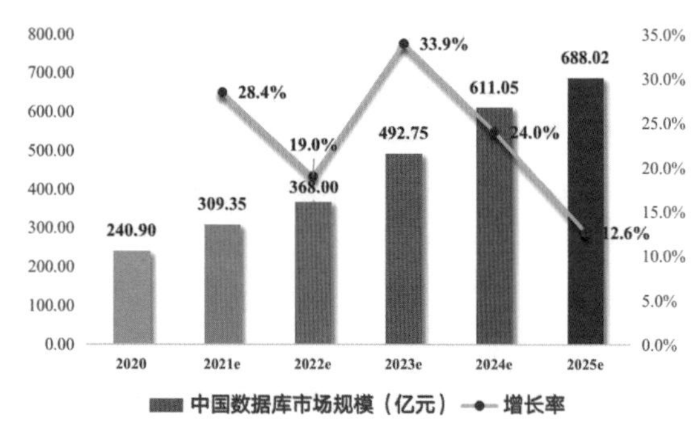

图6 中国数据库市场规模及增速

数据库产品

企业主体大部分仍处于发展初期阶段

截至2021年5月底，我国数据库产品提供商共计80家，地域分布以一线城市为主，数量最多的前五名是北京、杭州、上海、成都和深圳，分别是43、9、7、3、2个。虽然我国数据库企业众多，但员工数量普遍在百人以下。可见，虽然数据库平均从业人员数量较少，但仍在快速发展阶段（见图7）。

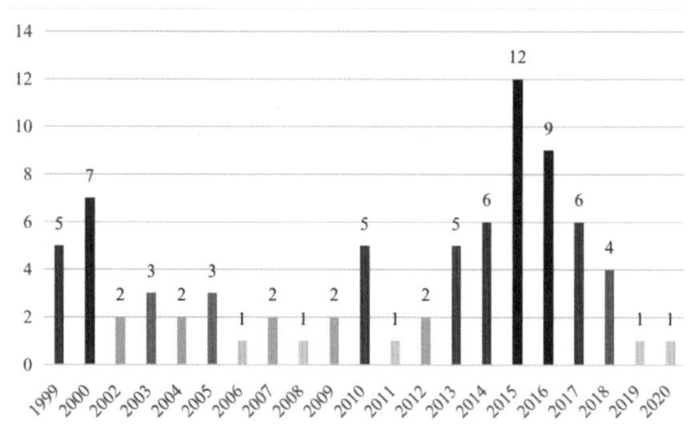

图7 我国数据库企业成立时间分布情况

我国数据库企业针对数据库领域的平均专利数量（含国内外专利）为38个，最高为500个左右；专利数为0的企业有19个，占比24%。拥有专利数0~4个的企业占比最高为51%；专利数5~10个的企业次之，占比为14%；专利数21~50个的企业数量排名第三，占比为12%。从企业专利数量上看，Oracle以1.4万个领先全球，SAP居次席，国内数据库企业的技术专利累计千余，仍有较大发展空间。

产品类型仍以关系型为主，非关系型产品正在快速发展

我国数据库产品类型分布呈现以关系型数据库为主（见

图8）、非关系型及混合型数据库为辅的局面。数据库产品根据研发方式不同，分为完全自研和基于开源二次研发两类。

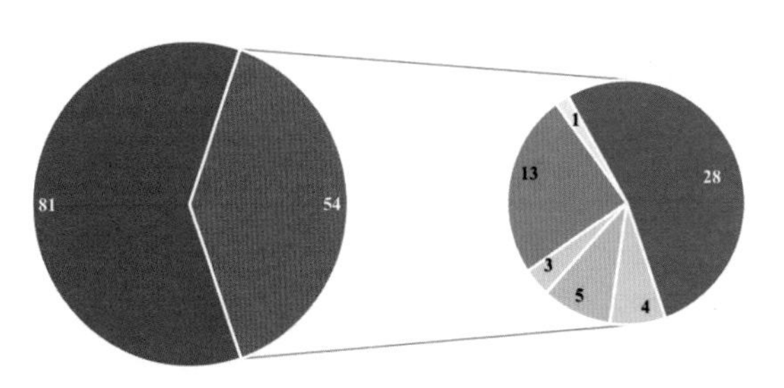

图8 我国数据库产品分布情况

截至2021年6月，我国数据库产品共有135个。其中关系型数据库81个，非关系型数据库有54个。关系型数据库中基于开源数据库MySQL和PostgreSQL进行二次开发的个数分别为23和24，依次占关系型数据库比例为28.40%和29.63%，总计占58.03%。

市场份额正逐渐倾向云上，线下市场迎来激烈竞争

随着云计算技术不断成熟，云上数据库市场快速增长。根据Gartner公司2019年发布的市场分析，在2017—2018年的全球数据库产业总营业额的18.4%增长中，云数据库管理产品的营业额占比68%。同时从2021年Gartner对数据库产品提供商的排名情况看，前十名中已经有四家以云服务为主要供应方式的企业，分别为微软、亚马逊、谷歌和阿里云。2020年，中国公有云数据库市场规模为107.68亿元，预计到2025年，中国公有云数据库市场总规模将达到503.31亿元。Gartner预测，到2023年，全球数据库市场中75%的数据库将完成云平台的迁移，仅有5%的数据保留在原本的本地模式中。

2020年数据库传统部署模式市场为133.22亿元，随着市场倾向的变化，在传统部署市场中替换国外数据库空间巨大。以关系型数据库为例，2017年以前市场格局十分稳定，Oracle、IBM、微软、Teradata等为代表的产品占据数据库传统部署模式市场份额90%以上，以达梦、人大金仓、南大通用、神舟通用为代表的国产数据库，通常聚焦于军工、政务等封闭领域，整体市场份额较小。如今，电信、金融等重要行业数据库改造方面需求变更不断，相关存量市场前景诱人。随着技术层面的分布式改造需求不断以及市场层面自发选择国产产品倾向，国产数据库市场份额有望得到大幅提升，各企业纷纷抢抓战略机遇，不断迭代、打磨产品性能，抢占市场份额。中国信通院大数据产品能力评测十二批结果显示，国产数据库供给能力较几年前得到大幅提升，产品功能逐渐完善，集群规模与日俱增，性能表现不断攀升，市场竞争程度较为激烈。

初创企业和巨头陆续投身开源市场

当下，开源已成为数据库产业的共识。2021年1月，DB-Engines官网显示，开源许可证流行度首次超过商业许可证，开源数据库迎来新纪元。截至2021年6月，开源与商业许可证数量分别为192和179，流行度分别占比51.1%和48.9%。

数据库服务

数据库服务产业主体主要由多年来在电信、金融、政务等重要行业提供外包IT运维服务的企业构成，成立时间普遍在十年以上，核心成员多为早期提供Oracle、Db2原厂或第三方服务的专家。由于企业数据库技术体系庞杂，需要服务提供商能够在横向上提供主流数据库产品和在纵向上提供多版本技术服务覆盖能力，服务行业技术壁垒较高。此外，由于一般与客户签订一至三年合同，服务提供商对客户系统非常熟悉，容易形成相对稳定的长期合作伙伴关系。特点是市场壁垒较高，新兴初创公司较少，巨头员工数量普遍在千人左右。头部典型企业有云和恩墨、新炬网络、海量数据、太阳塔、爱可生、中亦安图、万国数据、银信科技、天玑科技、新数科技、沃趣科技、迪思杰、九桥同步等。

数据库的服务范围主要覆盖规划设计、实施部署、运维运营三个方面，三个方面又细分为多个服务工作内容，如图9所示。

数据库支撑体系

由于数据库技术路线不断演进，当前数据库支撑体系也处于变革和创新的高发期。

学术研究仍以关系理论为重点，国内研究水平逐渐提升

2016—2020年，美国、中国、印度、德国和英国是全球数据库领域论文产出前五的国家，从高水平论文数量分析，英国被引论文数占3.15%，中国占0.26%（见图10）。

综合分析全球论文研究主题，除了关系型数据库，图论、图数据库、查询优化、机器学习、分布式处理、时序数据、流数据、时空数据、云数据库等也是当前火热的技术方向。此外，数据安全、隐私保护也是每年不可或缺的研究主题。

全球数据库领域学术影响逐渐提升。高校及企业在ICDE论文贡献占比最高，三年依次为28.19%、37.31%和43.15%，三大会议每年贡献占比平均为22.14%、23.74%和23.81%，数量呈逐年上升趋势，研究方向以图论、图数据库、数据挖掘、机器学习、查询处理等方向为主（见图11）。

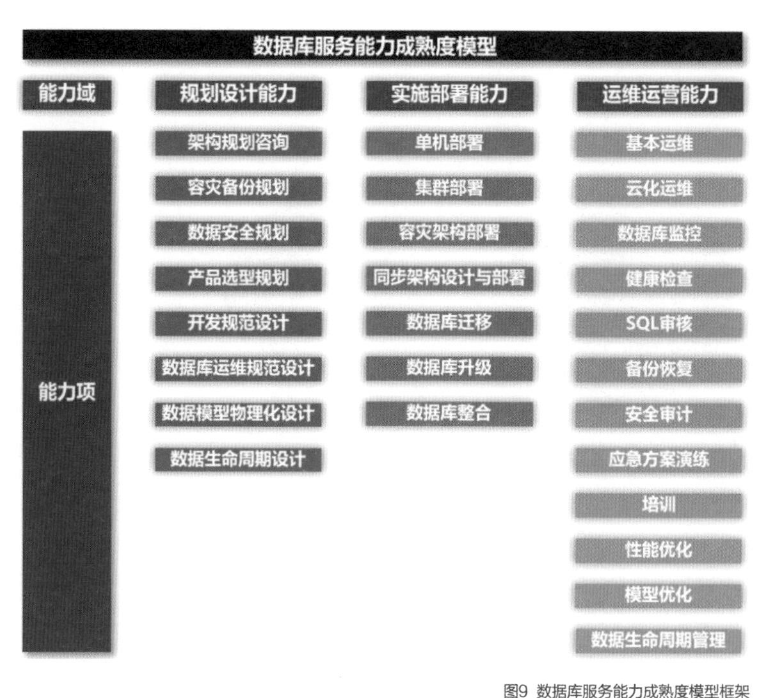

图9 数据库服务能力成熟度模型框架

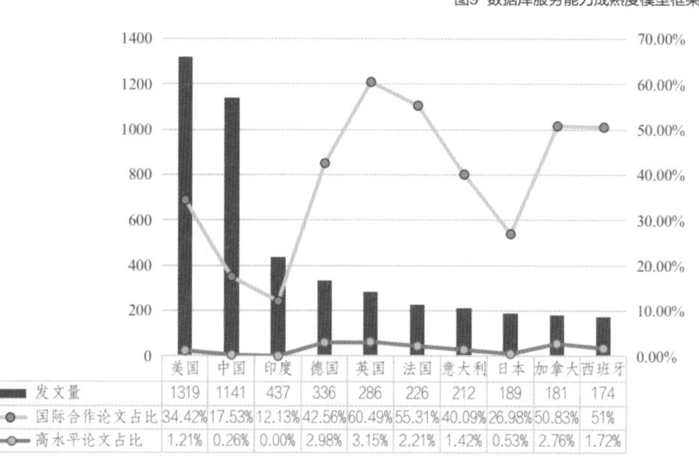

	美国	中国	印度	德国	英国	法国	意大利	日本	加拿大	西班牙
发文量	1319	1141	437	336	286	226	212	189	181	174
国际合作论文占比	34.42%	17.53%	12.13%	42.56%	60.49%	55.31%	40.09%	26.98%	50.83%	51%
高水平论文占比	1.21%	0.26%	0.00%	2.98%	3.15%	2.21%	1.42%	0.53%	2.76%	1.72%

图10 全球各国数据库领域发文量及质量

领域内各类组织形成，产业热度不断提高

数据库支撑体系组织主要分为以下四类：

■ 第一类是具备官方背景的研究组织，例如以中国计算机学会（CCF）数据库专业委员会为代表的学术组织和以通信标准化协会大数据技术标准推进委员会（CCSA TC601）为代表的行业组织，用于汇聚国内数据库理论研究头部力量。

■ 第二类是数据库从业人员牵头发起的面向数据库技术爱好者的用户组织，如面向DBA的ACDU、面向Oracle用户的ACOUG、面向MySQL用户的ACMUG、面向PostgreSQL用户的中国开源软件推进联盟PostgreSQL分会等，用于进行各类专题技术交流和讨论。

■ 第三类是由数据库企业组建，探讨自身特定产品的官方技术社区，如阿里云开发者社区、华为云openGauss社区、PingCAP AskTUG社区、PostgreSQL

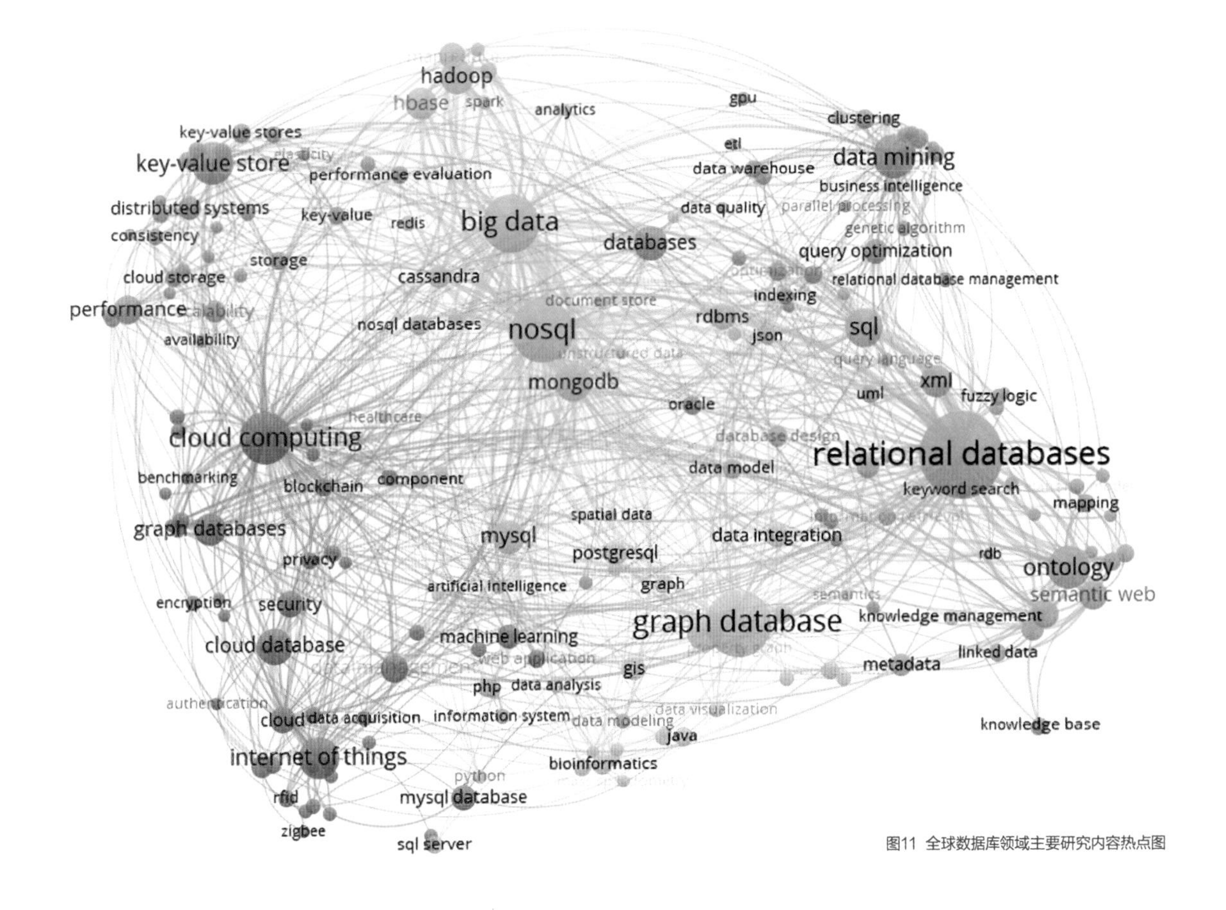

图11 全球数据库领域主要研究内容热点图

中文社区、爱可生开源社区、移动云开发者社区等。

■ 第四类是汇聚数据库整体行业信息的第三方技术社区，如墨天轮、DBAplus等，用于搭建领域内线上交流平台。

多层级数据库人才培训体系正在快速形成

当前数据库人才培养渠道主要有三个：高校、培训机构和企业。各渠道分别具有不同的培训方式和培训目标。

■ 高校注重普适教育，重视社会人才发展大趋势需求。通过原理性知识传授、数据库系统应用实践等教学方式，为数据库产业发展提供了大量储备人才。

■ 培训机构是数据库人才认证、获取的主要来源。培训机构累计为合作伙伴培训学员超5万人次，其中获得Oracle、MySQL、PostgreSQL认证学员数千人，为企业输送专业DBA万余人。培训方式为厂商授权培训中心或联合认证培训中心等组织培训，培训知识主要面向数据库工程实践和应用。

■ 企业基于人才培养时间成本、人才可用性等考量因素，多渠道聚集人才进行认证、培训。一方面，数据库厂商开始建立自己的认证体系，并形成了不同级别的培训课程和认证考试；另一方面，一些企业开始加强与院校的产教融合联系，通过与高校进行教材编撰、实训开发、专业共建、人才共建等项目合作，在高校提前培养数据库相关储备人才。

数据库领域受资本市场高度追捧

自2013年至今，数据库企业累计完成约42次融资。根据披露的金额，融资额度总计约为78.6亿元。由此看出，近些年随着国产数据库概念的火热与应用需求多样化带动的技术变革，国内外各路资本纷纷注入数据库产业，形成“百舸争流”的旺盛态势。

数据库典型行业应用动态

金融、电信、政务、制造、互联网行业占数据库产品及服务采购份额前五名，采购总和占全部市场份额的80%以上。

金融行业&电信行业

金融和电信行业的重要数据库系统由于支撑大量涉账业务，其正确性和连续性关系国计民生，在强监管压力下，对数据一致性要求极高，所以主要应用以关系型数据库为主。从业务系统数量角度分析，我国金融行业各类数据库占比为Oracle 55%、Db2 19%、MySQL 13%、PostgreSQL 6%，其他7%。

金融和电信行业在数据库应用方面正在呈现三大趋势：一是大部分存量数据库将向分布式架构升级；二是应用大量非关系型数据库助力创新业务落地；三是产品选型逐渐倾向国产数据库供应商。

政务行业

《第15届国际数字政府评估排名报告》显示，中国处于第37位，仍处于较落后的水平。数字政府能力的提升，需依赖强大的现代化智能治理基础设施，而数据库作为支撑数据存储和计算的核心组件，是智能治理基础设施的重要组成部分。

当前我国在提升社会治理的数字化治理水平过程中，主要呈现两大特点：一是个体、企业和社会等被治理对象数量庞大、日趋复杂，而当前我国智能治理基础设施仍以传统关系型数据库为主，效率较低，亟需变革更新；二是智能治理要求各层、各机构政府人员深度应用信息科技工具，而当前信息科技工具应用普遍需要较高门槛，政务行业科技能力储备情况普遍较低，导致数据基础设施建设完成之后，应用效果不佳，难以达到预期效果。

当前政务行业在数据库应用方面正在呈现两大趋势：一是大范围应用空间型、关联型数据库等产品；二是利用各类工具组件，做到数据库应用“平民化”。

制造业

工业场景中，80%以上的监测数据都是实时数据，且都是带有时间戳并按顺序产生的数据，这些来源于传感器或监控系统的数据被实时地采集并反馈出系统或作业的状态。

未来工业行业在数据库应用方面将呈现两大趋势：一是应用大量时序数据库；二是逐步向边缘计算发展。

互联网

2020年，我国具备规模的互联网和相关服务企业（简称互联网企业）完成业务收入12838亿元，其中电子商务、社交、游戏、音视频、搜索引擎五类业务合计收入占总收入的比重达85%。这五类业务均需要极致快速的用户体验作为竞争优势基础，而这离不开底层IT系统中数据库的科学建设与持续优化。

未来互联网行业在数据库应用方面将呈现三大趋势：一是利用内存数据库加速业务效率；二是开源数据库应用更加广泛；三是初创公司利用云数据库促进其快速发展。

总结

“明者见于无形，智者虑于未萌”，当前我国数据库产业的发展格局，是紧跟时代步伐顺应历史规律、着眼全球提升国际综合竞争力、立足国情推动新旧动能接续转换的外在表现。我们相信，以数据库为代表的新型数据基础设施会不断创新发展，这对于全面建设社会主义现代化国家的征程，将起到重要的推动作用。未来已来，拭目以待。

对话图灵奖得主Jeffrey Ullman：数据库不会进入周期性的坏循环

文 | 田玮靖　译 | 何雨

从20世纪60年代至今，数据库领域不断迭代更新，现愈发蓬勃。作为数据库理论创始人，Jeffrey Ullman见证了这一发展历程，他坦言数据库发展不会有“AI寒冬”这样的时期。本期《新程序员》邀请到Jeffrey Ullman，就其精彩的程序人生和技术观点进行了访谈。

回答嘉宾

Jeffrey Ullman

2020年图灵奖得主、斯坦福大学名誉教授、美国计算机协会（ACM）院士、2000年Knuth奖得主、2010年冯·诺依曼奖章得主、Gradiance CEO。研究领域主要包括数据库理论、数据集成、数据挖掘，及利用信息基础设施实现教育，著有《编译原理》《计算机算法的设计与分析》《大数据：互联网大规模数据挖掘与分布式处理》等图书。

提问嘉宾

邹欣

CSDN副总裁，曾在微软Azure、必应、Office和Windows产品团队担任首席研发经理，并在微软亚洲研究院工作了10年，在软件开发方面有着丰富的经验。著有《编程之美》《构建之法》《智能之门》《移山之道》4本技术书籍。

意外“入坑”，也格外“适合”的编程生涯

2020年，美国计算机协会（ACM）将图灵奖授予Jeffrey Ullman（以下简称Jeffrey）以及与他一直以来的好搭档、哥伦比亚大学名誉教授Alfred Aho，以表彰他们基于编程语言实现的基础算法和理论方面的成就，及其所编撰的书籍对几代计算机科学家所造成的积极影响。获奖消息一公布，便引发业界一片沸腾。

在接受《新程序员》采访时，他坦言对获得图灵奖感到很意外，就如同多年前他进入计算机科学领域一样，也是意料外的事情。Jeffrey回忆说，在他读大学的时候，“计算机科学”还不存在，当时他学的专业与数学应用相关，他一度认为自己可能是精算师岗位的一把好手，为此还参加了几次职业考试。但事情永远不会按照人们所预料的那样去发展，在实习工作期间，Jeffrey被派去协助运行Burroughs 5500计算机。从此他发现了一个“新大陆”，并由衷感受到：“编程很适合我。”

正是对数学与应用程序的浓厚兴趣，促使Jeffrey一步一步走向了计算机科学领域。在1966年攻读完普林斯顿大学电气工程博士后，Jeffrey随即加入贝尔实验室，正式开启了成就非凡的技术生涯，并最终成为世界知名的计算机科学家。

从数据库定义到生态，亲历数据库发展60年

众所周知，“数据库”这一术语是指由数据库管理系统

（Database Management System，简称DBMS，或称为数据库系统）管理的数据聚集。但数据库系统到底是什么？众说纷纭。

被称为“数据库理论创始人之一”的Jeffrey，根据自己多年的研究，通过《数据库系统基础教程》（见图1）一书，不断升级和更新他对数据库的理解。在2019年出版的原书第3版中，他对数据库系统作了如下定义：

■ 允许用户使用特殊的数据定义语言（Data-Definition Language，DDL），并说明它们的模式（Schema）即数据库的逻辑结构。

■ 使用合适的查询语言（Query Language）和数据操作语言（DataManipulation Language），为用户提供查询（Query，“查询”是数据库关于数据申请的术语）和更新（Modify）数据的能力。

■ 支持超大数据量（GB级及以上）数据的长时间存储，并且在数据查询和更新时支持对数据的有效存取。

■ 具有持久性，在面对各种故障、错误或用户错误地使用数据库时，数据库的恢复保证了数据的一致性。

■ 控制多个用户对数据的同时存取，不允许一个用户的操作影响另一个用户（称作隔离性，Isolation），也不允许对数据的不完整操作（称作原子性，Atomicity）。

作为计算机科学领域的核心方向之一，数据库系统的发展历史可以追溯至1958年，这一年第一个数据模型被提出。如今，全球已经诞生了成千上万款数据库产品，可谓是从零零星星到百卉千葩，今非昔比。即使在Jeffrey等人创建数据库系统理论时（20世纪80年代），也并没有预料到如今数据库的发展格局能够如此庞大。

生于1942年的Jeffrey几乎见证了整个数据库发展历程，所著《数据库系统原理》《数据库系统实现》《数据库系统基础教程》等图书与众多数据库相关论文，奠定了他在数据库领域的地位。不过，大多数人对他的印象停留在“龙书”（《编译原理》）作者，只因这本书太过著名（见图1）。该书1986年出版，随即成为许多高等院校

图1 Jeffrey Ullman经典著作代表（来源：机械工业出版社）

计算机及相关专业本科生及研究生的编译原理课程教材，也被广大技术人员倍加赞赏。

但他的成就远不止于此。除“龙书”外，Jeffrey亲自统计的出版物就有206个，其中，《自动机理论，语言和计算导论》《计算机算法的设计与分析》《大数据：互联网大规模数据挖掘与分布式处理》等书籍都被称为业界规范或经典之作。此外，他还是斯坦福大学名誉教授、美国计算机协会（ACM）院士、冯·诺依曼奖章、Knuth奖的获得者。

对话实录：《新程序员》vs数据库理论创始人

邹欣：首先祝贺你获得图灵奖！

Jeffrey：坦白说，完全没想过得这个奖。我想你可能已经注意到我写了很多书，一般来说，书籍并不是这个奖项授予的对象，我也不认为这些书是我一生的贡献。

邹欣：图灵奖一年只颁发一次，可能有点少，现实中有很多伟大的开拓者、科学家，甚至程序员值得拥有它。

Jeffrey：我很同意你的观点，你可能还有一个疑问，为什么图灵奖总是颁给长者呢？事实上，Alfred Aho和我是最老的。首位图灵奖获得者Alan Perlis在得奖时只有

四十多岁，而现在得奖者年纪越来越大了。这就像一种优先级队列，有些人可能永远得不到了。其中确实还有其他因素，比如人们在很多年后才认识到某种贡献的意义。几年前有三个研究深度学习的人被授予了图灵奖（指Yoshua Bengio、Geoffrey Hinton和Yann LeCun），因为他们在25年前做的工作，直到现在才被认识到大有用处。

邹欣：希望更多的贡献能及时得到认可，你从一开始的学术研究到后来成为专家，你能告诉我们一些贝尔实验室的信息吗？

Jeffrey： 我刚加入贝尔实验室时，它还是AT&T的一个分支。AT&T当时是美国的电话电报公司，由亚历山大·贝尔（Alexander Graham Bell）创建。AT&T有一些垄断性质，因为政府认为有一个全国电话就够了，所以他们四处架设电话线，这样就可以让一家公司垄断每个地区。我认为美国80%的地区都在AT&T的影响范围之内，直到联邦政府要求：一是公司不能随意收费，除非得到当地政府的批准。二是公司收入的1%必须投入研究事业中，是收入，而不是利润。这些钱大部分支付给那些直接产生效能的工程师，以此使电话系统更加优秀。科学家、工程师、数学家、物理学家、化学家、计算机科学家也拿到了一小部分，他们告诉我们“随便做什么都可以”。

我在贝尔实验室工作约一年后，在大厅遇到了实验室的总裁。他问我，“你是做什么的？”我解释了我正在做的一些疯狂的事情，他目光有些呆滞，对我说“只要你做得开心就好”。这就是当时大家的态度，所以这儿变成一个人们很想来工作的地方，自然就吸引了很多有能力的人，而且贝尔实验室给了他们真正想要的东西。他们只要提出要求，经理就会支持。比如UNIX这个项目，刚开始时，肯·汤普森（Kenneth Thompson）和丹尼斯·里奇（Dennis Ritchie）问他们的经理摩根·斯帕克斯（Morgan Sparks），“我们能购买一台小型机吗？”得到的回答是，“没问题，这就去买回来。”要知道，这如果是在大学，拿到PDP-11的可能性都非常小。

邹欣：我们现在经常听到AI这个词，但它曾经历过“AI寒冬”，那时AI领域的人甚至不愿意提及自己的专业，因为名声很坏，数据库经历过这样的时期吗？

Jeffrey： 我不知道它是否真的坏到了这种程度，AI寒冬只是周期性的。作为计算机科学的一个分支，AI的意图是让计算机、机器人的举止行为像人一样，并且能够像人一样思考。AI社区有些独特，他们许下了各种各样奇妙的承诺，但从未实现过。如果知道美国的基金是怎么运作的，你就会发现，假设告诉投资方，投资一笔钱就能让你做出很多让人惊奇的事，他们是很难对你说“不”的，因为他们不想错过下一个风口。这些钱会流入AI社区，并且什么都不会发生。也有人注意到了承诺和现实的差距，因此他们会缩减预算，但几年后，AI的从业者们又会提出其他奇妙的东西，这可能是种文化。

数据库或许和其他计算机科学的分支一样，从事一些比较现实的事情，没人会觉得他们不得不向数据库系统砸钱。数据库领域有足够的钱去生存，也不会进入像AI寒冬这样的周期性循环。

邹欣：你写过很多广为流传的著作，其中*Compilers: Principles, Techniques, and Tools*（《编译原理》）这本书曾被很多高校作为教材，但目前很多学校不开设编译原理，将其替换成了与生产应用相关的课程知识。

Jeffrey： 这确实在斯坦福发生，我们不再需要写编译相关的东西，我认为这已经是很普遍的事情。事实上，很少有人通过写编译程序赚钱，只有在学校，你才会让学生写上千行的代码。

编译程序很难写，但这不是不可能的事。我可能会写一些前端工具，也可能参与代码的优化，或者其他事情。如果你能在一个学期或者三个月内写一点编译程序的代码，不仅对你了解大体量的程序有好处，还能帮助你了解表达式是怎么起作用的，以及Context-free grammars（上下文无关文法）怎么工作等等。比如说，使用工具生成你的包，你可能会学到如何实现它，不只是写写代码，你也要知道它是怎么运算工作的。

Alfred Aho已经教授好多年不同的编译课程了。他教学生怎么使用我们开发的前端生成工具，如Lex和Yacc。学生被分成五人一组，并考虑一种自己可以设计和编写的语言来编译这些工具。不是使用C++、Java或者其他语言，而是让学生设计一些简易语言，并体会语言的合理性、多样性。有的小组成功了，并且有学生很喜欢这个教学方式，Alfred Aho认为，这是比教学生怎么写GCC（GNU编译器套件）这种传统教学更好的教学方式，因为几乎没有人这么做过。

邹欣：你的另一本书*Foundation of Computer Science*（《计算机科学基础》），你在主页中提到它可能没有被广泛印发，但它是对人们免费开放的，并且你认为它很重要。为什么？

Jeffrey：当时，我将因获得图灵奖而去写一篇论文，这篇文章可能最终会发布在CACM（ACM通信）上。我们决定编写计算机科学基础，而不是使用“龙书”，我们的想法是，计算机科学基础被设计成理论的第一门课程，在大学第二年学习，也就是在学完编程之后。

我们有两个主题。第一个主题是数学，数学和计算机技术实际上是同一事物的两个方面。在某种意义上，计算机技术是数学的实现，是你真正能够执行的东西。举个例子，数学家学习递归证明，这与计算机运行递归程序的思路是一致的。递归算法重点在于做什么，而数学家是证明它。数学家谈论的是图表，而我们谈论的是怎么实现图表以及图表上的算法。这就是这本书想要表达的观点。另一个主题就是抽象，计算机科学实际上是学习抽象概念。

邹欣：假如让你回到大学，在选专业时，你还选计算机科学吗？

Jeffrey：我已经毕业很久了，我上大学时还没有出现计算机科学这个专业。我的专业是应用数学和电子工程，我认为是很好的选择。其实我们有很多条路可以走，可以“去Oracle”，更好地实现、优化数据库；也可以从事与基因相关的工作。如果可以的话，我会鼓励人们不仅学习计算机科学，还要学习一些应用领域的知识，因为大多数计算机科学家未来要构建的是应用程序，而不是计算机或操作系统，或者任何核心系统。

十问数据库：过去、现在与未来

文 | 《新程序员》编辑部

数据库技术的蓬勃发展，不仅带动了产业的百家争鸣之势，更使中国数据库在国际数据库格局中占据了一席之地。与此同时，引发了业界诸多讨论与疑问，比如，面对国际顶流数据库的垄断态势，国产数据库如何破局？数据库趋势指向何方，是开源、分布式架构、云原生、HTAP，还是与AI、5G的结合？企业是否部署云原生，又如何解决安全问题？作为数据库行业的建设者，年轻程序员又该如何抓住机遇并提升自己？为此，本期《新程序员》邀请到6位数据库领域专家，共同探讨数据库的过去、现在、未来。

冯源
达梦公司副总经理

赵伟
南大通用高级副总裁

阳振坤
OceanBase数据库创始人兼首席科学家

周傲英
华东师范大学副校长、"智能+"研究院院长、数据科学与工程学院教授

林晓斌（丁奇）
腾讯云数据库负责人

黄东旭
PingCAP联合创始人兼CTO、TiDB作者

总结过去

第一问：纵观国产数据库发展历程，与国外数据库成为国际主流数据库的历程相比，是比较缓慢的过程，其中的原因是什么？又是什么原因使得国产数据库在此时迎来快速发展的春天？

冯源：第一，20世纪80年代到90年代的整体信息化水平存在差距，导致我国对数据库的需求不足以培育一个具备盈利和持续发展的市场和研发主体，不得不依赖于国家科研机构进行跟随研究。第二，国外Oracle等企业产品具备了先入优势，无论是产品成熟度、标准话语权还是市场认可度等方面，构建了技术和市场壁垒，后来者很难赶超。第三，近年来我国面临的贸易、科技争端，促成了社会认知和国家政策的一致，这使得壁垒在某种意义上大幅弱化，为国产厂商提供了发展空间。第四，互联网技术、云计算技术相对传统数据库是新的领域，国外厂商的先入优势并不显著。同时，国内巨头企业和社会资本在巨大的市场前景下，具备足够实力和动力持续支持分布式数据库、云数据库等新型产品的研发。

赵伟：国产数据库迎来巨大发展机遇的一个重要因素是国家信创战略的实施。当今世界，信息技术产业成为国际政治斗争的工具之一，外因使得全球信息产业不再充分市场化。中国有优势的信息产品在全球推广受到限制，需要采购的信息产品也受到控制。在这种情况下，中国数据库市场中客户选型考虑的技术因素、成本因素已经让位于数据安全、信息安全、国家安全因素。

数据库系统作为现代信息系统中最复杂、最关键的基础软件之一，迫切需要实现自主创新，不受制于人。国家信创战略正在党政、金融、电信等行业率先实现落地，在以国产CPU为基础的闭环信创体系中，实际上屏蔽了国外数据库产品（Oracle等美国数据库没有国产CPU版本），为数据库产业发展提供了特别的发展机遇。

阳振坤： 关系数据库是复杂、实时、关键基础设施，从诞生到成熟需要相当长的时间。Oracle的第一个版本诞生于1979年，MySQL的第一个版本诞生于1995年，都至少经过了十多年甚至更长的时间才成熟稳定。2000年开始，越来越多的业务从封闭的场景过渡到开放的互联网场景，这带来数据量和访问量的迅猛增长，传统集中式关系数据库无论是容量还是性能，以及性价比都已经无法匹配上述需求，这给了国产数据库良好的换道超车机会。

周傲英： 20世纪70年代末改革开放以后，国内对数据库就已经有足够的重视。至于为什么发展缓慢，有多方面的原因，我想强调以下三点：

第一，没有应用需求。“应用驱动创新”是数据库系统发展的基本特点，纵观数据库的发展历史，具体而迫切的应用需求是数据库起步和发展的根本驱动力。在国际数据库酝酿和大力发展的20世纪七八十年代，我们还处在计划经济时代，信息化也处在非常初级的阶段，包括金融在内的服务业还没有真正发展起来，所以也就谈不上对信息系统有什么需求。

第二，没有“硬核”研究。我在不久前就“硬核”发表过一点见解：包括成功的应用、体系化的技术，加上基于二者抽象出的概念和理论，方可称为“硬核”。从这个角度而言，数据库是典型的硬核科技。想要做硬核的事，从应用到技术再到理论是正道，反过来是捷径。应用、技术和理论三者联动才是创新之道。20世纪八九十年代是数据库产业和学术大发展的年代，系统方面有了Oracle、Db2这样的产品，理论方面完善了关系数据库、事务处理、基准评测试等。我们错过了这个时代，当然也就无法实现数据库的全方位进步。

第三，没有形成生态。有了大规模成功的应用和可以广泛推广应用的系统，还需要营造一个健康的商业生态。20世纪80年代初IBM率先研发出关系型数据库系统，随后推出的Oracle和Ingres就采取了不同的生态建设策略。回过头再看这些成功的产品系统，我们才认识到生态的重要性。要推出一个产品或者系统，不仅需要在销售、运维、宣传、培训与制定标准等方面全方位推进，还需要谋求把产品的理念、技术和理论写进教科书。我们在这方面是欠缺的，即使现在有了些许认识，但问题还是不小。我们常说“研究和应用两张皮”，其实我们有很多张皮，没有融合在一起。只有通过融合互动，才能建成健康的生态。

第二问：当前，国产数据库是否真正大规模使用了？与国际主流数据库的距离还有多远？应该如何发展？

赵伟： 国产数据库尚未大规模应用。只有国产数据库的市场占有率超过国外产品，在金融、电信等高端行业核心系统中有效替代国外产品，从可用变为好用，才能称得上大规模应用。

对国产数据库的发展建议是重视中国自主标准和知识产权建设，我国数据库产业的健康持续发展需要以自主数据库标准和知识产权布局为基础。数据库有SQL国际标准，在各种测试中，国产数据库的SQL符合度甚至超过国外产品，但是在数据库产业界，已形成事实上的国外垄断企业行业标准，很多客户的数据库选型标准甚至是Oracle兼容度。如果国产数据库都将百分之百的Oracle兼容度作为竞争优势，意味着投入了极大资源实现去“O”，随时可以回到“O”（一朝回到解放前）。从知识产权角度看，如果没有我国自己的数据库标准，一味追求与国外产品兼容也存在很大风险。因为国外产品的语法、接口也在知识产权保护范围之内，Oracle诉Google侵权Java API就是值得研究的案例。

阳振坤： 在国内，真正的国产数据库还在推广发展之中，跟国际主流数据库还有相当大的差距。许多数据库是对国外开源数据库的包装或者少量修改，难以称为真正的国产数据库。关系型数据库的研制没有捷径，国产数据库需要踏踏实实、一步一步地稳妥前行才能发展。

黄东旭： 第一，主要推动因素是国产数据库正逐步扩大规模。目前，中国数据库的总体规模仅占全球的5%左右；国产数据库在中国数据库市场仅占1/3，未来不仅在中国，在全球市场也有巨大的高速发展的机遇。其中一个推动力是，中国是数字经济和互联网发展大国，但大多数互联网企业都用开源或者不付费的数据库。在这种情况下，要想把中国互联网发展带动的数据库场景和大量部署转化为数据库发展的重大机遇，就需要借助云服务。另一个推动力是传统数据库市场的替代效应，如同Gartner和IDC预测的那样，国产数据库的中国市场份额可能会在五年之内从当前的1/3增长到2/3。

第二，未来成长机遇。从全球数据库产业变革的角度看，在经典数据库方面，国产数据库与Oracle、Db2等老牌数据库还有差距；但在新一代分布式与云原生数据库方面，国产数据库和北美领先产品没有代差。从成长性角度看，国产数据库会在中国数据库市场实现份额的扭转（从当前的1/3到五年后的2/3），也会在全球数据库市场获得外部机遇。

第三，未来发展路径。从数据库市场的特点看，数据库市场天然有一个存量市场和一个增量市场。存量市场主要是信息化时代的遗产，包括典型的ERP、供应链管理等。存量市场非常稳定，它本身有特定的行业成熟度和行业人才，数据量往往在十几个TB到几十个TB以内，替代成本周期比较长，需要持续渐进的努力。增量市场即数字化与互联网深化，特点是数据海量、实时、在线。面对这样的数据处理场景，数据库要想在增量市场高速发展，就需要借助开源与云计算。在发展路径上，建议增量创新和存量替代并重，抓住数字化转型的整体机遇，放大新一代数据库的快速发展机遇，在存量替代的市场上有策略地推进。

挑战现在

第三问：当前很多厂商配置分布式数据库，但分布式数据库不是一个新概念，为什么能火？在可预见的几年内，分布式数据库会具备怎样的新特征？

冯源：分布式数据库能火要从需求侧和供给侧两方面分析：

首先是需求侧。由于互联网企业面临的业务规模、数据容量已经超出集中式数据库的支撑能力，同时开源数据库的0采购成本也极其符合分布式数据库大规模横向扩展的特点，因此，分布式数据库的应用再次成为了新趋势。

其次在供给侧，谷歌等互联网企业在分布式数据库领域的探索，在当前高速网络设备（IB）的支撑下，极大缓解了分布式数据库的延迟问题，使得分布式数据库技术在一些场景下已经具备实用化价值，这为分布式数据库的流行奠定了基础。

随着企业业务全面向数字化、在线化、智能化演进，企业面临着呈指数级递增的海量存储需求和挑战，企业需要降本增效，进行更好的智能数据决策，传统的商业数据库已经难以满足和响应快速变化持续增长的业务诉求。分布式数据库的高扩展性、高性能能够解决企业用户的核心诉求。

黄东旭：如果把分布式数据库和传统单机数据库比作电动车与燃油车，那么这个问题就很好理解了。燃油车虽然处理能力不大，但它非常成熟；电动车虽有不成熟之处，但它有巨大的扩展能力和发展空间。当下，我们处于分布式数据库从互联网基础软件转变为社会数字化基础软件的时代，面对数字化转型的需求，原本使用单机数据库的传统企业不得不使用分布式数据库，所以它火了。在可预见的十年内，单机数据库和分布式数据库会长期并存，但很明显，在数字化浪潮下，分布式数据库将结合开源、云计算，并与大数据技术融合，迎来巨大的发展机遇。

第四问：HTAP发展缓慢，但仍有不少厂商将其作为演进方向，如TiDB、TBase等，HTAP是否会成为一种趋势？

黄东旭：会成为趋势。混合负载不是新技术，早在十多年前就有，但当时成本较高。当下分布式数据库结合云计算去做HTAP这种混合负载，是更低门槛、更普惠的技术。它能够解决数字化时代海量数据实时在线的问题，适应由此带来的数字化和数据暴增的场景，同时满足业务人员和消费者等角色对数据分析的需求。相应地，这些需求也会持续驱动HTAP的发展。目前，TiDB的用户，如互联网企业、物流企业、金融企业，在一些特定场景中，都把HTAP当作未来的一个重要方向，

冯源：HTAP不是OLTP或OLAP的单纯替代。目前看HTAP中的AP，相对于专用的OLAP方案，其产品力、市

场定位还是偏小，覆盖的数据类型、支持的数据规模、分析模型等相对而言都还比较弱。因此，短期内HTAP更适合具有低延迟分析诉求的业务场景。如果用户的业务场景是传统中长期范围的数据分析，那么采用传统的TP-ETL-AP这种结构，建设方案更成熟，待选方案也更多。

赵伟： 国内谈HTAP更多的是指分布式数据库可以同时支持OLTP和OLAP场景，在同一份数据上保证事务的同时支持实时分析，在适用的场景有其客户价值。发展缓慢主要因为分布式数据库基本上应用于大规模数据应用。在大数据应用中HTAP技术存在一些问题：一是统一数据存储的HTAP产品在应用中的并发度和资源使用率不能过高，否则会出现OLAP业务阻塞影响OLTP交易的情况。二是OLTP适用行存格式，OLAP适用列存格式，在选择统一数据存储的格式时需要多方面考虑。如果对OLTP和OLAP采用不同的存储格式多副本存储，又会出现数据不能实时同步的情况，不能保证数据分析和数据交易的实时一致性。因此根据客户的应用需求分析，虽然HTAP有其适合的场景，并在其适合的场景下得到了很好的应用，但不会是一个主流的发展趋势。

阳振坤： 只有真正的分布式数据库才可能具备HTAP能力，比如OceanBase。但此类数据库的稀缺性和HTAP技术的挑战性使得HTAP发展较为缓慢。一个对数据多种查询和计算的HTAP系统于用户而言更加友好，性价比更高，省去了数据抽取转化加载的过程并保证了查询结果的实时性，将成为更多用户的选择。

第五问：AI、5G是否给数据库带来新机会？三者的结合将会带来怎样的应用场景？

冯源： AI和5G对数据库的影响是不同维度的。AI作为基础技术可被集成到数据库，并成为数据库的一部分。5G更多的是作为数据库的应用领域，这对其提出了更高的要求。无论是哪一种，我们都认为其必然对数据库带来新的变革。AI技术有可能会对数据库内核的经典算法带来革新；5G是基座，在此之上如果物联网得到全面落地，也必然会对数据库的规模、响应延迟带来更高要求，极可能为时序、内存、图等数据库带来更大机遇。

赵伟： 5G网络本身和5G应用系统都会产生大量的数据，包括通信信令数据、通信接口数据、通信算法数据，以及各类传感器带来的数据等，这些需要更快地被响应分析。另外，5G在各行各业的应用也会产生海量数据，这些数据必然会需要更多的数据库支撑，为数据库带来很多新机会。同时，数据库也需要通过增加时序数据引擎提供更高性能的多模数据融合管理能力，以适应5G的应用。

AI使得数据库更加智能化，帮助数据库进行智能化自动运维管理及优化，实现对用户数据的智能化挖掘分析。同时，数据库存储的大量高价值数据样本也促进AI的更快发展和应用。

5G使得通信技术从支撑人类社会中人和人随时随地保持联系发展到实现万物互联。数据库存储了人类社会生产实践积累的知识资产。AI是实现人类社会工业化、信息化、智能化发展趋势的技术。AI、数据库、5G三者的结合预计会在社会民生的衣、食、住、行等方面，在社会生产的智能制造、智能交通等方面，以及国防安全的多域联合防卫等领域得到应用。

黄东旭： AI、5G以及物联网，甚至区块链等新技术，将物理世界的摄像头、工业设备、传感器设备等，以更快的速度连接到了数据库，带来了数据量的暴增，也带来了数据实时、融合处理与实时反馈决策的需求。例如，道路交通信号灯的变换，或者老人摔倒后的报警，将成为数据库新的数据处理对象，并对数据的实时处理能力提出了要求。这种物理世界与虚拟世界的数据实时联动，也将为数据库带来新的机遇。

AI与数据库技术产生了新的融合，一个是AI for Data Value，即人工智能算法的发展会为数据价值的发掘提供可能。举个例子，HTAP的数据库和AI就是黄金组合，因为HTAP的数据库已经具备汇聚多元数据以及处理实时数据的能力，再加上AI的实时性，能够更快发现实时数据反馈的价值。另一个是AI for DataBase，简单来说就是通过人工智能算法让数据库的运行更加自动、智能，减少DBA和运维人员的负担。

第六问：国际主流数据库开源居多，而国内数据库还是大部分闭源，不过近年来有走向开源的趋势，这是否意味着国内数据库走向国际，开源会是一种可尝试的方式？数据库开源需要注意哪些问题？

黄东旭：是的，2021年1月，开源数据库的全球部署第一次超过商业数据库。纵观过去十年最重要的数据处理技术，基本上都以开源为主。其中的关键就是只有开源才能让技术迭代更快。为什么TiDB选择全方位开源？我们不仅把开源当作获取早期客户、培养人才的方式，更把开源作为公司的核心战略。从2015年的第一天起，TiDB就是一个国际开源的项目。国际开源项目带来的好处是双向开放，即面向场景的开放和面向开发者的开放。比如在过去六年，TiDB积累了海内外超过一千五百万家企业用户，这些企业的应用场景所带来的需求又驱动了全球工程师的协作，有助于快速构建开源社区生态。

冯源：开源有两种：一种是我们参与，别人主导，如果持续这种方式那么基本没有太大意义；第二种是我们主导，别人参与，可以是我们自己发布开源的“代码根”，也可以是我们通过独立分支或靠技术等因素主导别人的开源项目，但无论什么方式，如果实现主导，那就是成功的。做开源切忌“浅层参与”，忙活一通没有收获。

赵伟：在意识形态对立的国际经济政治形势下，特别是全球都日益关注数据主权、数据安全的情况下，国内数据库直接以黑盒方式的商用产品出口很难得到国际客户的信任。开源的先天透明特性符合国际客户的安全需求。

国内数据库在开源的过程中要注重标准和知识产权问题，在具体细分场景中要逐渐形成相关标准，包括接口、协议格式等（如一带一路中高铁出口采用中国标准的模式）。在走向国际的过程中要谨慎处理知识产权问题，谨慎选择开源使用的知识产权协议，在管理好代码主供者知识产权的基础上，还要管理好社区中提交者的知识产权，包括社区内代码和技术专利的知识产权共享，以及使用社区外技术、组件的专利知识产权的合规性。

第七问：云数据库已经成为一种趋势，什么样的企业可以部署云数据库？什么样的企业没有必要部署云数据库？影响云数据库大规模落地的因素是什么？

冯源：云数据库只是云的一个环节，总的来说应该是用户决定是否将其业务上云。有了这个大前提之后，数据库上云就是顺理成章的事情。

业务上云，其动机通常包括：成本诉求，即希望通过云计算模式节省采购和运维成本；业务发展诉求，对于业务发展迅速多变的企业，希望构建敏态IT，以跟上市场的瞬息万变。传统的自建系统无法满足敏态IT诉求，因此倾向上云（特别是公有云）。所以，对于有这两类诉求的用户，如果一个公司业务多元且其市场处于快速变化期，或者一个公司IT成本构成有大量的设备采购、运维因素，那么上云可能会使企业尝到甜头。但当企业发展至一定规模后，对数据的掌控会逐渐成为企业的生命线。在这种情况下，可能出现企业倾向自建云的情况，此时，云计算就从业务构建模式退化为一种技术手段。

黄东旭：过去的几年中，采用云数据库的用户企业，本质上是因为它们的业务需要在线，需要通过云让业务直面消费者、合作伙伴。所以对于业务比较垂直、数据量较小、不需要面向海量消费者的企业，暂时没有必要把一个存在了十几年的小型数据库搬到云上。而如果是对数据处理有弹性暴增的需求，我想云数据库是一个非常好的选择。

另外，对于一些数据量不是很大，但把数据作为核心竞争力的企业，以及对数据安全特别敏感的企业，可能会对云上数据库的使用产生犹豫。但云上的数据库带来的变化是巨大的，包括安全领域方面，跨云、跨地域的数据同步，以及数据内部的合规审核。

阳振坤：云数据库在稳定性、成本、效率、便捷性、可扩展能力等方面都有很大优势。除了政策法规限制的企业和业务，云数据库应该是绝大部分企业和业务的首选。影响云数据库大规模落地的因素常常是人的观念，对数据库安全和服务稳定的担心，以及对业务迁移到云数据库的困难和风险的担心等。

周傲英：我想强调一点，就是要知道我们为什么做云数据库，它的意义在于把数据库变成一种服务，即DBaaS

(DataBase-as-a-Service，数据库即服务)。云数据库的目的是把数据库变成像公用事业一样，像水、电、煤气一样，实现大众化、平民化。一是要采用社会化或集约化的方式建设数据库，改变当前每个机构都要建设自己数据库的现状；二是要降低各机构业务人员使用数据库的门槛，把数据库变成人人可用的利器。

云原生有非常多的工作可以做，但在落地方面是一个探索的过程。不要别人提出理念，我们来实现。中国要解决自己的问题，我们可以提出自己的理念，然后再落地。落地之后经过学术的抽象、学者的加工，成逻辑、成体系以后，就变成我们对云数据库的理解。我们需要把学者、实践者、使用者打通，来创造跟云数据库相关的理论和技术的应用。

第八问：数据安全是业内日不落的话题，一旦遇到数据库泄露、误删等情况，就会产生重大损失。从数据库层面来看，可以做哪些事来把控企业级的数据安全？

冯源：数据安全是需要用户和厂商共同努力保证的，重大的数据事故，往往都是从内部攻破的。因此，我首先强调下，用户侧的重视是前提。在这个前提下，厂商大体可以从三个方面努力：①持续提升产品本身的安全水平，根据用户的安全诉求不断完善安全机制，特别是将数据库与整套信息系统作为一个整体，来考虑安全策略的实现；②为用户的安全管理、安全运维提供支持，考虑能否将安全管理制度和机制工具化，并为此提供产品特性的支持；③持续与第三方安全厂商、监管机构保持紧密合作，做好安全漏洞的通报和修复工作。

赵伟：一是遵守《中华人民共和国网络安全法》《中华人民共和国数据安全法》，以及国家安全数据库相关标准和等保2.0等信息化相关安全标准中对数据库的安全要求、对数据安全保护的要求；二是全面备份，包括同机房、同城、异地容灾备份等；三是强化用户的安全管理意识，推进数据库安全管理制度的制定与执行。在某种程度上，真正能够保护数据库安全的不是软件层面能自动实现的，还得依靠使用数据库的人。

阳振坤：数据安全是个综合工程，单从数据库本身的角度来看，数据加密协议加密、数据库三权（数据库管理员、安全管理员和审计管理员）分立、高风险语句可撤销等是比较关键的能力。

林晓斌（丁奇）：数据安全治理体系的建设基于数据处理活动，可以从组织、制度、措施、审计四个维度入手，从事前、事中、事后三个阶段对数据实施防护措施。具体到数据库层面，可以从以下六个方面建设完善的数据安全治理体系：

- 数据资产盘点。盘点当前数据资产状况、使用状况，权限情况和资产本身风险情况，形成数据访问关系大图和数据资产清单。
- 认责、分类分级、重要数据。根据数据资产清单和数据库访问情况制定数据认责计划，明确责任人，建立重要数据目录并上报，对数据进行归类定级。
- 管理制度体系建立。建立应急管理制度、风险评估机制，对数据交易、数据出境、教育培训、认责、重要数据操作等制定管理规范。
- 数据处理活动梳理。对于企业数据库中存在的收集、存储、使用、加工、出境等业务行为，要确认其数据来源合法、数据采集和生产合理、数据使用得当，并对标法规开展风险评估。
- 数据防护能力建设。结合自身数据处理活动特征，及法律法规要求进行数据安全技术措施、补救措施、应急措施等数据安全能力的建设，包括采用支持国密算法的静态/动态加密、脱敏、敏感数据发现等技术。
- 数据库审计与稽核。采用符合国家安全规范的数据库审计产品，提升风险监测和风险感知能力，及时发现数据库风险、违规SQL操作以及其他高危行为等。

未来机遇

第九问：在数据库领域，最重要的是什么，无论是从技术方面还是开发者方面来说？

冯源：对数据库厂商来说，最重要的是生态。技术不是绝对的0分和100分，同样满足用户需求的产品，生态好的一方将得到市场的认可。从这个角度来看，一款数据库有主流的技术，能够满足绝大多数业务的要求；有庞大的开发和运维人才社区，才是市场制胜的关键。

某一项数据库技术本身，如果足以解决业界普遍痛点，产生革命性突破，就可以带动生态发展。但目前来看这种级别的技术不是太多，关系型数据库本身可以算一个大数据相关技术，仍然稍微差了点意思；分布式数据库和云数据库，都还在强调“支持标准SQL”“强一致”等，这些都是传统集中式关系型数据库的招牌，因此这几个技术相对还是要“借东风”的。所以，对于开发人员来说，构建自己的知识体系可以从这个角度出发考虑：哪些技术是沉淀在下层的，哪些是飘在上面的，是一个思路。

赵伟：数据库领域最重要的是生态体系。实现国产化的难点不是简单将某些应用换成国产，而是以国内产品的生态体系取代国外产品的生态体系。

从技术层面讲，国产数据库需要更贴近国内客户，抓住5G、人工智能带来的新机会，在分布式数据库、人工智能数据库、云原生数据库、流数据库等国外厂商尚未形成垄断的新领域，一方面积极发展中国标准和知识产权体系，并参与国际标准制定；另一方面快速发展产品，提高市场占有率，形成事实上的全球行业标准。

从开发者层面讲，国产数据库需要把更多的开发者吸引到自己的生态体系中。包括高校的数据库教学体系，要以国产数据库为教学原型，让后浪们在学校就熟悉、掌握、信任国产数据库。还要建设社会培训认证体系，让更多开发者通过掌握国产数据库研发、运维能力获得更多职业发展机会和个人收益。此外，建设常态化的行业应用适配体系，降低客户选型国产数据库后的迁移成本和运维成本。

黄东旭：最重要的是开放生态，这个话题还得从数据库未来的三大趋势展开，即开源、云、融合（狭义：HTAP；广义：分布式数据库与大数据技术的融合）的趋势。这三大趋势作为背景，产生的重要结果是一个全新生态的形成。一个数据库产品如何借助好的模式，不断壮大自己，形成生态？可能还是需要借助双向开放模式，一方面对用户场景开放，另一方面对开发者开放。在这种情况下，开源+云，可能是所有数据库厂商的必选项。只有这样才能在瞬息万变且全球化的数据处理市场占据长期优势。

第十问：对于线性发展的年轻程序员，有什么建议？

冯源：如果是做业务，那么要优先深入业务；如果是做平台，那么要优先深入技术。但不论是做哪方面，都应该保持开阔的眼界，深入向下挖的同时，与世界相连。

赵伟：第一，尽可能了解和积累基础软件领域知识，不要满足于使用现成的开发框架、算法库、低代码平台等。只有掌握硬件、网络、操作系统、数据库等计算机底层技术才能更自主地掌控项目，才能更自如地驾驭更大规模的系统，才能支撑年轻程序员成长为项目经理、架构师，从而提升个人价值。第二，在现阶段国产基础软件良好的发展机遇下，眼光长远一点，多关注基础软件技术发展，而不是聚焦在前端做App等方面，因为前端发展太快，有时候更拼低层次工作量产出。基础软件研发则不然，更看重研发人员积累，年龄越大积累越深厚。

黄东旭：第一，眼光放长远，关注整个数据库未来的发展趋势，及时朝着前瞻、领先的技术方向前进；第二，不仅要关注数据库技术本身，还要关注这种数据库有没有巨大的用户场景；第三，多花时间关注云数据库、数字化场景、开源和全球化领先的开源项目。

周傲英：首先要刻苦学习；其次，要升级思维，用现在流行的话来说，就是“升维思考，降维打击”。比努力更重要的是提升思维层次，那么如何才能做到升维思考？在我看来，就是要在解决现实问题的过程中，深刻理解问题背后的逻辑。所以，升维思考和降维打击是不可分离的一体两面。对于程序员来说，好的程序员是要把自己变成一个思想家，就像好的作家首先是个思想家一样，编写程序和写作一样，升维思考才能写出好作品。

扫码观看视频

听周傲英分享精彩观点

邹欣对话MongoDB CTO：新数据库时代将带来什么？

文｜侯菲艳　译｜何雨

MongoDB CTO Mark Porter认为，在过去的几十年里，最大的变化在于数据在企业中所扮演的角色变了。在新数据库时代，MongoDB又该如何在众多新兴数据库中保持自身优势一往无前？Mark在本文中为我们进行了生动而形象的解析。

回答嘉宾

Mark Porter

MongoDB首席技术官（CTO），先后担任过Grab核心技术及交通首席技术官、AWS总经理、Oracle工程副总裁，并在MongoDB董事会、全球移动公司Splyt董事会和数据库公司MariaDB董事会任职。

提问嘉宾

邹欣

CSDN副总裁，曾在微软Azure、必应、Office和Windows产品团队担任首席研发经理，并在微软亚洲研究院工作了10年，在软件开发方面有着丰富的经验。著有《编程之美》《构建之法》《智能之门》《移山之道》4本技术书籍。

天下苦关系型数据库久矣。

在MongoDB诞生以前，整个工业界几乎为关系型数据库所垄断，其严格定义的数据模型让广大开发者又爱又恨。数十年间，虽有无数编程勇士试图用新的模型“扳倒”关系型数据库，但无一成功，直到Dwight Merriman、Kevin Ryan和Eliot Horowitz三位出现。因为关系型数据库无法按其需求扩展，所以他们毅然决然地写了一个新的数据库，也就是后来的MongoDB。

较之关系型数据库的复杂难用，MongoDB凭借灵活的模式和丰富的文档结构等特性圈粉无数，活跃的开源社区氛围获得了无数用户的支持。很快，MongoDB便一跃占据文档型数据库第一的位置，直到今天，它在DB-Engines排行中始终位居前五。

在本期《新程序员》中，CSDN副总裁邹欣独家对话MongoDB CTO Mark Porter，邀请他为我们分享MongoDB一路走来的成功秘诀，并对最近MongoDB新功能的发布情况展开详细而深刻的解析。

数据库也曾经历过寒冬期

邹欣：数据库行业已经发展几十年之久，也是最早的计算机应用方向之一，另一个早期的应用AI经历了三次行业寒冬期，那么对于数据库行业而言呢？

Mark：我认为数据库行业其实是经历过寒冬期的，第一次大概发生在20世纪60年代，那时候的人们还不知该如何管理数据，当关系型数据库随着E. F. Codd和他的理论出现时，数据库行业度过了这个寒冬。第二个寒冬出现在20世纪80年代末，人们不知道该如何大规模地查询数据，于是数据仓库挽救了大局。2000年左右，由于互联网的冲击，数据库系统必须扩展10至100倍以上，这也是一个巨大的考验，非关系型数据库和MongoDB应运而生。

有一个笑话，说大家以为 AI 的工程师们从周一到周五的早上8点至下午5点是在训练模型。但其实，他们真正在做的却是加载数据、清理数据，以及安装新版本的软件。

过去，人们95%的时间都花费在了处理数据的脏活累活上。但如果有更高效的数据库系统，就可以将自己50%或者更多的时间用来思考和数据相关的应用。

邹欣：你曾经提到“几十年来，最大的变化在于数据在企业中扮演的角色变了”，能详细说一下么?

Mark：以前的数据以联网交易处理为主，它是静态的、少量的。但现在，加上AI/ML和数据分析平台，我们每年能够收集高达29ZB的数据。

我在GrabTaxi（东南亚出行巨头）时，有600位数据分析师和AI/ML工程师，平均每天要进行400项不同的实验。我们通过实验数据分析城市里的红绿灯，比如它们是不是正常工作状态，以及红灯和绿灯什么时候进行切换，我们将这些信息同步给司机。这正是数据的神奇力量！通过这种方式，我们的运营效率从1%提高到了10%，进而又到了20%、30%、50%。因此我们相信，实时数据分析能完成很多事情。通过代码实时地进行数据分析并作出决策，是如今数据可以帮助我们提高效率的关键所在。

但同时还有一个不容忽视的问题就是，我们在亚马逊和GrabTaxi做的实验假设正确率远低于50%，即便有真实的实验数据，也无法得出百分百符合事实的准确预测，世界上仍然有很多我们难以预料的东西，需要我们不断地进行探索。

邹欣：是的，如果数据一团糟，无论模型有多好，输入输出的数据都只会更糟。我们必须花时间对数据进行清理，这些数据才能反映出真实世界的情况，否则一切都是无用功。

Mark：因此，我所任职过的这些公司处理这个问题的方式是一遍又一遍地建立模型。给模型一个特定的输入，然后根据输出训练模型，这样我们就能及时发现有可能引起奇怪反应的模型漂移或数据漂移。不过有时候数据确实会变得很奇怪，当我还在GrabTaxi的时候，由于人们的行为方式不同，有一次我们的模型警告居然全部都消失了，因此我建议大家在人工智能系统上使用人工智能递归来检测模型漂移，这能帮你迅速找到坏数据。

邹欣：有些人抱怨数据库不就是乏味的增删改查（CRUD，即Create、Read、Update、Delete）么，对此你怎么看?

Mark：通过拥有一个数据库系统，可以让你更快、更可靠地开发应用程序，并在生产中更快迭代。要做好数据库系统，你需要了解软件栈的整个生态系统，和相关公司生态系统的背景以及可以产生的影响等，这是很有挑战的事情。我总是要求工程师们抬起头来，去了解你的技术将如何为这个世界做贡献，你可以成为一个影响世界的人，而不仅仅是CRUD。

MongoDB脱颖而出的秘诀

邹欣：在职业生涯中，你曾经加入过很多公司，现在为什么会选择加入MongoDB?

Mark：我从很早的时候就开始研究数据了，我觉得提交数据以及让它经历机器故障、网络故障、软件故障是一件很神奇的事情。我一直都自称Tech Geek。

大约在三年前，我和一个朋友（某关系型数据库的创始人之一）促膝长谈，我们一致认为现在的数据库仍然难以做到安全操作，它需要大量的数据库管理员来维护，浪费了很多时间和金钱。老实说，在那时我很沮丧，因为我已经六十多岁了，这个问题可能到我退休都没办法解决，直到一年后MongoDB邀请我加入他们的董事会。

MongoDB被定位成一个神奇的应用，这是从E. F. Codd

开始人们就一直在寻找的应用，所以当时我欣然接受了他们的邀请。

邹欣：你认为MongoDB成功的秘诀是什么？

Mark：几个月前，我开始思考为什么MongoDB如此受欢迎，其中一个原因是我们不怕挑战现状。当初Merriman、Ryan和Horowitz因为无法让关系型数据库按需扩展，所以毅然决然地写了一个新的数据库MongoDB。文档模型（Document Model）和灵活存储数据是MongoDB的关键要素，世界上没有一个数据库能在符合ACID（原子性、一致性、隔离性、持久性）的情况下，在分布式处理方面能有MongoDB一样好的表现。

根据分片模型（Sharding Model），我们发现有用户运行了一个超过1000节点的集群，毫不夸张地说，世界上没有一个关系型数据库的集群能超过16个，这会让计算机的运算能力达到峰值。在过去的十年里，CPU的运算能力没有进一步发展，分布式计算是唯一能对运算能力进行扩展的路径。Oracle、SQL Server、PostgreSQL都有数百万行代码，而MongoDB只是一个高度分布式的服务，这就意味着当上述团队需要实现新特性的时候，所要花费的时间远比MongoDB多得多。我相信这才是MongoDB能够在市场上成为主流数据库的原因。

邹欣：各行各业都在向人工智能迈进，MongoDB将会如何利用好这一机会？

Mark：根据我的经验，如果把数据扔进模型，然后在上面运行多个模型，这样你马上就能开始研究人工智能了，所以我给公司的第一条建议就是尝试对数据进行训练。一个月以后，或许它不会产生立竿见影的效果，但你可以对其进行优化，慢慢地你就能知道到底哪些功能是最重要的。

MongoDB允许你在系统中处理数据，同样也支持Kafka Stream输入输出。我们看到很多人是在MongoDB之外训练他们的模型，然后将模型加载到旧的数据库中，进而在数据库中进行推理，这一现象让我感到十分激动。未来，开发人员借助人工智能，只需20%的努力就可以获得80%的收益，我相信AI会成为未来游戏规则的改变者。

如今的技术正在快速迭代，在面对无数竞争对手的时候，你唯一的竞争优势就是对你的用户和数据有更多的了解，而人工智能就是其中的一个关键部分。

邹欣：我很好奇，MongoDB的发布周期是怎样的？你对产品发布周期和回滚测试有哪些建议？

Mark：过去我们一年发布一次，最近打算一个季度发布一次，云团队是每两周发布一次。在默认情况下，所有的东西都必须经过测试才能交付生产，所以对于公司而言保持快速前进的方法就是相信测试结果。

另外我发现了一个有趣的事情：部署产品的时候就是发现“真相”的时候。“真相”不仅仅是你的软件有没有在工作，更是衡量软件是否在正常的标准，以及你能不能对一次错误的发布进行回滚。

这些年来，我研究了一套关于回滚的“180秒规则”。当你将软件部署到Fleet后，有60秒的时间来进行部署以使机器正常运行，然后用第二个60秒去确认这是不是一次成功的部署，用最后的60秒完成回滚，这些加起来总共180秒。有的公司可能需要10分钟部署、10分钟检查、10分钟回滚，有的是3分钟部署、3分钟检查、3分钟回滚，不同公司有不同的规则。

很多开发人员都没有办法对他们的软件进行回滚，大多数人听到这句话都会说“我回滚失败了”。我们的操作都是在预发布（Staging）环境中进行的，实现了Z-deployment。Z-deployment就是你在预发布中的角色，当你学会有意地回滚，然后对软件版本进行推进，接着运行测试，只有通过这些操作，你才能完成生产部署。很多公司都经历过生产上的回滚失败。通过Z-deployments和180秒规则，在生产过程中，可以减少80%~90%的停机时间。以上都是我在实践中得到的经验。

邹欣：MongoDB马上会有什么有趣的发布吗？

Mark： MongoDB.live是我们的全球会议，我们在大会上宣布了一系列令人兴奋的事情，其中也不乏我认为值得一提的有趣项目和功能。

第一个项目与时间序列息息相关。时间序列数据是来自传感器的数据，比如制造传感器，或者是股票交易事件，这是一种需要特殊处理的数据，所以我们用特殊的时间序列操作符和索引来启动时间序列集合。它允许你将时间序列数据存储在与其他数据类型相同的数据库中，从而不需要有这么多不同的数据库。

第二个项目是我最喜欢的，因为我是一名开发人员，所以我最不喜欢的一件事就是：当我写好应用程序并准备部署它时发现服务器需要升级，紧接着就要去重新测试、认证和部署。现在好了，通过MongoDB版本化API特性，可以将应用程序绑定到API的特定版本上。我们确保服务器可以年复一年地完成升级工作，同时你就能持续地运行这个应用程序，而不需要重新验证、测试以及部署，我认为这对开发人员来说真的很重要。

第三，是一个叫作实时重新分片（Live Resharding）的功能。MongoDB允许你在很多机器上对数据进行分片，然后通过一个小时的时间排序并完成索引。然而随着时间的推移，你所希望的分片数据的方式可能会发生变化，在此之前，你必须手动重新组织这些数据，而且还非常容易出错，现在有了Live Resharding，只需要告诉MongoDB如何重新组织这些数据，它就会自动为你做所有的事情。这样你就通过新的方式拥有了新的数据。

最后，MongoDB还拥有自己的云服务Atlas，它有很多其他的功能，也是非常令人兴奋的。

邹欣：当数据库成为新闻热点时，很多情况下都是因为安全出了问题，那么MongoDB在数据库安全方面做过哪些努力？

Mark： 所有与数据库相关的公司都很关注安全性的问题，很多情况下，我们的首要任务就是尊重那些已经信任我们软件的客户。新的功能会让人觉得很有意思，但按照优先级顺序排列，依次是安全性、耐久性、正确性、可扩展性、可用性、可操作性，新功能只能排到第七位。

在MongoDB，安全排在所有事情的前面，是第一位的。我们每个功能都有安全审查环节，每个团队都有一个安全合作伙伴融入其中。但尽管这样，我们仍然会有遗漏，因此我们需要把测试做完美，也就是红蓝对抗测试。红队就是那些试图侵入软件的人，我们以此来进行模拟操作。当你把一个黑客可利用的漏洞部署在生产服务器上时，你就需要定期对可能发生的紧急事件进行演练，如该关闭哪些系统？如何减轻事故可能会造成的影响？这些我们都需要遵循NIST（美国国家标准技术研究所）的规则去处理应急事件。

Tech Geek的程序管理之道

邹欣：在加入MongoDB之前，你管理过很多不同的项目，当你加入一个全新团队的时候，是如何快速接手项目并最终成为专家和领导者的？

Mark： 刚进入职场时，我通过大量学习和疯狂工作来达到目的。然而在逐渐成长中，我渐渐意识到最好的学习方法就是多听取别人的意见，然后就可以关注主要能够提升自己核心价值的地方。

现在，作为一家公司的高管，我不可能知道MongoDB做的所有事情。但我能做的是，去了解重要项目的关键要素。我的方法就是通过倾听，并探寻那些没有被提出来的、大家真正担忧不知该如何处理的问题。如果你能倾听“沉默”，就可以通过提出问题来推进讨论。

同时，交流和同理心也很重要。在二十多岁时，我会试着独自拼命加班学习去了解一切事情，但这其实并不是最有效的学习方法。

邹欣：但是往往在加入一个新团队时，你还没有形成足够的权威，这个时候要如何带领团队？

Mark： 在动用职权或者“权威”之前，我都会先了解清楚事情的来龙去脉，与我的团队进行讨论然后再作出决策，成为与他们一起思考的领导者。在大多数情况下，如果你能给团队足够的自由、信任他们，在讨论的时候提一些问题帮助他们更好地思考，让他们大胆地去作决定，即便在他们犯错误的情况下也不去惩罚他们，这样你就没有必要去行使所谓的“权威”了。你应该慎用所谓的“权威”，否则就会有很糟糕的结果。

坦白讲，我发现很多时候我的职位会阻碍大家去作一些很好的决策，可能我只是给出了一些建议，但他们却认为“Mark已经作出了决定”，所以有时候我开始学着退一步，给大家更多的机会和空间去成长。

邹欣：从自己的初创公司到现在的跨国公司，你的管理秘诀是什么？

Mark： 小团队是可以进行自我管理的，因为他们每个人都互相熟悉，且具备先进、精细的知识结构。但当你身处一个大型开发团队时，你会发现交流成了一种负担，每个人都需要和其他部门的人交流。所以我的管理方式是对代码进行拆解，把它切分成很小的、可管理的片区，然后根据代码进行人员的管理。长时间以来，许多团队（包括我的一些团队）都存在一个误区：就是围绕着团队构建代码，最后发现自己的效率变得十分低下。所以我经常会问团队成员：你需要和多少人交谈才能作出决定？如果这个数字很大，那这时我就要对代码进行处理了，把它分成更小的、可以更好管理的模块。

跨组合作就更困难了。我们是通过API来实现的，假设每个团队都创建一个服务，比如微服务，只要每个团队有一个记录详尽的API，以及异常机制，以便有需要的时候能绕过API机制。通过API机制，团队就能进行扩张，保证工作的顺利进行。

邹欣：你现在还写代码吗？之前技术圈一直有关于“CTO核心技能”的讨论，你认为CTO最重要的核心能力应该是什么？

Mark： 我认为CTO也分很多种，虽然我更愿意去敲代码，但公司希望我专注于向外部传递MongoDB的价值以及带领团队方面。理想尽管很美好，但现实是我们必须在各自的能力范围内以员工身份助力公司成长，成为公司的一部分。我是一个技术性很强的人，而且参与了很多技术文件的复审，但是现在我不会再去写代码了。

邹欣：你在组建团队时的选拔标准是怎样的？

Mark： 诚实、好奇心、乐于接受失败。我很享受参与面试的过程，当我面试一个技术负责人的时候，我会认真倾听他们的失败经历，重点关注他们是否做过和我一样多的实验。我认为有60年发展历史的计算机科学至今仍然是一个研究项目，就像是制造汽车那样。

Charlie Bell（前AWS高级副总裁）是我的导师之一，他曾经教过我，在面试时要学会倾听，我经常会问面试者：你的招聘理念是怎样的？你是如何做产品计划的？他们可以就此展开讲很多东西，但你要去分析他们没说什么，而这往往就是不同面试者之间的差距，“听”他们没说过的话，会告诉你他们从未想过的事情。

邹欣：最后，回想你我30年前上学的时候，如果现在再给你一次机会，你还会选择计算机专业吗？

Mark： 如果能够重新选择，我依然会选择计算机专业，因为这是一个充满了挑战的专业！同时我会专注于遗传学和生物学，因为我相信我可以从中学到很多东西。据我所知，我们只触及了人体和自然生态系统的冰山一角，在这一领域，人类要走的道路依然很远。

万象更新，数据库的中国时刻

文 | 盖国强

纵观国产数据库的发展历程，远远落后于国际数据库的发展，而近年来，国产数据库仿佛老树抽新芽，国产分布式数据库、云数据库等的发展，逐渐在国际市场崭露头角。国产数据库从发展滞后，到有望实现弯道超车，期间经历了怎样的突破，又将迎来何种新格局？

1970年，时任IBM研究员的Edgar Frank Codd博士发表了他的论文*A Relational Model of Data for Large Shared Data Banks*，由此开创了关系型数据库的历史潮流，并成就了一个产业。

50年时光转瞬，在需求驱动和技术创新的洪流中，数据库领域涌现出一大批卓越的产品和公司。其中，以Oracle、Db2、SQL Server为代表的三大商业数据库产品一度占据和垄断了市场。在那之后，有两个事件改变了数据库市场的格局：一是以MySQL、PostgreSQL等为代表的开源数据库的蓬勃兴起和广泛应用打破了技术的封闭性；二是以Amazon RDS、阿里云PolarDB、华为云GaussDB等为代表的云数据库兴起改变了传统数据库使用方式对用户的束缚。

自此，数据库的发展进入了百花齐放、万象更新的新时代，中国的数据库也因此焕发出勃勃生机。

数据库的三个时代

从商业形态看，数据库的发展历经了三个时代。

- **商业数据库时代**。数据库产品主要以商业化许可证销售为主要模式，产品主要用于企业的数据中心环境私有化部署，典型的代表产品是Oracle、Db2和SQL Server等数据库产品。
- **开源数据库时代**。数据库产品以开放源代码、社区版免费使用，高级功能和服务收取订阅费为主要模式，产品最初被广泛应用于互联网公司，典型的代表产品包括MySQL、PostgreSQL、MongoDB、Redis等。
- **云数据库时代**。主要指公有云厂商通过云的方式进行开源数据库的定制和重新发布，形成有别于开源的RDS云数据库服务模式，典型的产品包括Amazon Aurora、微软Azure SQL、阿里云PolarDB、华为云GaussDB、腾讯云TDSQL等。

三个时代的发展和演进并不是孤立或独立的，而是宛如河流滚滚向前，相互交融。开源的出现是为了打破商业壁垒，云的出现则让开源技术的商业价值找到了出口。

开源技术成就了互联网，互联网的极速发展反推了数据库技术的进步，成就了云数据库。根据中国信通院的分析报告，2020年中国公有云数据库市场规模为107.82亿元，未来5年将保持36.1%的复合增长率，在2025年达到503.31亿元规模，成为数据库总销售额688亿中的主要部分。

互联网和云计算的发展，同样对于数据库技术的进步产生了巨大的推动作用。源自海量数据处理、高并发请求的互联网需求，不断驱动国内的数据库探索和解决该领域的难题，形成了如今国产数据库的新格局。

国产数据库新格局

毫无疑问，在理论范畴，中国数据库领域仍然处于探索阶段，重量级原生的基础理论还很难在中国诞生。但是，中国拥有的庞大用户和数据基础，可以高度集中在社会行业应用，将最有可能推动国产数据库做出创新性的实践突破。

事实上，中国技术领域对于数据库技术的探索并不晚，从1977年以萨师煊教授为代表的老一辈专家在黄山年会上成立数据库学组（见图1），到1988年达梦董事长冯裕才完成达梦数据库的第一个原型版本CRDS，中国数据库领域在不断向前发展。

随着中国科技领域的高速发展和快速迭代的互联网创新、电子商务应用、互联网金融等场景的落地，海量用户、高并发需求对数据库发起了挑战，这也使得分布式数据库技术在交易场景中率先得到大量尝试，走向成熟应用，这是今天分布式数据库在中国发展迅猛的根本原因。

从集中式到分布式，国产数据库已经走过了从科研到实践的发展历程。但是，我仍然认为2019年是国产数据库元年。这是因为，技术生态的真正繁荣发展，必须拥有广泛投入、广泛参与和广泛关注，三者缺一不可。正是2019年，国产数据库面对内外部科技竞争的压力和挑战，同时具备了上述三者。只有具备了生态繁荣，一个产业才算真正开始。

图1 数据库学组成立

广泛投入

自2019年起，国内投身数据库领域进行产品研发的企业越来越多，呈现百花齐放的繁荣景象，数百家公司发布数据库产品，这意味着数据库领域的投入进入了爆发期。

根据数据库领域不同企业的起点不同，我将国内的数据库企业划分为四个类别：

- 学院派。国产数据库发展的40年，最初源于国家的鼓励、引导和支持。在初期，国产数据库的研发始于高校和科研院所。时至今日，源自高等院校的几大数据库公司仍然是国产数据库的重要参与力量，它们分别是人大金仓、武汉达梦、神舟通用、南大通用。可是只有国家支持、院校投入还不够，无论是学术基因、市场短板，还是生态支持，都曾让初创阶段的中国数据库发展举步维艰。现在，这些国产数据库的早期探索者通过不断强化市场能力、生态能力，正加速前进。
- 互联网派。随着近年互联网和开源技术的蓬勃发展，互联网企业以高涨的热情参与数据库建设。不管是自主研发，还是借助开源，互联网解决了自身应用的问题，并且依托云平台，开展了云数据库的应用推广。其中，阿里巴巴的PolarDB、OceanBase，腾讯的TDSQL等，都成为了来之能用、用之能稳的核心利器。来自互联网的数据库产品，在解决了自用问题之后，也开始加速进入线下的企业级市场，为全行业输出数据库技术实践经验。
- 创业派。数据库领域生机勃发的另一支力量是独立数据库创业企业。由于数据库行业的未来引人注目，资本开始青睐这个行业，技术创业者和资本的结合，在新时代催生了一系列的新兴数据库企业，其中包括巨杉、PingCAP、偶数、星环、柏睿数据、星瑞格、瀚高、易鲸捷等。创业核心多数来自Oracle、IBM、Intel、HP、EMC等国际企业，正是因为有了过去四十年的学习钻研、厚积薄发，才有了今天的朝气蓬勃、遍地花开。

- 科技派。在独立的数据库企业和互联网企业之外，头部科技企业也参与了数据库核心技术攻关中，其中就包括华为、中兴、浪潮，华为在2019年推出GaussDB，中兴推出GoldenDB，浪潮则推出了K-DB。深谙企业级服务之道的头部科技企业介入，让数据库和商业市场运作彻底消除了隔膜，迎来了加速奔跑的时代。

广泛参与

有了能用的数据库产品，下一步的关键是数据库生态厂商的广泛参与，如软件开发企业、生态工具企业、服务支持企业等的参与。

数据库产品是否成功，依赖于传统企业是否自主参与应用，单靠国家倡议推广或扶植无法创造良好可持续的产品生态。对于数据库产品来说，成功的关键是来自各行业应用的自发支持。一旦企业的主动需求成为常态，国产数据库必然就能够长期蓬勃发展。

所以，只有金融、电信、能源等行业客户采用，国产数据库才真正开始突破。只有各个行业都参与到国产数据库的探索中，国产数据库才可能真正加速发展。

广泛关注

除技术领域外，数据库技术的发展还需要得到学术、教育、媒体，甚至是社会群众的关注与支持。

2019年蚂蚁金服的OceanBase登顶TPC-C排行榜，2020年以7亿tpmC进一步改写纪录，引发了社会的广泛关注；2020年华为开源openGauss，推动发展国产开源数据库的根生态，引发了行业的广泛参与；2021年阿里巴巴的PolarDB获得科技进步一等奖，随后PolarDB和OceanBase相继宣布开源，引发了行业开源的广泛思考。

伴随着这些标志性事件，与此相关的讨论和媒体报道席卷而来。从未关注数据库的人，也开始讨论数据库是什么。如果我们的高校能够吸引和培养更多的数据库人才，而不仅仅依赖Oracle、Db2等国际厂商的培养，那我们的原生数据库力量才能真正崛起。

华东师范大学副校长周傲英教授在谈及中国数据库发展时，曾经这样说道："数据库一直都是中国的切肤之痛，从"六五计划"（指第六个五年计划）开始就在立项，要做自己的数据库。但我们一直没有弄明白，为什么做不出来自己的数据库。后来到了互联网时代，我们一下子醒悟过来了，就是生态。这之中既包含用户生态，更包含技术生态，前者是我们要将国内数据库市场空间做大，后者是我们要形成合力，因为数据库要解决的问题是综合性的，只有一起才能将这个事情做好。"

国产开源新格局

在商业模式和组织形态之外，国产数据库在技术上也有不同的路线和源起。从代码上看，分为自主研发和分支迭代两大类。

- 自主研发的国产数据库包括达梦、OceanBase等。
- 分支迭代主要是围绕MySQL、PostgreSQL、Informix等产品的继承发展：
  - MySQL体系的数据库包括TDSQL-C、GoldenDB等。
  - PostgreSQL体系的数据库包括 openGauss、KingBase、优炫、瀚高等。
  - Informix体系发展的数据库包括华胜信泰、南大通用、星瑞格等，这些企业购买了IBM的源码授权，围绕Informix展开后续研发，推出了各自品牌的数据库。值得注意的是，2017年5月，IBM把整个Informix业务卖给了印度公司HCL，导致国内该方向的发展存在不确定性。

图2展示了以国产数据库为主的行业发展脉络和里程碑事件。

在国产数据库快速发展的历程中，涌现出越来越多的开源数据库。一个标志性事件是，在墨天轮的国产数据库

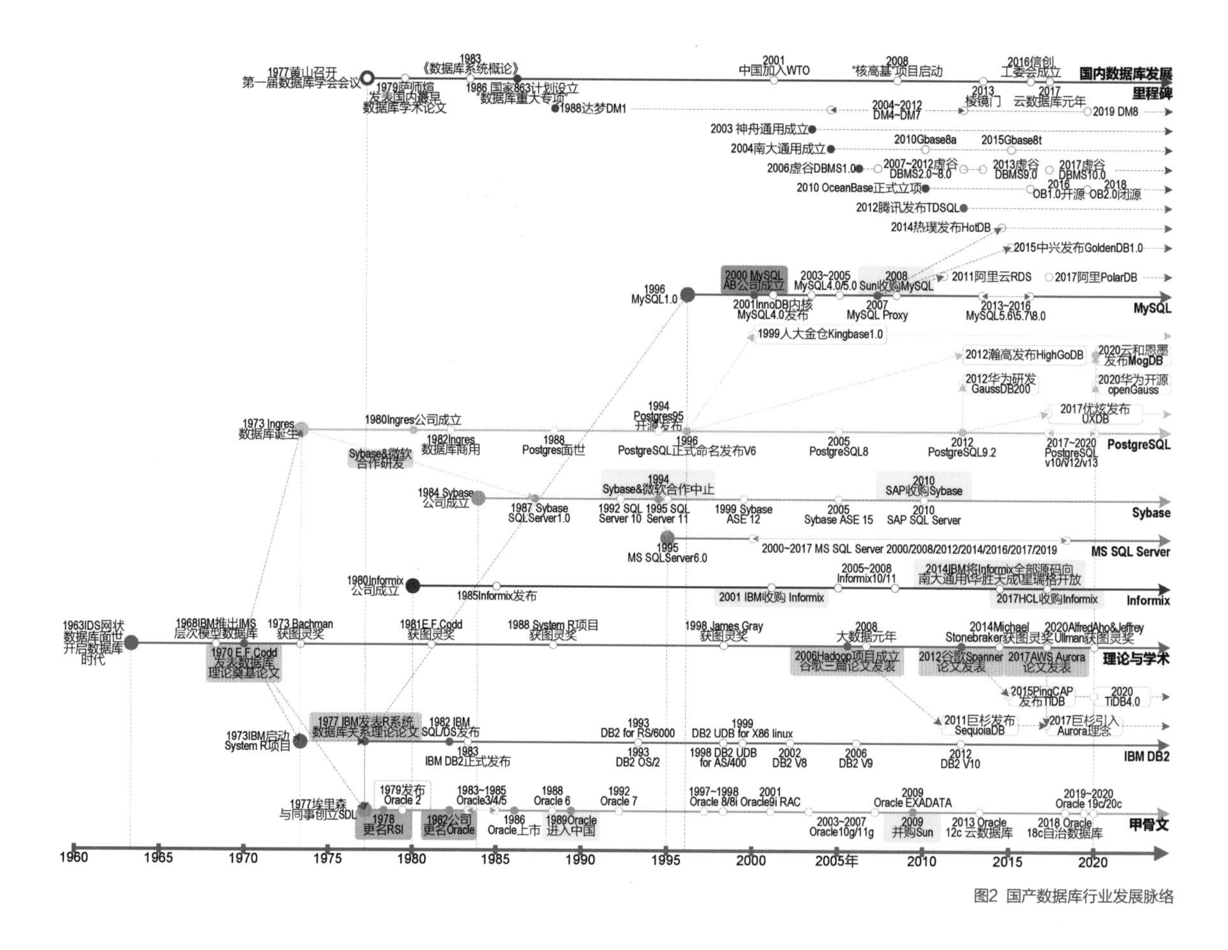

图2 国产数据库行业发展脉络

流行度排行榜上，长期处于第一位的产品是TiDB，其所属公司PingCAP成立于2015年，一直坚持以开源方式研发产品，在国际社区获得了良好口碑和行业影响力，拥有广泛的用户群体。TiDB的实践证明，在开源数据库领域，中国完全可以培育出世界性产品。

国产数据库的另一个标志性事件是华为的openGauss在2020年6月30日开源。华为通过开放企业级内核，邀请产业公司共建的途径，倡议在数据库领域打造根生态。在此基础上，云和恩墨发布了基于openGauss的国产数据库品牌MogDB，通过结合自身优势、经验的内核迭代，以单机256万tpmC的能力，为企业用户的国产化迁移替代提供了新的选择。

此后，阿里巴巴的两大数据库产品PolarDB和OceanBase也在2021年上半年先后开源，再次展现了开源的影响力和发展趋势。

在我看来，开源不仅仅是回馈社区，更是技术自信的体现，国产数据库从开源中学习成长，也应该回馈开源技术社区。开源是一种生态、一种信仰，也是一种商业模式，未来的数据库一定会是开源形态的发展延续。

根据DB-Engines网站上统计的数据库总体流行度趋势（见图3），开源数据库自2021年1月超越商业数据库，这标志着开源成为了数据库领域的主要力量，引领技术和应用不断向前发展演进。

我们相信，通过有品质的开源和持续的生态建设，国内的开源数据库必将闪耀国际舞台。如今，它进入了“中国时刻”，会有越来越多的中国声音、中国技术力量、中国杰出专家、中国优秀客户应用场景走上数据库的历史舞台，展示出奔腾不息的生命力与创造力。

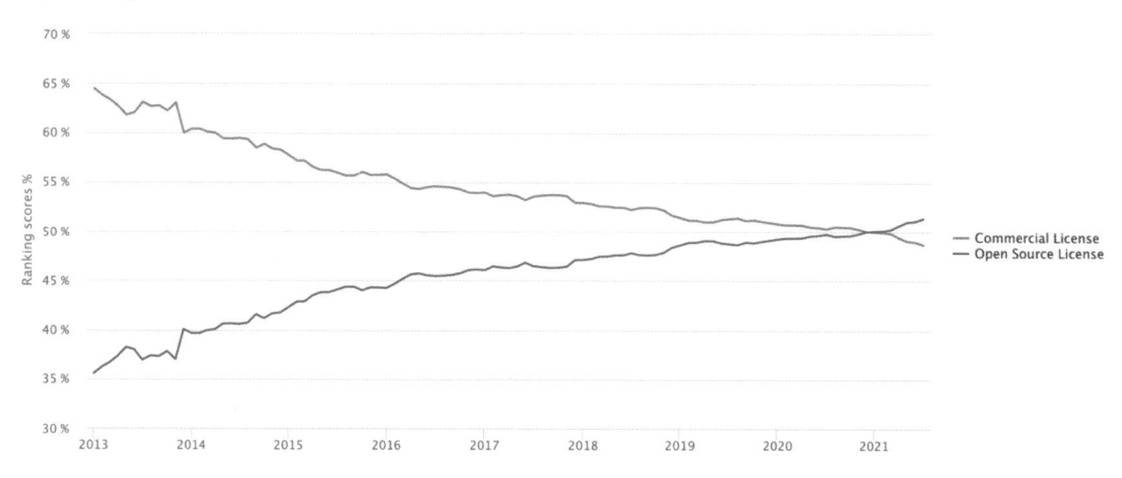

图3 DB-Engines数据库总体流行度趋势（来源：DB-Engines）

国产数据库的挑战

虽然国产数据库的发展呈现出百花齐放、万象更新的格局，但是不可否认，同国际一流产品相比，我们还需要不断学习，励精图治，方能实现齐头并进，进而弯道超车。以下四个方面，值得行业思考和关注。

第一，加强理论和学术研究，推动产学研深度融合。

真正的创新是理论和技术的创新，国内在科研和学术方面的研究探索是非常活跃的。进一步将这些研究推至国际高度，并且和国内的实践需求结合，在生产实践中落地生根，将有助于整个行业基础性提升。目前国内在AI4DB的技术研究、软硬件结合调优、云数据库应用、分布式架构等领域活跃，更接近突破口。

第二，培养和培育数据人才，推动产业聚集和聚焦。

国内数据库领域的人才还非常缺乏，并且散落在几百家数据库企业中，力量分散。国内数据库厂商拥有员工平均数约184人，最高1200人左右，最低10人左右。行业发展需要培育更多的人才，并且推动产业和行业聚焦发展，分工补齐行业中各个环节，充分发挥合力优势。

第三，产品同质化竞争明显，应用实践待市场磨炼。

目前很多国产数据库产品成熟度较低，同质化明显，亟待发展独特的竞争力，为用户应用创造价值。另外，各数据库应用实践案例仍然不足，需要通过更多的实践案例去打磨、检验产品，推动产品快速走向成熟。

第四，行业协会和组织引导，政策宽容允许企业试错。

数据库产业的健康发展，需要从全产业链进行宏观指引，建立行业标准和规范，推动成熟的产品快速推广。在行业政策上，也应该为企业松绑，允许在国产化实践中出现问题与波折，这样才能为企业应用免除后顾之忧。

总而言之，基础软件的探索之路一定是艰难而长期的，我们期望数据库领域的从业者，以十年为周期，持续不断为国内数据库产业的发展贡献智慧和力量，为中国数据库崛起于国际技术之林奋斗不息！

盖国强

云和恩墨创始人，华为鲲鹏MVP，新数据库社区墨天轮的发起者，曾获颁Oracle中国地区首位ACE和ACE总监荣誉，著有《数据安全警示录》《深入解析Oracle》等书籍。2011年创立云和恩墨，致力于为全球用户提供专业的软件产品、解决方案和数据服务。

阿里云李飞飞：数据库迎来开源新时代

文 | 郑丽媛 屠敏

在大数据、人工智能、5G、物联网等新兴产业的日益成熟发展下，业界对数据库的稳定性、冗余度、扩展性、独立性提出了越来越高的要求。对此，阿里云、TiDB等国产数据库厂商不断加快前进与创新的步伐，探寻跨越式发展路径以努力实现“弯道超车”。

时针拨回20世纪70年代，从最初伴随着PC时代共同成长的网状、层次型数据库，到互联网时期以IBM Db2、Oracle、SQL Server为主的关系型数据库，再到云时代下，非关系型、分布式、云原生等数据库系统的迅猛崛起，作为基础软件的“三驾马车”之一，数据库的发展历程成为互联网变迁下数字化的一个缩影。

如今，在开源政策、众多专家学者、云计算技术等的驱动下，国产数据库从起步到并跑，成功跻身于世界数据库之列。对于其未来发展，我们可从MySQL、PostgreSQL、MongoDB、Redis等主流数据库中发现一个共通性，正如阿里云智能总裁、达摩院院长张建锋（花名行癫）所说：“数据库开源将成趋势。”

李飞飞

阿里巴巴集团副总裁、高级研究员，阿里云智能数据库事业部与达摩院数据库与存储实验室负责人。美国计算机协会（ACM）杰出科学家，加入阿里巴巴之前为美国犹他大学计算机系终身教授。

面对全新的机遇与挑战，阿里巴巴集团副总裁兼阿里云数据库产品事业部负责人李飞飞（花名飞刀）在将数据库人才“登高望远、仰望星空”的能力和“日拱一卒、落子无悔”的阿里云工程师文化相结合的同时，也将带领阿里云数据库的开源再下一城。

数据库变革正当时

从依赖进口到去IOE再到自主研发，国产数据库激荡四十年。随着应用场景不断变化，数据库自身的技术栈也到了变革的重要关口。这一点，在Oracle数据库市场份额被微软超越的事件中可见一斑。

Gartner最新全球数据库市场数据显示，Oracle被微软超越，首次失去第一的位置。在深入分析其背后数据时，李飞飞表示，微软之所以能超过Oracle，是因为它两手（线下、云）都抓，而且两手都很硬。微软线下传统的SQL Server占据全球近20%的传统线下数据库市场，如今通过Azure实现云上与线下齐头并进，超越Oracle也自然是水到渠成。Oracle虽然也在不断想向云端转型，但它在云上的力量和声音还太过薄弱，主要业务仍聚焦在线下。目前，Oracle还可以凭借线下市场实现业务增长，但随着数字化经济的到来，如果Oracle的云化进程和云上业务不能实现突破，那Oracle终将会被云数据库所替代。

过去以线下数据库为主导的市场态势如今正在潜移

默化中演进为以云原生数据库为导向的市场新态势，对此，李飞飞认为：“传统数据库会像马车一样被淘汰。”面向数据库的新发展趋势，他终于决定从学术界走进产业界。

2018年，李飞飞被阿里云智能总裁张建锋的一句“技术创造新商业”所打动，正式加入阿里云，致力于云原生分布式数据库系统的研发和商业化。加入阿里云的这三年间，其带领团队所研发的新一代云原生分布式数据库系统，不仅支撑了阿里巴巴经济体的复杂业务、海量数据和“双11”交易洪峰的挑战，更被应用在不同企业级的海量应用当中。在2021阿里云北京云峰会上，李飞飞重磅宣布“阿里云数据库开源计划”，将其最核心的云原生数据库技术进行开源，携手开源社区共建云原生数据库2.0新时代。

阿里云数据库为什么要开源？

对标全球数据库发展进程，阿里云之所以选择开源这条路，李飞飞表示这是因为无论学术界、产业界还是科研界，国内对开源的态度都经历了阶段性的变化。发展之初，很多人认为开源与商业无直接联系，然而开源社区的协同模式改变并颠覆了传统工作方式，开源也成为我国在基础软件层面必须要考虑的一条道路。

不过，开源在国内的发展并非一帆风顺。在很多企业看来，开源与商业化是一个矛盾体，在问题没有完美的解决方案前，保持观望或为最保险的举措，这也成为很多人踌躇不前的根本原因。

在接受采访时，李飞飞坦言，开源固然是建立生态非常关键的一个抓手，但开源和商业化之间的矛盾并非一日即可化解，因此团队内部也曾对阿里云数据库的开源有过不同的意见和思考。

经过内部不断地磨合与探索，开源在阿里云内部逐渐生根发芽。现实来看，开源和商业化并非天然对立，倘若作为决策者在拥有强大定力和判断力的同时处理好两者间的关系，也可为基础设施层的软件带来难以撼动的影响力。但李飞飞也提醒道，与之相对的是，开源也绝非“灵丹妙药”。开源仅是一种回馈开发者、回馈技术社区、让更多人参与到前沿技术、促使技术更快发展的手段而已，并不能解决所有问题，关键还是在于社区的后续经营，即是否用心运营社区，是否有高质量的代码贡献，能否让开发者们从中获益，这些后续挑战都不容忽视。

那究竟如何才能让商业化和开源社区宛如两条腿可以正常地向前行走？李飞飞提出了两点建议：

- **企业做开源首先要想清楚开源的目的。**

如果开源目的不纯粹，只是为了商业化或打压竞争对手，这种开源注定不会成功。对于阿里云而言，开源的目的是要把开发者生态做起来，建立一个全新的生态需要大量时间成本，助力和引领现有生态是更加高效的一条道路，目前开源的PolarDB PG版本就是这样的一个选择。

- **明确好开源路线。**

开源的关键是要让社区真正活跃、运营起来，实现如PostgreSQL、MySQL等主流开源数据库生态那般在国内茁壮成长。因此企业要有清晰的开源规划路线，建立对开发者和用户有核心差异化能力和价值的技术组件。

李飞飞认为，开源要有开放的心态：任何人都可以拿去用，也可以回来参与共建。别人用了你的模块，感觉不错，有能力就欢迎回来把它变得更好，但不贡献也没有关系。

数据库的下一征程——云原生数据库2.0

秉持这样的心态，阿里云计划将云原生数据库2.0最核心的能力之一——云原生关系型数据库PolarDB的分布式版PolarDB-X对外开放，与此同时，还做了一系列的数据库开源计划，整体计划已排期至2022年6月。

所谓云原生，李飞飞认为，它是未来使用云的标准方式。云原生具有三大独立特点：

■ **云原生1.0是在PaaS层更高效、安全、可靠地利用底部云原生化的IaaS层。**

云原生首先从IaaS层开始，从最早如基于KVM和Hypervisor的虚拟化技术，到容器，再到微服务，将资源池化，这就是IaaS层云原生1.0的核心所在。继IaaS层云原生后，PaaS的云原生1.0就此展开，主要包含构建云原生数据库和大数据服务，如管控DBaaS云原生化、容器化部署、调度、微服务化，数据库内核设计采用存储计算分离技术和一写多读、Serverless等，来实现系统的弹性、高可用和可拓展性，这些都是云原生1.0做的事情。

而云原生2.0概念的提出，是因为云原生1.0核心还是聚集在原子产品差异化能力上。如果说，云原生1.0带给业务、行业、客户和开发者的是一把厉害的冲锋枪和机关枪，那么云原生2.0赋予他们的就是战而胜之的能力。因此，在云原生2.0阶段，阿里云数据库要从原子产品差异化走向一站式数据管理与服务，实现全链路云原生化的数据管理与服务，提供一站式的数据治理服务，让开发者、应用和用户更多地关注怎样从数据里发掘价值，而不是关心本该属于阿里云的使命——怎么让数据自由地无缝流动。

■ **“系统设计没有唯一解”。**

现实生活中，数学非常严谨，很多时候答案只有一个，但系统设计绝对没有唯一正解。应用的需求千变万化，不同的系统面向不同应用，每个系统的核心能力和它所选择的主赛道定然不同。因此，即使相邻两个领域会发生深度融合，但要将全链路数据治理服务能力全面融合到一个系统中可能性太小。

■ **云原生数据库2.0的一站式数据管理和服务是利用在线数据平台做统一数据治理。**

为解决一站式数据管理和服务与无法将全链路数据治理全面融合到一个系统的矛盾，云原生数据库2.0的核心是打造一个在线数据管理平台以实现多个系统的统一数据治理：TP有云原生关系型数据库PolarDB，AP有云原生数据仓库AnalyticDB (ADB)，PolarDB和ADB都具备HTAP的能力，同时还有面向物联网和NoSQL领域的多模数据库Lindorm。每个系统都有其特别擅长的领域和与邻近领域的融合能力，因此利用在线数据管理DMS提供一站式接入的管理和开发平台。DMS可以接入多元异构的数据源，提供多源异构的元数据统一管理，并把这种理念拓展到一个全域，面向包括关系型数据库、MPP数据仓库、NoSQL数据库等在内的所有数据库类型的一站式管理开发平台，还有面向开发者和应用提供一站式数据治理能力（例如鉴权与脱敏、数据溯源、数据血缘、数仓开发、DevOps、ETL、Online DDL等）。同时，底下的引擎、相邻领域的系统融合又都有云原生的能力——这就是云原生数据库2.0一站式数据管理与开发的理念。

云原生+分布式的融合是数据库成熟演进的根本

当谈及云原生数据库2.0的进一步落地发展时，首先对于时间，李飞飞预估道，不管是不是云厂商，接下来在怎样向开发者和客户提供更好的一站式数据管理与服务体验能力这点上，注定是兵家必争之地，至少要持续三到五年。

其次，李飞飞表示，上云是系统化工程，因此对很多传统企业而言，云原生数据库2.0一站式数据管理与服务绝不只是单独换掉数据库这么简单，这是一个生态问题。很多企业基于IOE发展多年，业务系统的整个流程可能都是基于IOE生态发展而来的，因此如果只是把内核这一层替换掉解决不了问题，反而还会带来很多如应用代码、业务流程要不要改等现实问题。除此之外，数据库配套的生态工具、ERP、CRM系统和上面的应用也不可能让企业再研发一遍。

以上这些问题都是现实的切肤之痛，也是如今传统企业上云的难点所在。很多人认为互联网行业上云快是因为其技术深度强，其实不然，这主要是因为他们没有历史包袱。传统企业技术实力也很强，像金融系统的技术水平就非常高，但他们有之前二三十年一路走来所积累的各种各样的架构和应用，这是最大的挑战。

针对这种情况，阿里云提出云原生数据库2.0一站式数据管理与服务，覆盖从数据传输、备份到应用的迁移改造，过程中会评估用户的应用代码是否兼容，不兼容能否进行自动代码转换等，为企业用户提供一站式全链路数据治理的能力。

与此同时，李飞飞表示，随着数字经济、数字化的到来，上云已是一个必选项，区别仅在于上公共云还是混合云。据了解，许多传统企业的基础架构在未接触阿里云之前就已经完成了云化的初始阶段。

在这种趋势下，云原生数据库的发展需结合经典的系统能力，如分布式能力：云原生+分布式两相结合一定是未来的发展趋势。云原生与分布式相结合将带来高可用、弹性、可拓展性等多个优势。当下，从互联网到能源、电力等行业，从友商到竞争对手，从分布式到单机，都在布局云原生。很多企业，一开始对云原生只是有需求，如今自己也在做云原生，比如通过构建一个分布式文件系统来实现存储计算分离，存储池化的能力。除此之外，还有很多分布式数据库也在往这个方向发展，因此只有“分布式+云原生”深度结合才是真正的未来。

云原生3.0的未来展望

云原生2.0已在推进，阿里云对云原生3.0又有怎样的愿景？李飞飞回答，如今企业都在做智能化尝试，等到全面覆盖时，智能化将深层次融入进每一件事中，包括AI for DB和DB for AI。如今AI for DB采用机器学习和AI的方法，做系统的监控、调度、参数调优和索引推荐等，这一技术会在云原生2.0时代迎来进一步发展，但预计距离完全成熟还有一段距离。这就好比在自动驾驶汽车领域，全自动驾驶汽车还是一项有待成熟的技术，但高度辅助的自动驾驶汽车已经成为现实。在云原生数据库2.0里，李飞飞认为自动驾驶辅助的数据库系统也是核心特点。但他指出，全自动驾驶从参数调优到部署整个AI化的数据库系统3.0才可能是一个成熟的产品。

DB for AI也将在数据库中支持各种智能化应用，例如将深层次的机器学习、人工智能推理能力整合到数据库系统中来，而不是像现在把数据进行在线交易、在线分析、离线计算，最后把数据拖出来建模、推荐。待云原生3.0到来之时，这些流程虽不至于在数据库系统内部实现全部智能化，但应该可以实现部分智能。近来在Oracle 21c的最新版本发布中就提到了Oracle内核要直接支持AI建模和ML负载等，但这只是一个方向，距离真正成熟还需一段时间。

李飞飞最后强调，任何事物的发展都需要一个过程。云原生1.0、2.0、3.0都是一个阶段，每个阶段互相融合。在云原生2.0阶段中，智能化会持续发展，等到全自动驾驶真正实现、智能化数据库系统走向成熟，均完成大规模商业化应用和落地时，云原生3.0自然而然就来了。

人大金仓总裁杜胜：做基础软件需遵循技术规律和发展周期

文 | 杨阳

长久以来，如何“去IOE”不仅是数据库产业的热议话题，更是国产数据库厂商纷纷致力的方向。但事实上，想要通过核心技术弯道超车几乎是不可能的。但在国家整体规划愈趋清晰下，进一步完善人才机制建设，不断加强市场培育，未来依然可期。

受访嘉宾：

杜胜

北京人大金仓信息技术股份有限公司总裁。拥有近20年IT行业产品设计、研发及上市管理经验。曾主导慧点科技GRC.platform、indi.Mobile、GRC.mobile、indi.platform等产品的设计、研发及上市，历任企业管控事业部总经理、通用产品事业部总经理、公司副总裁。

作为核心技术“三大件”之一，数据库在中国的发展可谓龃龉前行。1978年，中国人民大学经济信息管理系创建人萨师煊提出了发展数据库的理念，并在1979年汇集成《数据库系统简介》和《数据库方法》，成为我国最早的数据库学术启蒙读物。

20年后，国内第一家数据库公司——北京人大金仓信息技术股份有限公司（以下简称“人大金仓”）创立。据公司总裁杜胜介绍，人大金仓之所以有“人大”两个字，是因为从中国人民大学信息学院中脱胎而来，“金仓”则原本是信息学院的一个研究课题。

“数据库门槛太高，国外很早就已经发展成熟，大家都知道在这个领域投资会赔钱，所以当时没有人投。后来是人大的老师们凑了50万元一起创办，才有了今天的人大金仓。”

从数据库概念的提出，到产业化的落地，都是自“人大”开始。本期《新程序员》与人大金仓总裁杜胜，就数据库的技术演进逻辑、产业的发展周期，以及核心研发人员如何培养等方面进行了深入探讨。

业务逻辑趋向应用端，数据库集群并行运算

《新程序员》：经过数十年发展，数据库技术不断迭代更新，从File形式存储到层次型数据库，再到关系型数据库……你是在哪个阶段进入这一领域？后续发展呈现怎样的特点？

杜胜：我是在关系型数据库时代切入到这个领域的。应该说我们现在看到的大多数数据库应用都是关系型场景。关系型数据库最早是基于传统C/S架构的，比如20年前我们会用PowerBuilder，或者Delphi这类语言去做客户端的展现。

一般前端很少写业务实现逻辑，它的实现主要通过数据库来进行运算。当数据库在存储过程中把逻辑实现后，再通过前端按钮触发逻辑运行。

对于早期应用来说，数据库是核心。大量的应用逻辑是基于数据库的PL/SQL语言来开发的，一是这样的语言作为脚本语言学习难度低，容易上手；二是数据库能够

提供非常多的功能扩展包，帮助应用快速实现功能。比如要完成某个递归算法时，通过数据库中的一个函数就可以完成。如果是我们自己编程，代价就会高很多。从关系型数据库时代开始，数据库就成为了应用中不可或缺的一部分。

《新程序员》：从数据库发展历程来看，演进的逻辑是什么？

杜胜：关系型数据库之所以登上历史舞台，主要在于它对应用的支撑作用。传统C/S（Client/Server）应用，Client端模式非常简单，更重的落脚在Server端，Server对于数据库来说是至关重要的部件。后来，应用从C/S演变到B/S（Browser/Server），出现中间件，一些逻辑就开始往中间件迁移。当然，还有部分应用依然没有摆脱C/S架构的特点，依托数据库完成业务逻辑计算，但当中间件发展到一定程度后，逻辑开始向应用代码中迁移。

再到未来云原生的模式，用户对应用的投入越来越高，对数据库的依赖则在降低。整体上，数据库更多在于提升伸缩性和弹性，以应付更大的并发量和负载压力。所以，数据存储和吞吐能力整体在提升，业务运算方面则在弱化。

包括现在讨论的分布式数据库，更多是基于数据的存储，运算基本放在应用端来实现，这是应用整体架构的变化带来的。架构的变化基于应用场景的变化，是应用在驱动我们的底层变革，数据库实际上是被动跟随。

《新程序员》：一直以来，数据库行业都在讨论如何实现技术“去O”，你认为该如何实现？

杜胜：过去有两个说法，一个是“去O”，一个是“替O”。这是两种思路的差异，“去O”主要因为Oracle足够复杂，很难取代。那么，就从应用的角度入手，让应用端承担更多的运算，从而避免使用Oracle的复杂能力，绕开它。我们当然可以用应用代码来编写业务逻辑，比如用MySQL开源数据库来满足需求，但这样的话，所有的应用都必须重写，不能再利用历史资产，相当于重构一个新的体系。

另一条路径是“替O”，延续原本的规则和体系，依然使用存储过程和函数。“替”的含义是让国产数据库产品具备同等能力，从而替换Oracle。

相较而言，“替O”路径对于应用厂商而言成本更低，因为“替”的过程实现对于应用厂商来说更容易，客户的历史资产能够得到保留。对于一些传统企业和党政客户来说，尽可能利用历史资产是最优选择。但在互联网领域，对成本不是很敏感，一般会选择“去O”。

当然，随着云原生的发展，新的技术路线也在演进。未来数据库的使用会更加偏向目前互联网的模式，我们会在应用中实现更多业务逻辑，从而降低对数据库的依赖，这是一个大的趋势。

《新程序员》：从“数据库”到“数据仓库”，只是一个字的变化，看上去只表现在量级上的差别。你认为从“库”到“仓库”之后，有哪些延续了？有哪些升级了？

杜胜：从数据库到数据仓库的变化主要是由于社会信息化程度越来越高。

在早期，数据库能够解决交易和分析两方面的问题。但近三十年来，信息化逐渐兴起，随着数据量的不断积累，我们遇到了两个问题：第一，数据存储遇到挑战，设计的容量不够，需要把它扩大；第二，有了这么多数据之后，该怎么用？数据本身没有任何价值，只有把它们用作分析、统计或者运算才有意义。

要解决数据容量不够和数据处理不足这两个问题，在单点的运算能力难以支撑下，就需要构建大的数据库集群，进行并行运算。

我们有一款名为KADB的产品，是用MPP技术来实现的分布式数据库，可以实现大规模并行处理。通过并行运算，原来一个单机两到三天才能运算出的结果，构建100台集群后，几分钟之内就可以把结果计算出来。因此，从数据库到数据仓库不仅是量的变化，我们要面对的场景更复杂，处理能力也需要极大提升。

《新程序员》：目前产业还面临哪些普遍的技术难题?

杜胜：在传统领域，共享存储集群还是非常困难的技术。对于数据库软件来说，稳定可靠是第一位，如果这个问题没有解决，其他都没有意义。但目前来看，只有Oracle能做到这点。

虽然我们想要弯道超车，但这类硬核技术的研发几乎是不可能的，同时也不太可能用某种新技术来代替。无论是软件还是硬件，对底层技术的要求都非常高，很难通过走捷径解决，只能一点点消化、学习，希望市场能够给我们沉淀和试错的时间。

数据库产业处于成长期，产学体系仍需优化

《新程序员》：相较于AI、物联网、云计算等动辄万亿产值的技术，数据库在早年没有被追捧，但近年资本也逐渐涌入这个领域，为什么会掀起这样的热潮?

杜胜：确实，如果放在前些年，人大金仓想要在资本市场受到关注是很困难的。但最近三年我们发现，资本对数据库产业的关注明显提升。近期有几家产业链友商获得大额融资，最多的获得了2.6亿美金。这在过去是不可想象的，说明现在国内态势正在转变。

为什么会出现这样的趋势?说白了就是核心技术要掌握在自己手里，才能从根本上保证产品的自主可控。

在全球化时代，所有东西都能买到。但经历了“中兴事件”和看到华为这两年的遭遇后，我们可以得出一个结论：外部环境急剧变化，核心技术我们买不到了。这对于即将开启的数字化经济转型无疑是个噩耗，整个经济都要构建在数字底座上，我们买不到就只能自己做。所以，在这个节点上，资本投入数据库领域也是情理中。

《新程序员》：从产业周期看，你觉得国内数据库是处于成长期，还是已快到成熟期?

杜胜：我个人感觉还是在成长期。我们评价产业发展阶段有一个标准，就是产业从业人员，尤其是核心技术从业人员能否支撑产业的可持续发展。很明显，我们在核心技术人员的储备上严重不足。再从市场来看，自2001年中国加入WTO（World Trade Organization，世界贸易组织），国外品牌纷纷进入中国。二十年过去了，国外品牌依然占据大多数市场份额，垄断是一直存在的。

这种现象背后，是后进者与先进者的历史差距。Oracle 1977年创立，人大金仓1999年创办，尽管是国内最早的数据库公司，但还是落后了22年。

当然，我们走向成熟也指日可待。一方面基于国家层面的规划；另一方面，最近几年涌现出200余家数据库公司，这是非常好的现象。虽然短期可能有泡沫，但行业做起来会吸引大量人才，大浪淘沙后优秀者自然会留下，行业也会逐步走向成熟。

《新程序员》：在硬核技术领域，你觉得很难“弯道超车”。但面对这样既重要又困难的现实，产业界往往又寄希望于有这样的弯道，对此，你认为该怎么办?

杜胜：需要从两个方面来说，一个是技术的底层逻辑，一个是人才和市场。

首先，做基础软件需要端正心态。在整个产业链上，过去做得好的是应用，比如淘宝、美团、抖音等软件，满足了客户需求并持续深耕，就能在市场中下沉。

然而，基础软件的开发有客观的规律和周期。美国很多大公司CEO或者技术人员退休后会回到学校，把在产业界的多年经验反哺给学校，让学术界与产业界真正衔接起来。反观国内学校的老师，大部分是本、硕、博“直通车”，毕业后就回到学校教学，很少人有产业界扎根的经历，学校和产业是脱节的。所以，我们的人才培养闭环和产业闭环都还没有形成，体系上需要继续优化。

其次，每个人有不同的个体禀赋，我们的学生也都非常

聪明勤奋，现在世界上很多知名科学家都是华人。从主观能动性的角度，我还是相信整体的学习氛围能让我们在某些领域赶超，然后带动其他领域。

再者，以人大金仓的经历来看，市场也是转折的关键。在创立的前十年我们发展得比较慢，国外软件几乎没给我们留什么机会。2009年人大金仓被中国电科收购之后，我们加入了“国家电网核心电力调度系统”这个项目，通过这个系统应用获得的良好声誉，让我们的产品和服务打开了市场。

所以，技术落地要符合客观规律，还需要在体系建设上持续优化。从人的主观能动性和市场培育角度，我觉得还是有超越的可能。未来十年，我们希望进入国际市场，再过五年，或许可以做到世界领先。

DBA与核心研发人员的培养

《新程序员》：对于数据库核心研发人员的培育，人大金仓是通过怎样的方式来培养？

杜胜： 我们现在的人才体系有两类：

第一类是数据库的使用人才，就是常说的DBA，培养核心是使用和维护数据库。这类人才的培养相对容易，美国数据库软件公司已经帮我们培养了很多人。对他们来说，在我们这里的学习不是从0开始，而是“再学习”。在共通的数据库技术下，他们转换很快，可以把以前Oracle、Db2、SQL Server等的DBA很快转化到国产数据库，这样就多掌握了一门技术。我们现在面向全国开设免费学习课程，包括KCA、KCP、KCM，国外这类课程都是收费的。对于我们来说，为产业培育人才不是为了盈利，是为了让生态快速建立起来。

第二类是核心研发人员，这类人才的培养非常困难。就目前情况来看，中国有非常多的程序员，但从事数据库内核研发的只有一两千人。用传统师傅带徒弟的自然培养方式显然是不够的，我们要把人才体系真正建立起来。目前国内开设数据库相关课程的高校只有二十多家，我们已经和中国人民大学、武汉大学、山东大学合作开发课程，增设了数据库内核专业。

《新程序员》：你提出“从IT应用软件产业中寻觅人才”，《新程序员》的核心受众正是庞大的软件开发者群体，你对开发者有什么要说吗？

杜胜： 如果仔细观察，我们不难发现做数据库的都是国际巨头，如2019年排名前五的数据库厂商Oracle、微软、AWS、IBM、SAP。事实上，做系统类软件才能在全球通用，这个市场需求量足够大。假以时日，等我们国产数据库真正成长起来，彼时会遍布所有行业，会有公司成为巨头。如果看好数据库，想让你做的软件被世人铭记，那就加入我们！

OceanBase自研数据库之路

文 | 杨传辉

近年来，信创发展火热，数据库也被更多地提及，然而国产数据库自研这条路到底该怎么走？开源又在其中充当何种角色？陪伴分布式关系数据库OceanBase从无到有的CTO杨传辉有他独到的见解。

自从E. F. Codd于1970年提出关系模型，到今天为止，关系型数据库已经有五十多年的发展历史。通过抽象出关系模型和事务模型，以及用于查询的SQL语言，关系型数据库在传统行业中几乎一统天下，广泛应用在金融、通信等关系到国计民生的各个行业。然而，在当今信息爆炸的互联网时代，数据量和并发访问量呈指数级增长，原先运行良好的关系型数据库遭遇了严峻的挑战，包括极度高昂的总体拥有成本、捉襟见肘的扩展能力、荏弱无能的大数据处理性能等。这些挑战在国民狂欢的“双11”这场技术大考中，又被成倍地放大。

2010年开始，分布式数据库OceanBase从零开始了完全自主研发的历程，采用应用驱动技术创新的发展路线，构建在普通服务器组成的分布式集群之上，具备可扩展、高可用、高性能、低成本、强一致和多租户等核心技术优势。在本文中，我将结合自己所做的事情，分享一些自研数据库的经验和想法。

路线选择

数据库研发有两条路径，分别为基于开源数据库做二次开发和从头开始完全自研。这两条路径在不同方面各有优劣，目的都是满足数据库面临的可扩展、高可用、性价比、易用、自主创新等需求。第一条路径的优势在于起步比较容易，问题在于无法完全掌控数据库内核；第二条路径的优势在于能够完全掌控数据库内核，问题在于初始投入特别大，从0到1的过程非常复杂。绝大多数的国产数据库选择了第一条路径，而OceanBase则选择了第二条。之所以在2010年选择从头开始完全自研，本质原因在于我们的初心是做一个可扩展的企业级数据库。MySQL等开源数据库比较擅长对关系模型的计算，以及处理简单的Key-Value查询，但是没有办法处理复杂查询和混合负载。另外，MySQL等开源数据库也不具备可扩展能力。为了支持复杂查询和可扩展，必须重构数据库内核；与其基于已有的开源数据库重构内核，不如重写一个基于分布式架构的新内核。今天回头来看，OceanBase当年的选择是非常正确的。

以Oracle为代表的集中式数据库在功能和稳定性方面已经非常成熟，仅靠模仿是没有什么机会的。集中式数据库通过专用硬件来做垂直扩展，当数据库处理能力不足时可以换更好的服务器，但这种方式存在两个问题：一是系统处理能力受限于专用服务器；二是专用服务器非常昂贵。设想一下，如果给关系型数据库安上一个分布式的翅膀，最终研发出一款既支持海量数据，又可以线性扩展，同时拥有像Oracle一样强大的功能，像Oracle一样易用的数据库，那么对于用户来说，这样的数据库是比较理想的。一方面，我们需要基于分布式架构，充分享受云原生和分布式的技术红利；另一方面，也需要站在经典数据库的基础上，充分借鉴经典数据库的设计理念和技术方案，在经典数据库这一巨人的肩膀上做创新。

对于数据库这样的基础软件，从0到1最难的是如何把系统做稳定。数据库的初衷是应用到Mission Critical的核心业务场景，不能出现严重错误。为了做到这一点，需要找到第一个吃螃蟹的人。这时候，蚂蚁集团给OceanBase创造了试验田，把最核心的业务放到当时还不成熟的数据库上，助其度过了刚开始最为艰难的一段时期。在这个过程中，OceanBase坚持抽象和标准化，兼容经典数据库的已有标准，包括兼容SQL语法、事务处理标准，参加针对经典数据库设计的TPC-C/TPC-H基准性能测试，只做通用产品，不为客户的某些特定场景做定制。

应用驱动自研数据库技术创新

经典的关系型数据库最大的门槛在于稳定性，这是一个“先有鸡，还是先有蛋”的问题。如果数据库不稳定，业务就无法使用；如果不使用业务，数据库就不可能稳定。经典关系型数据库无法满足淘宝收藏夹两张大表进行关联查询的需求，而OceanBase抓住了这个痛点，于是淘宝收藏夹成为了我们的第一个实战业务。

我们的初心是做一个分布式关系型数据库，大量复杂的分布式技术导致实现一个基本可用的分布式数据库至少需要三年。然而在互联网公司，一个项目三年没有产出基本意味着终结。因此，OceanBase早期版本在技术架构上做了一个折中，将写入操作全部放到一台服务器，从而规避分布式数据库中技术难度最高的分布式事务处理问题。然而，即使对技术架构做了大幅简化，在处理淘宝收藏夹业务的过程中也并不是一帆风顺。

2011年9月开始，收藏夹的访问量开始明显增大，到了2011年10月中旬，可以断定，如果按照这个趋势继续发展下去，线上版本扛不住，此时必须升级到最新版本。因此，在离“双11”不到一个月的时候，我们硬着头皮升级版本。升级后触发了一个Linux内核Direct I/O相关的Bug，当访问量较大时有一定概率触发，导致OceanBase主库宕机，备库接替主库服务一段时间后继续宕机，当天收藏夹服务中断多次，直到晚高峰过后才恢复正常。幸运的是，我们很快找到了Bug并通过升级解决了稳定性问题。在技术架构上进行针对性设计，使得收藏夹项目取得了成功，但是OceanBase支持的功能还很不全，成熟度也不够。一般来讲，只要关系型数据库（例如MySQL）能够满足，业务就不会考虑OceanBase，在这个阶段，它只是关系型数据库的补充，主要用来补充历史库、大用户、实时分析、写入量特别大等经典关系型数据库中的薄弱环节。即便后来我们服务了几十个业务，服务器规模也达到数千台，然而没有交易、支付相关的核心业务这一痛点仍然没有解决。

2012年底，OceanBase团队从淘宝调动到支付宝，开始探索金融核心数据库“去O”之路，得到了做Mission Critica业务的机会。OceanBase的策略是从外围逐步到核心，第一批试点业务包括无线、金融历史库以及会员视图。其中，会员视图是支付链路的一部分，如果出现问题，付款将受到影响。交易是支付链路最为核心的业务之一，当时整个项目组，上到CTO，下到每个一线开发人员，都承受着巨大的压力。项目开始之前，OceanBase还没有完全满足交易业务的需求，面临着无法在理论上保证强一致性、大量不支持的SQL语法，某些场景的性能很差等问题。一般情况下，都是先有稳定的数据库，业务再基于它做开发。而在当时，数据库还没有准备好，因此导致业务团队、中间件团队和数据库团队只能并行开发。

2014年“双11”，OceanBase成功支撑了蚂蚁集团10%的峰值交易流量，这标志着OceanBase正式成为金融级数据库。当我们扛过“双11”零点峰值且数据比对全部正确时，才最终证明了OceanBase的稳定性。至此，交易“去O”取得成功，OceanBase进驻蚂蚁集团核心业务。其中最关键的一点在于把Paxos协议引入关系型数据库，在数据层面做到了强一致和高可用。最终做到当服务器、机房、甚至整个城市发生故障时，30秒之内恢复（RTO<30秒），完全不丢失数据（RPO=0）。

应用驱动技术创新，OceanBase通过满足互联网和“双11”业务面临的高可用、高并发和可扩展的需求，最终实现了分布式关系型数据库从0到1，解决了关系型数据库起步阶段最难的稳定性问题。在这个过程中，OceanBase首次将LSM树和Paxos协议引入关系型数据库，做到了无损容灾，并使得关系型数据库的存储成本得到大幅降低。回到OceanBase的初心：做出一个可扩展且像Oracle一样功能强大易用的企业级数据库，为了达到这个目标，一定要用经典数据库的标准要求自己，并且要在前人的基础上做创新。

开源是自研数据库构建生态的必然选择

OceanBase解决了自研数据库前期的一道大坎“稳定性”之后，接下来，即将面临的最大挑战就是生态。一个数据库能不能最终取得成功，根本在于有没有足够多的用户、运维人员、ISV、服务商等。开源并不是自研数据库做生态的唯一方式，Oracle虽然不开源但生态非常强，但是，开源是自研数据库做生态的一种有效捷径。我认为随着当前云计算的发展，开源会成为新一代基础软件的标准做法。

一个开源项目能不能做好，很关键的一点在于能否平衡好开源与商业化的关系。对于OceanBase这样的交易型数据库，开源和商业基本不会冲突。OceanBase的原厂服务兜底能力被很多行业的头部客户看重。在开源模式选择上，OceanBase也有自己的考虑，它采用的是OpenCore的开源模式，内核引擎完全开源，涉及存储引擎、SQL引擎、分布式引擎，多副本、分布式事务、高性能、扩展能力、故障恢复、优化器、多活容灾等核心技术及代码，生态工具与合作伙伴共建。这是业界一种通用的开源模式，MongoDB、Elasticsearch、Spark等数据处理软件都采用了类似的做法。开源能够帮助OceanBase更快地应用起来，促进产品的成熟和落地，培养产品接受度、开发者和用户基础。同时，也会帮助它未来形成立体化的“公有云+专有云+开源生态”混合商业模式。

市面上大多数开源项目都是一开始就开源，而OceanBase开源时已经有了很高的知名度，相比其他的同类产品，它有两个最重要的优势：一个是稳定性，已得到了蚂蚁集团交易支付等核心业务场景长时间的检验；另一个是性价比，单机性能遥遥领先业界同类分布式数据库产品。OceanBase之所以能在性能上大幅领先，本质在于它采用的是集中式分布式一体化设计。数据库包含存储、事务、SQL三个基础组件，为了实现可扩展，有两种方式：一种是在存储层实现可扩展，即抽取一个分布式KV层，再基于分布式KV层构建SQL引擎；另一种是在事务层实现可扩展，并保证跨服务器事务的原子性和一致性。第一种方式实现比较简单，然而，由于事务层和KV层跨服务器，额外引入了一次远程RPC调用，且分布式事务状态维护相关操作的开销大幅提升。第二种实现方式相对复杂，然而，由于事务层和存储层能够实现本地化内存处理，性能得到大幅提升。与其他分布式数据库产品不同的是，OceanBase采用第二种一体化的设计方案，在事务层实现扩展性，从而做到单机性能接近经典的集中式数据库。

开源不等于免费，更不等于简单地把源代码开放出去，开源社区的建设也是一大重点。OceanBase的社区治理机制借鉴了Apache基金会的运作模式，包含TOC（技术委员会）、PMC（单个项目的管理委员会）、Committer（具有代码提交能力的开发者）、Contributor（曾做过代码贡献的开发者）、Community Leader（社区用户布道师）等各种不同的角色。OceanBase社区也会定期组织线上、线下活动，技术交流，提供各种开发者文档、技术资料、视频培训等全方位开发者服务。开发者可以在社区中提交Pull Request，社区治理团队会及时讨论并处理代码合入请求，社区正在逐步开放CI构建能力；同时，社区会不定期开放一些特性开发挑战，根据挑战难度及贡献的代码质量提供悬赏激励。

接下来，我们将通过开源进一步拓展自研数据库生态，基于过去在产品技术和商业化的成功经验，希望逐步成长为顶级开源项目。

杨传辉
现任蚂蚁集团企业级分布式关系数据库OceanBase CTO。杨传辉曾在百度从事大规模云计算系统研发工作，2010年作为创始成员之一加入OceanBase团队，主导了OceanBase历次架构设计和技术研发，从无到有实现OceanBase在蚂蚁集团全面落地。同时，他也主导了两次OceanBase TPC-C测试并打破世界纪录，著有专著《大规模分布式存储系统：原理与实践》。

扫码观看视频
了解OceanBase背后故事

PostgreSQL：开源软件的一颗明珠

文 | 丁治明

作为一款功能非常强大、源代码开放的关系型数据库管理系统，凭借着友好的开源协议、丰富的数据类型、极强的稳定性等优势，PostgreSQL经过三十多年的发展，已经成为数据库领域一股不容忽视的力量。

随着全球技术竞争态势愈演愈烈，我国正式提出“2+8”安全可控体系，中国信息产业从基础硬件→基础软件→行业应用软件迎来了“信息技术应用创新”（简称“信创”）替代浪潮。

数据库作为信创产业的核心环节，其国产化尤其重要与紧迫。那我们要怎样对“国外数据库巨头已经存在超过40年”进行补课？又该如何实现对“国外数据库巨头员工数量达10万+”进行弯道超车？

其实，这个问题，只有一种答案，那就是：依靠开源数据库。依靠如PostgreSQL这种主流开源数据库并做贴近本土化需求的定制开发与不断迭代。

开源数据库PostgreSQL的诞生

20世纪70年代，得益于GUN/Linux平台的兴起，技术圈经历了首波开源浪潮的洗礼。在IBM启动数据库系统System R项目且带来系列数据库文章的同时，也引起了来自美国加州大学伯克利分校（UCB）的两位科学家Michael Stonebraker和Eugene Wong的关注，于是他们决定自己启动一个关系数据库的研究项目，而后采用BSD许可证的数据库系统Ingres就此诞生。

于当下再提及Ingres系统时，或许有很多从业者感到陌生，但是当提到PostgreSQL时，就明白它是世界领先的开源数据库之一。PostgreSQL是Ingres经过长时间演变之后形成的产物，致力于解决早期数据库系统存在的问题，如通过增加最少功能来支持所需的类型等。与Ingres相同，PostgreSQL遵循BSD开源协议，可以无偿获得源代码，并能根据自己的需要定制修改，可自主选择是否开放修改后的程序代码。经过三十多年的发展，PostgreSQL在多场景验证中得到了学术界和工业界的充分认可。

国产化浪潮下的PostgreSQL

“我们国家只有建立安全可靠的关键核心技术体系，才能真正保障信息的安全；只有将核心技术掌握在自己手中，才能够不受制于人。”中国工程院院士倪光南如是说道。

借助开源加快创新落地，也能够站在巨人的肩膀上并保持技术的领先性。作为开源数据库，PostgreSQL的所有权归属于PostgreSQL全球开发小组，并不归属于任何一家商业公司或企业，这也从根本上杜绝了西方大国挥舞“技术管制与制裁”大棒进行技术断供的可能性。因此，基于PostgreSQL进行数据库的研发是完全可控的。

基于此，PostgreSQL也向着安全、高性能、分布式、多模、智能化、新硬件融合等数据库技术的发展趋势不断演进，让有能力的组织、企业或个人都可以平等地参与其中。

一直以来，开源数据库的安全性都是个热议话题，特别是满足国家安全可控的要求，更需要数据的安全传输和加密存储。但是PostgreSQL已有的权限管理、通信加密等安全技术不足以应对国内用户对安全性的诉求，需要由相关研发机构或数据库厂商来解决。

高性能也是数据库功能发展的主要方向，PostgreSQL主要通过实现MPP架构并行处理能力和分布式架构的多节点协同作业来提升海量数据处理能力。PostgreSQL在版本特性中增强了并行查询、并行索引处理等。PostgreSQL的成熟分布式方案Citus被微软收购后，基于PostgreSQL稳定高效的分布式架构，也需要国内研发力量参与推动。

2021年，为了进一步增加PostgreSQL的安全性，PostgreSQL团队和国产数据库软件公司瀚高软件基于以下两个方向进行了功能研发：

■ 基于密码学技术加强国产数据库安全功能。

在密文数据查询处理方面，研究自主开发数据库中特定数据类型在加密状态下的等值查询、范围查询、模糊查询、关联查询操作及数据的修改更新，数据加密后索引有效性保持。

在密文数据秘钥管理方面，利用密钥管理中子密钥生成算法，针对数据库中数据持续增加、在无须重新解密状态下的密钥定期更换合规性需求，形成独立于数据库的密钥管理体系，结合专用模块提供优化的密钥管理设计方案。

在开发工具链方面，为安全数据库管理系统的应用开发提供包括开发工具、密文管理、密钥管理、驱动程序的完整工具链，满足包括Java、C、Python在内的开发语言要求。

其中在以标准TPC-C模型承载10000 Warehouse数据量情况下，密文查询性能影响小于20%为主要技术指标。

■ 研发高并发分布式国产数据库管理系统。

面向国产化平台，研究高并发情况下分布式事务管理技术，并优化分布式事务处理协议。此外，还要研究分布式系统中的Hybrid Logical Clock技术，分布式数据存储动态调整技术，分布式数据操作的并行拆分及并行查询优化技术，分布式系统数据冗余、备份、监控等管理技术。

采用的技术指标是，研制可承载百万级连接的、不少于8节点的分布式数据库管理系统，每个节点作为对等服务入口和数据处理单元，均可承载TB级数据；读操作IOPS不低于5000万/s，写操作IOPS不低于1000万/s；支持数据多副本、弹性热扩展及在线缩容；提供配套的备份、监控管理平台；具备访问控制、安全审计功能；适配不少于3个国产软硬件组合平台。

PostgreSQL的价值和意义

通过开源生态共建，解决关系数据存储管理的种种难题，PostgreSQL也将为政府、企业和个人数据的有效管理提供便利。

■ 政府方面，国产数据库基于成熟开源PostgreSQL再创新，数据库系统软件实现自主可控。

■ 企业方面，用户及企业能够能够低成本使用PostgreSQL管理核心数据资产，这也是PostgreSQL的核心价值所在；数据库产品商能够研究、掌握源代码，研发自主可控的数据库产品，推向市场；数据库服务商能够熟练使用和维护数据库，提供PostgreSQL技术服务；应用软件商能够基于PostgreSQL研发软件产品，有更大的自由度，不受商业许可限制。

■ 对于个人而言，开发者可以选择开源技术方向，通过学习和掌握PostgreSQL实现更好地就业，可以有更多的岗位选择，如数据库内核研发人员、运维管理人员、数据库应用开发人员等。

基于以上种种，PostgreSQL已发展为开源软件的一颗明珠，也希望越来越多的开发者能够参与PostgreSQL的功能迭代，在贡献一份力量的同时，也能从中汲取营养，提升自我。

丁治明

中国科学院软件研究所二级研究员、数据科学与智能网络研究中心主任。国务院政府特殊津贴获得者、北京市特聘教授。主要研究方向为数据库与知识库系统、时空感知大数据系统、物联网及移动数据管理、灾害应急大数据管理等。在国内外学术刊物发表论文130余篇，获8项发明专利，制定国家标准1项。

分布式数据库的技术演进

文｜李海翔

近年来，分布式数据库突然被广泛追捧，各数据库厂商、互联网企业、创业公司纷纷部署和自研。纵观分布式数据库几十年的发展历程，它的火爆似乎来得晚了一些。那么，分布式数据库为何此时才迎来高光时刻？这与它的演进历史息息相关。

分布式数据库的历史演进

数据库技术始于20世纪60年代，前后经历了两个时代，即单机数据库时代和分布式数据库时代（见图1）。

单机数据库，是把数据库实例部署在一个物理节点上。分布式数据库，简单来说，是指数据存储在不同的物理节点上的数据库系统，如果要细究，数据被分布式存储后，还需要有一系列的技术相配合，对数据进行管理和计算，如分布式查询优化、分布式事务处理、分布式并行执行等。因此，分布式数据库是一种存储海量数据、管理多类型数据（结构化、非结构化），并为存储管理数据提供计算的大型软件。其本质与作为前辈的单机数据库没有什么不同，所用技术也大多相同，差异在于如何应对更大数据量的存储、管理和计算。

单机数据库时代，从架构的角度看，又分为单机系统和主从架构系统，后者是单机系统向分布式数据库过渡的一个产品形态。如果我们把单机系统称为数据库1.0时代（典型产品如Oracle、MySQL、Db2、PostgreSQL等），分布式数据库则是2.0时代（典型产品如Spanner、CockroachDB、TDSQL、OceanBase、TiDB等），而主从架构的系统可算作1.5时代（典型产品如Oracle的物理复制、MySQL基于Binlog的逻辑复制、PostgreSQL的流复制等）。1.5时代的产品，虽然多个数据库实例部署在多个物理节点上，但其在事务处理层面支持“一个节点写其他节点读的单写多读”方式（存在例外，Informix的主从系统提供某种方式的“多写”，但不是基于事务并发访问控制技术的多写），这种方式并不是真正去中心化的分布式，因此我们把其归结为过渡状态。

从技术层面看，单机数据库系统是分布式数据库的基础，其技术基本上适用于分布式数据库。主要包括：

■ 数据模型。1970年Edgar Frank Codd发表*A relational model for large shared data banks*，关系模型就此问世，这使得数据的存储格式和计算范式有了基本依据。

■ 结构化查询语言。1974年Chamberlin提出SQL（Structured Query Language，结构化查询语言），让用户对数据有了标准的访问方式，使得物理存储数据和逻辑操作数据两者解耦。

■ E-R模型（Entity Relationship Diagram）。1976年华裔P. Chen提出了“实体-关系模型”，意在把现实世界和数据世界建立起映射关系，后被广泛用于信息系统的设计阶段，用来描述信息需求和要存储在数据库中的信息类型。

■ 事务处理技术。1976年及往后的一段时间，以James Gray为代表的一些专家系统地研究了金融交易业务，并加以抽象，把对数据操作的正确性语义模型化，提出“事务（Transaction）”的概念和一系列相关技术，这

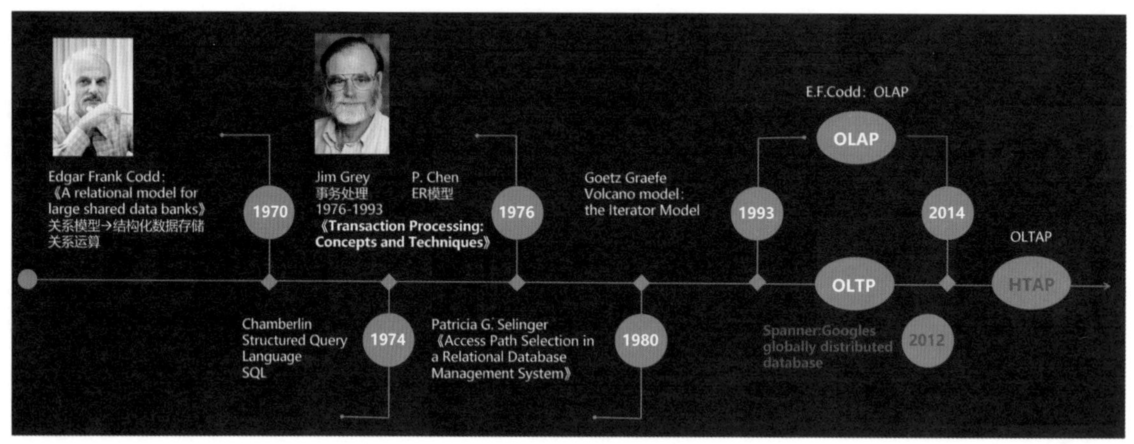

图1 分布式数据库演进历史

项工作把人类生活中最常见的交易活动电子化。

■ 基于代价的查询优化。Patricia G. Selinger在1980年提出基于代价的查询优化技术，使得查询计划由于有了可量化的评估标准而变得更为高效和精准。

■ 基于火山模型的执行器。Goetz Graefe在1993年提出火山模型，该模型通过把各个物理算子抽象成一个个迭代器，进而方便地访问以关系模型存储的数据。这样一来，每个算子只关心自己内部的逻辑即可，解耦了各个算子之间的耦合、算子和数据格式之间的关系，简化了执行器的实现。

■ OLAP和OLTP分离。Edgar Frank Codd在1993年提出OLAP，促使单机数据库系统在应用层面向不同的应用种类，从而使得数据库技术根据应用分家，从此数据库系统分为专注于事务处理的OLTP系统和专注于分析的OLAP系统。而面向OLAP的MPP（Massively Parallel Processor）架构诞生使得计算并行，也促使分布式数据库提高了运行效率。

当然，如上只是一些主要的经典技术，单机数据库系统下还诞生了很多技术，我们不再介绍。重要的是，所有的单机数据库技术都对分布式数据库技术有直接影响，即分布式数据库是基于单机数据库技术发展而来的。

那么，分布式数据库技术又有什么样的发展，使得其不同于单机数据库呢？

首先，分布式数据库尚没有一个明确的定义。1997年文献*Distributed and Parallel Database Systems*对分布式数据库作了一个简要的综述，概述了分布式数据库所需技术的发展情况，如分布式事务处理、分布式查询优化等技术，而这些技术在最近十年也在不断发展成熟，因此分布式数据库还处在不断发展变化中。

其次，分布式数据库和单机数据库的技术发展几乎是并行的，没有一个明确的时代界限。在20世纪70年代至90年代，单机数据库技术如火如荼向前发展，而并行数据库、网格计算、分布式并行执行、分布式事务处理、全局索引、复制等技术亦各自向前发展，逐步形成了一个笼统的分布式数据库概念，以及分布式数据库的技术体系。这个时代，尽管分布式数据库是一个研究热点，但没有标志性的理论和技术让分布式数据库能够有理论可依据、有实践可参考。

再次，分布式数据库的新时代，是以1998年Eric Brewer提出的CAP（Consistency一致性、Availability可用性、Partition-tolerance分区可容忍性）理论为标志而开启的。CAP提出，分布式系统在面临分区事件必然会发生的情况下，其一致性和可用性不能同时确保，此类问题对基于单机数据库的技术来实现分布式数据库提出了挑战。而互联网业务的兴起使得面向TB级数据量设计的单机数据库或分布式数据库都不能处理海量数据的应用需求，这就为分布式NoSQL系统带来了机会。“No SQL（不要SQL，抛弃数据库）”之意充满了整个数据库、大数据界，CAP中分区事件发生时需要兼顾可用性A而不要一致性的C，在当时大行其道，导致以事务处理技术为傲的传统数据库一时明珠蒙尘。至暗时刻持续了约十年时间。

之后到了2012年，Google的Spanner系统问世，具备事务处理能力的新型分布式数据库系统才获得新生，虽然这时的分布式数据库概念有对历史概念的沿袭，但其所基于的理论体系、面临的问题和相关处理技术已经有所变化，如一致性方面，需要把分布式系统下的一致性（线性一致性、顺序一致性等）融合到事务处理的一致性中。因此我们在下文要讨论的分布式数据库，是指基于CAP理论的一个集分布式存储、分布式数据管理、分布式计算于一体的数据库系统。

虽然2012年至今已经又是十年光景，但是新的分布式数据库时代还在演进中，分布式理论、分布式体系结构、分布式数据库工程实践层面都将涌现新的内容。我们正处于一个大好时代，大数据之潮涌动，正是分布式数据库建功立业之时。

分布式数据库要解决什么问题?

讨论任何技术前都需要明确它能解决什么问题，即它存在的根本，分布式数据库也不例外。笼统地讲，分布式数据库要对某一种更大体量的数据进行存储、管理和计算，但其实这也是单机数据库所要解决的问题，只是各自面临的数据量级不同。所以，分布式数据的分片与存储、分布式高并发执行引擎、分布式事务处理技术、分布式查询优化等都是分布式数据库所要解决的问题。

但是，分布式数据库毕竟不完全等同单机数据库，其必然有单机数据库系统所未曾面临的问题。

关键问题即海量数据的存储、管理和计算。数据越来越多，EB、YB等量级的数据如何在数据库内部存储、管理和计算？多模多态的数据格式不同，又如何在同一个系统内被存储、管理和计算？这是来自实际应用的问题，这些问题驱动我们想出新的应对办法。因此，我们需要对如下的技术问题展开讨论。

分布式一致性和事务一致性

如何在分布式数据库中同时保证CAP的“C”和ACID的“C”（业界有“严格可串行化”）的一致性？如果不保证事务的一致性会产生数据异常，不保证分布式一致性会产生stale reads、causal reverse等问题。是否存在更多的分布式一致性（如顺序一致性、因果一致性等）可以和事务一致性进行结合？当数据的正确性有了保证，新的问题则是系统性能问题，怎么保证分布式事务型数据库具备高性能？

我们团队对这些问题进行了系统地研究，认为事务强一致的可串行化隔离级别可以和多种分布式一致性结合，实现多种强或弱的可串行化技术，且性能可以得到较好保障。该成果*Efficiently Supporting Adaptive Multi-Level Serializability Models in Distributed Database Systems*发表在SIGMOD 2021会议上。另外，该问题背后还隐藏着一个重要的问题：数据库传统的理论，是否存在老树发新芽的可能？如可串行化理论，是否存在改进、乃至变革的可能？为此，我们团队对于数据库中的一致性等基础问题展开研究，发现数据库的基础理论存在可深入探究的新空间，一些成果也已经开源（https://github.com/tencent/3TS）。

系统的可用性

对于分布式数据库系统，CAP中的A怎么尽可能地、体系化地、多层次地被满足？极端情况下，服务降级时系统尚满足一定程度的可用性，比如分区事件发生，小事务可被及时回滚告知用户事务失败，长事务是否也可以具备自恢复能力，在分区事件消失后不被重新开始，而是可复用之前已经完成的计算结果？学术界对类似问题展开了研究，如*Highly available transactions: Virtues and limitations*基于分布式系统的可用性提出可用性事务的概念，对于认知分布式系统下如何实现事务的可用性和一致性有帮助。

面对架构的设计大胆展开构想，是否会促进分布式数据库演进？

2014年，Gartner提出HTAP（Hybrid Transaction and Analytical Process，混合事务和分析处理），其含义是在TP基础上强化AP能力。但是否可以反过来，在一个强AP能力的系统上，叠加TP能力，使得分布式数据库的混合应用负载处理能力有一个巨大的进步？在这样的系统上，存储层、计算层、计划层能否适度解耦，有效处理多模多态的数据，融合可用性、一致性、可扩展性等分布式系统原生需求，构造出一个具有内在智能的数据库系统？存在这样的可能。传统的数据库架构，需要在可扩展性、高可用性等需求下，突破现有的设计理念，构造新的架构，使得分布式数据库可以自如应对不断膨胀的数据存储、管理和计算的需求。

新硬件、AI技术、云原生，促进数据库技术进步

数据库依赖于硬件，硬件技术发展无疑能促进数据库获得进步。而AI技术与数据库相结合，也是一个重要的研究方向。另外，数据库入云，融入云端以及数据库助力边缘计算，实现云边一体，使数据低代价地自由流动，消除掉数据孤岛。这些技术与需求，为数据库提供了外在依托的环境、学科交叉融合的动力、新型计算范式，也促进了分布式数据库技术的向前发展。

总而言之，分布式数据库技术的发展，不断有新的需求在推动其前进，数据库技术也随着内外在需求的推动而不断取得进步。

分布式数据库未来演进趋势

为了解决海量数据的存储、管理和计算问题，分布式数据库的实现有着不同的演进模式，但又有迹可循。系统演进，通常遵循着“先解决问题，后提高效率”的过程规律。

集成与融合，降低分散系统的使用成本

在大数据兴起时，当初的单机数据库不能应对海量数据的存储、管理和计算的需求，因此各种各样的技术蓬勃发展，形成了如今大数据处理技术生态的繁荣。例如，在湖仓一体化的产品架构中，存储层有HBase、ClickHouse以及各种DB产品，计算层有Spark、Flink等，“一体化”的概念下有着很多不同的独立产品，这有悖于“真正一体化”的理念。统一在一个逻辑概念下的独立产品，存在诸多的功能冗余，而冗余的功能套接在一起就会层次多而效率差。所以，各个产品的功能层面，有融合为同一个产品的趋势。

不同数据类型、不同数据库格式、不同数据源种类的数据，使得数据越来越丰富，这些数据与其分散在不同的系统中，倒不如集成在同一个系统中加以集中管理，这样更为高效。多模数据库就能让分散的数据集中在同一个系统中，将各种数据统一存储、管理和计算，降低成本。因此多种模型数据库的一体化、数据库与大数据的一体化、批计算与流计算的一体化、数据湖与数据仓库的一体化等，必将成为趋势。技术层面的产品集成与融合，可以帮助用户更加经济高效地存储、管理、计算好数据，更好地为用户降低成本。

设计精细化，充分提高资源利用率

数据的存储，在分布式数据库中主要考虑数据如何分

片，而不同的分片范式，将影响未来数据的计算效率。所以数据的计算方式，源自用户的计算需求，数据的分片取决于用户的应用。但是，为了满足高可靠、高可用和可扩展性等系统级属性，分布式数据库可用共识协议（Paxos、Raft等）解决多个副本数据的冗余问题，在多个副本间尽量消除或降低分区事件的影响，而选择某个可用的副本以提高可用性。

在分布式数据库中，存储的数据种类是丰富的。数据管理涉及元数据、用户数据、系统运行状态数据，也包括对冷的历史数据、温的不常用数据、热的当前数据的管理。而管理数据，在分布式系统中需要考虑不同类的数据怎么做加载（读入缓冲区）、怎么做刷出数据（刷出到物理存储），这需要根据数据的特点进行。例如历史数据不会被修改，可以直接加载新数据覆盖内存中的历史数据（即历史数据不需要刷出操作，因此缓冲区管理策略应有差异）。

类似的事情，在未来的分布式数据库中会很常见，数据库和大数据系统存在一种融合趋势，融合不是简单的功能叠加，而是认知的深入，促使数据库的设计趋于精细化。例如，腾讯的数据异常体系化研究项目3TS细分了数据异常，可使隔离级别和并发访问控制算法的设计更为精确和细致；微软的Polaris系统提供了灵活、细粒度的任务监控和调度框架，能够处理部分查询重启和PB级数据量的查询执行，该查询优化器显著优于传统只关注查询优化而无任务调度的优化器。

细化的设计，还体现在数据库云化给数据库设计理念带来的变化，也在于对资源的精细化管控，这涉及单机的CPU、内存、IO，甚至网络等资源的管理和调度。数据库为了提高效率，自身需要实现各种资源的统一管理才能较好地节能增效。

总的来说，分布式数据库需要解决的问题还很多，影响其发展与前景的因素也很多，本文因篇幅有限，不便展开探讨。你可以参考《分布式数据库原理、架构和实践》一书进行深入了解。

李海翔

腾讯数据库首席架构师（T14级）。中国人民大学、北京林业大学硕士企业导师，CCF数据库专委会委员，北京市科技进步一等奖得主。著有《数据库查询优化器的艺术》《数据库事务处理的艺术》《分布式数据库原理、架构和实践》等。申请与授权专利70+，VLDB等大会发表论文若干篇，参与国家863重大专项、核高基等多个项目研发。

从分布式到云原生——数据库发展主导力量解读

文｜黄东旭

2021年，全球数据库领域发生了几件影响未来走向的大事件，数据库突然间变成一个特别热门的技术话题。作为一项古老的技术，数据库迸发了新的活力，大有古柳抽新芽之感，这也预示着数据库发展进入了一个新的阶段。

纵观数据库历史，从20世纪70年代开始，经典数据库支持了整个信息化时代，它们在企业的关键业务系统和行业应用中扮演着至关重要的角色。从2000年互联网兴起引发的海量用户在线需求暴增的数据处理、数字化进程的加速、硬件技术的革新、软件技术的创新，带动了分布式数据库的崛起，并不断推动分布式数据库的技术迭代。分布式数据库的发展贯穿了互联网应用模式创新的始终，也推动了业务应用模式的不断创新。如果没有分布式数据库的持续迭代，今天互联网场景的丰富度或许还停留在信息化时代。

分布式数据库的四个时代

按照时间线（见图1），分布式数据库发展至今可以分成四个时代。

第一代：数据库中间件

第一代是中间件系统。主流模式有两种：一种是在业务层手动分库分表，比如数据库的使用者在业务层将北京的数据放在一个数据库里，上海的数据放在另一个数据库或者写到不同的表上，这就是业务层最简单

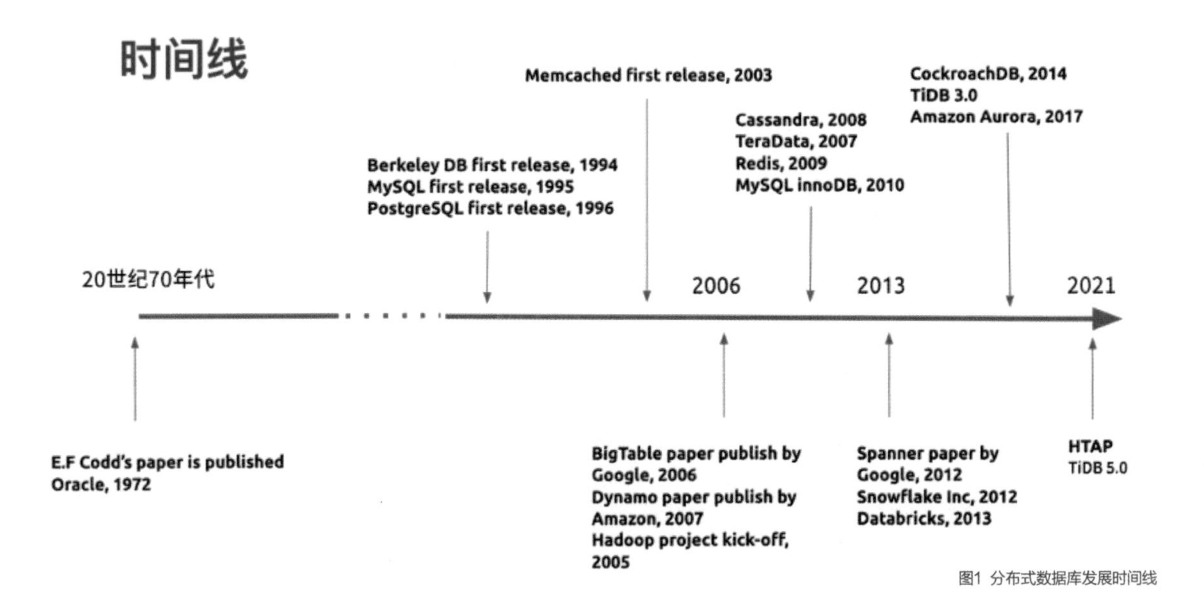

图1 分布式数据库发展时间线

的手动分库分表。第二种是通过一个数据库中间件指定分片规则，例如用户的城市、用户ID、时间都可以作为分片的规则，通过中间件自动分配，就不用在业务层手动分库分表。这种方式的优点是非常简单，在业务特别简单的情况下，如写入或读取基本能在一个分片上完成，在应用层做充分适配后，延迟比较低。同时，如果整体工作量是随机的，业务TPS也能做到线性扩展。但该方案缺点也比较明显，对于一些复杂的业务，如查询或写入需要保持跨分片之间的数据强一致性时，操作就会比较麻烦。此外，该方案对于大型集群运维比较困难，特别是去做一些表结构变更之类的操作。例如，如果有一百个分片，想在表结构中加一列或删一列，相当于在一百台机器上同时执行，操作非常麻烦。

分库分表的数据库中间件模式在业务变更频繁、业务增长迅速的情况下，会给数据库维护团队带来巨大的工作负担，常常在一个新业务上线或者大促活动来临之前需要数月的准备时间，且每次都需要反复修改代码、做链路压测等工作。

第二代：NoSQL数据库

2010年前后，许多互联网公司都发现了分库分表的痛点。在结合业务仔细思考后，他们发现有些业务其实很简单，不需要特别复杂的SQL功能，于是就发展出了一个新流派——NoSQL数据库。但是有得必有失，放弃高级的SQL能力，换来透明、强大的水平扩展能力，也就意味着，如果业务基于SQL语言，会带来较大改造成本。

在NoSQL数据库中，最著名的系统莫过于MongoDB。它虽然是分布式架构，但还是像分库分表方案一样，要选择分片的Key。它的优点是没有表结构信息，想写什么就写什么，对于文档型的数据比较友好；缺点也比较明显，既然选择了Sharding Key，可能是按照一个固定的规则在做分片，当有一些跨分片聚合需求时就比较麻烦，对跨分片的ACID事务上也没有很好的支持。

第三代：分布式数据库NewSQL

分片也好，分库分表也好，NoSQL也好，都面临着业务的侵入性问题，如果你的业务重度依赖SQL，那么用这两种方案都不太舒适。于是，一些技术比较前沿的公司就在思考，能不能结合传统数据库的优点，如SQL表达力、事务一致性等，同时又能结合NoSQL的高扩展性，最终研发出一种新的、可扩展并且用起来又像单机数据库一样方便的系统。

最终，在此思路下诞生出两个流派，一是以Spanner为代表的Shared Nothing流派，另一个是以Aurora为代表的Shared Everything流派，二者都是顶级互联网公司在面临类似问题时作出的选择。

Shared Nothing流派

如图2所示，Shared Nothing流派的第一个好处是可以做到几乎无限的水平扩展，整个系统没有单点，不管是1TB、10TB或100TB，业务层基本不用担心扩展能力；第二个好处是它提供强SQL支持，不需要指定分片规则、分片策略，系统会自动扩展；第三个好处是它支持

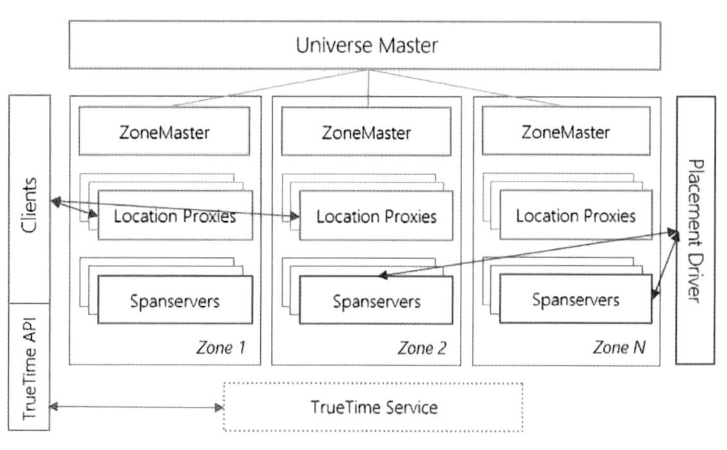

图2 Shard Nothing流派

像单机数据库一样的强一致事务，可以用来支持金融级别业务。

Shared Nothing流派的代表产品如Spanner、TiDB。当然，这类系统也有缺点，从本质上来说，一个纯分布式数据库的很多行为无法和单机数据库一模一样。例如延迟性，单机数据库在做交易事务时，可能在单机上就完成了。但在分布式数据库中，要实现同样的语义，这个事务需要操作的行可能分布在不同的机器上，涉及多次网络通信和交互，响应延迟肯定比不上在单机一次操作完成。即便这样，对于很多业务来说，分布式数据库与分库分表相比，还是具备很多优势，如易用性，这类数据库比分库分表的侵入性小很多。

Shared Everything流派

如图3所示，Shared Everything流派的代表有AWS Aurora、阿里云PolarDB。很多数据库都定义自己是云原生数据库（Cloud-Native Database），但其云原生属性指的是这些方案通常由公有云服务商提供，至于其本身技术是不是支持云原生，并没有统一的标准。从纯技术角度来说，这类系统的计算与存储是彻底分离的，计算节点与存储节点都跑在不同的机器上，相当于将一个MySQL跑在云盘上。

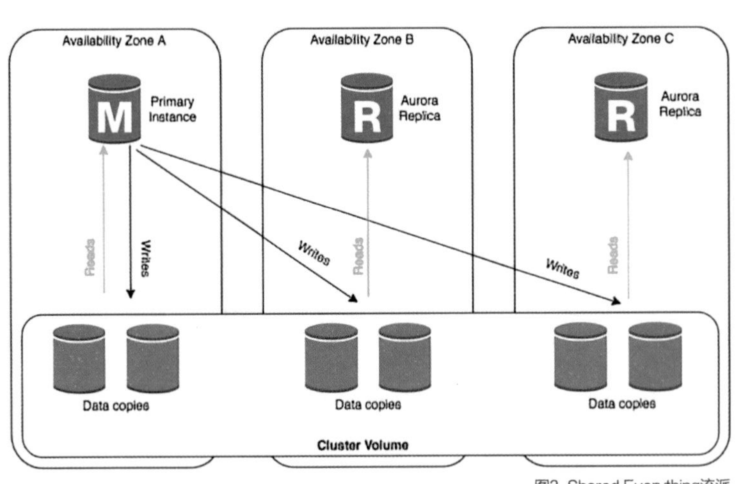

图3 Shared Everything流派

过去，MySQL的主从复制都走Binlog，Aurora作为一种云上的Shared Everything数据库代表，其设计思路是将整个IO的flow通过Redo log的形式进行复制，而不是通过整个IO链路打到最后的Binlog，发到另外一台机器上，然后再应用这个Binlog。所以，Aurora的IO链路减少了很多，这是一个极大的创新。

日志复制的单位变小，意味着发过去的只有Physical log，而不是Binlog。直接发物理的日志代表着更小的IO路径以及更小的网络包，所以整个数据库系统的吞吐效率会比传统的 MySQL部署方案好很多。

Aurora的另一个优势是百分百兼容MySQL，业务兼容性好，基本不用做任何改动就可以直接用。并且对于一些一致性要求不高的互联网场景，数据库的读也可以做到水平扩展。

Aurora的短板也显而易见，其本质还是一个单机数据库。它所有的数据量都存储在一起，计算层其实就是一个MySQL实例，并不关心底层数据的分布。如果有大的写入量或者有大的跨分片查询需求，还是需要进行分库分表。所以我认为，Aurora是一款更好的云上单机数据库。

第四代：分布式HTAP数据库

第四代系统就是新形态的HTAP（Hybrid Transactional and Analytical Processing）数据库，在同一套系统中既可以进行事务处理，又可以进行实时分析。HTAP数据库的优势是可以像NoSQL一样具备无限水平扩展能力，像NewSQL一样做SQL查询与事务支持。更重要的是，在混合业务等复杂场景下，OLAP不会影响OLTP业务，同时省去了在同一个系统中把数据搬来搬去的烦恼。

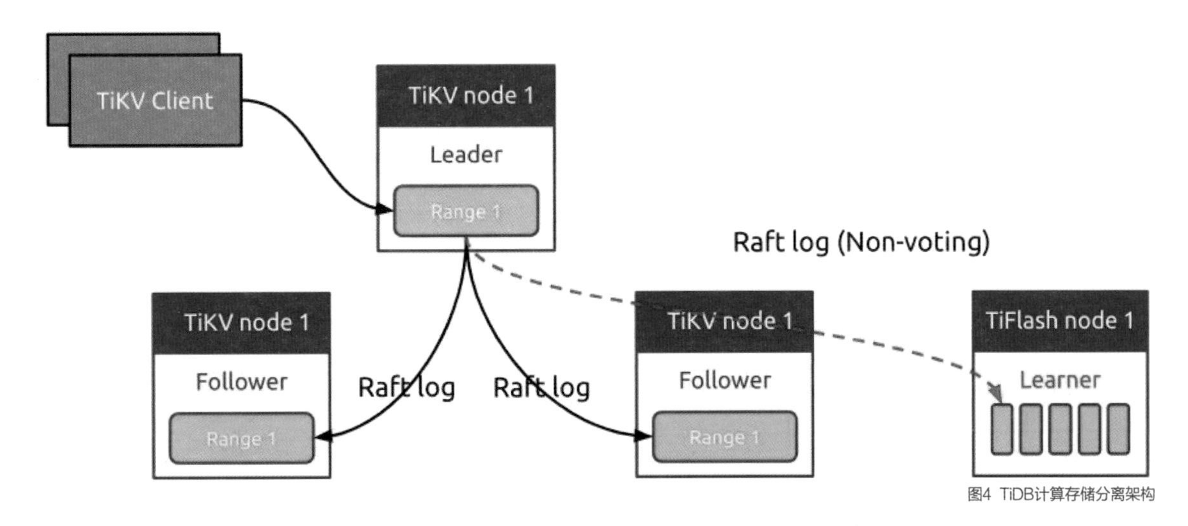

图4 TiDB计算存储分离架构

为什么TiDB能够实现OLAP和OLTP的彻底隔离，互不影响？如图4所示，TiDB是计算和存储分离的架构，底层的存储是多副本机制，可以把其中一些副本转换成列式存储的副本。OLAP的请求可以直接打到列式的副本上，同一份数据既可以做实时交易又可以作实时分析。

抛掉过去，重新出发

从数据库发展历史来看，20世纪六七十年代，IBM、Oracle发明了关系型数据库。2010年前后，互联网普及了Shared Nothing架构，分布式数据库慢慢走向主流。2021年，我们又站在了一个新十年的时间窗口，直觉告诉我们，数据库技术将进入一个全新的时代。这个时代需要抛弃过去所有对于数据库的假设，重新设计面向未来的数据中心基础设施。Snowflake是一个很好的例子，存储层直接构建在云厂商提供的对象存储之上，计算层直接利用云的虚拟主机，天然地获得了水平扩展能力、多租户能力，继承了云本身的安全特性（IAM、权限等）。

更重要的是，云上的弹性能力是Pay-as-you-go的，从客户角度看来，完全是按需付费，极大地节省了成本。Snowflake更重要的意义在于，这有可能开启一种新的软件设计模式，虽然这种模式目前还在探索期，但我认为有潜力颠覆我们看待系统软件的方式。 Snowflake只是一个云上的数据仓库软件，同样的方法论也可以运用在其他类型的系统软件上，它是第一个，但绝对不会是最后一个。当然，这个方向还有很多未知的问题，例如，云目前提供的存储服务群是否能够支持类似OLTP的场景，其中的缓存设计、计算和存储资源能否配比等等，都有待我们去实践和探索。

在云上，未来数据库作为独立软件的形态将被颠覆，数据服务平台化将引领下一个十年。在开放体系的基础之上，通过数据资源大规模的可调度，以及存算分离的可插拔，最后再借助云上基础设施的无限资源，就能够让数据库根据用户需求变换自己的形态，最终满足企业对于数据全生命周期的管理需求。

总的来说，基础软件的生命力来自真实场景的打磨，一个好的数据库不是“写”出来的，而是“用”出来的。

黄东旭

PingCAP联合创始人兼CTO，资深基础软件工程师，架构师，曾就职于微软亚洲研究院、网易有道及豌豆荚，擅长分布式系统以及数据库开发，在分布式存储领域有丰富的经验和独到的见解。狂热的开源爱好者以及开源软件作者，代表作品是分布式Redis缓存方案Codis，以及分布式关系型数据库TiDB。

中国混合式数据库往事

文 | 雷涛

近年来，国产数据库除了在各类排行榜上刷新纪录外，混合式HTAP数据库也逐渐迎来发展的春天。做出既能联机交易，又能作数据分析的混合式数据库，将是国产数据库由跟随潮流到引领时代迈出的重要一步。

直到21世纪初，我国数据库产业发展还比较缓慢，基本处在西方数据库博览会的状态，很少有拿得出手的国产数据库产品。1989年，Oracle决定进军中国，恰好赶上中国电信建设“九七工程”的风口，在顺利拿下东北三省邮电管理局的大单之后，Oracle在中国市场站稳了脚跟。后来Sybase于1991年进入大陆，IBM随后也带着Db2、Informix等数据库产品大举入华。在这之后的十几年时间里，中国数据库市场格局逐渐成形，金融行业中以Db2、Sybase为主，电信、电力行业中则基本由Oracle一统江湖。

然而，风云起，时代变，一切局势都在潜移默化中开始扭转。以十年前的开心农场偷菜场景为例，随着C端客户爆炸式增长，中国IT人瞬间意识到，传统西方的IOE（IBM小型机、Orcale数据库、EMC存储）技术架构根本无法支持如此海量的并发，而由IOE带来的高昂IT支出也令人瞠目结舌。正是在这样的大背景下，核心技术的自主掌控成了业界共识，打造自己的数据库成了中国程序员们的梦想。

近十年来，我国在数据库领域真正做到了厚积薄发。从单节点到分布式，从单一用途的TP、AP库到混合式HTAP，从独立的数据仓库、数据湖到湖仓一体，从SQL、NoSQL再到NewSQL……可以说，数据库的各方面都迎来了突破性进展。

下面，本文就HTAP数据库进行深入解读。

Google File System、Google BigTable、Google MapReduce——这三驾马车是现在大数据平台Hadoop技术的基石，不仅支撑了新一代分布式架构体系，而且实现了海量数据高效存储和快速计算。2012年，Google发表了一篇论文——*Spanner: Google’s Globally-Distributed Database*，将同时支持大数据量下做事务交易的数据库提取出来，既支持TP的操作，也可以在上面作一些分析类的操作。在Google提出Spanner架构的基础上，2014年，Gartner对HTAP进行了正式定义，这便是混布式数据库的产生缘起。

目前，数据库基本分为两大流派，一个是非关系型（NoSQL）数据库，一般使用KV技术，主要用于用户画像、业务报表等海量数据挖掘的AP场景。另一个是关系型数据库（SQL），针对个别记录增、删、改、查的速度很快，一般用于联机交易的TP场景。简而言之，TP库处理速度快，AP库处理数据量级高。

之前，AP与TP的应用场景井水不犯河水，相互之间没有太多交集，然而随着数字化转型的不断深入，直播带货这样的新场景不断涌现，在直播过程中既需要处理联机交易，又需要对客户进行实时画像，而传统单一TP或者AP数据库难以应对这样的混合式场景。近几年来，某些国产混合负载数据库以行列混存方式，打破了AP与TP两种场景之间的鸿沟。

数据的神奇旅行

在梳理数据存储模型演进历史后，明显可以发现这是一个随着数据量级不断扩大，数据模型在不断变换的过程。

目前我们提到的数据库一般都是指关系型数据库，从关系型的视角来看，数据库被定义为工厂的车间，数据则是原材料。车间为了进行原材料加工，部署大量的操作设备，原材料也会随时被重塑修改，从建模原理上可以看出TP数据库的数据加工车间适合快速零件加工，但不适合进行大量材料的储存。

而关系型TP数据库在大量数据存储方面的短板直接催生了Hadoop等大数据技术的革命。从大数据视角看，AP数据库自身就是储存仓库，而数据已经是加工完成的成品，没有被重塑、修改等的更新需求。比如在Hadoop技术栈中的HDFS存储实现，就是所有数据只能写入一次，无法修改，这其实是牺牲数据的写入和更新特性，以换取海量数据的储存与查询性能的做法。

而随着大数据应用的进一步拓展，业界发现价值密度更低的非结构化数据也有储存及挖掘的必要。比如客服的对话方式可能是语音、文字甚至是图像、视频，这都不是传统意义上数据库、数据仓库可以处理的结构化数据，因此用于储存非结构化的数据湖出现了，在数据湖中数据标准化、结构化的特性也退化了。从关系型数据库到数据湖，各种大数据技术栈相互独立，但随着移动互联网时代的到来，这种情况发生了改变。

联机性能和实时分析真的是“鱼与熊掌不可兼得”吗？

权威咨询公司IDC对于大数据的定义是：满足种类多（Variety）、流量大（Velocity）、容量大（Volume）、价值高（Value）等指标的数据称为大数据。从历史来看，在谷歌提出大数据三驾马车的论文时，当时的关系型数据库技术就难以处理大规模的数据。而在当下各行各业不断上云的大背景下，数据的量级必然还将不断创新高。从我了解到的情况，整个IT行业存储的数据量级正在以年化80%左右的速度增长，传统SQL数据库难以处理这样的数据量。

很多用户在实际工作中也会把大表关联的查询任务放在传统TP数据库上进行，这样的查询虽然效率很低，但考虑到从TP数据库导入AP数据仓库所需要的超长时间，直接在TP数据库上跑查询可以理解。其实，这个例子也深刻说明了目前大数据技术栈面临的窘境，各个TP与AP数据库像是一座座数据孤岛，打破孤岛之间的边界简直比登天还难。正如前文所说，SQL与NoSQL两种产品底层构建模型并不相同，彼此兼容性不佳。想保证联机交易处理时效，就要牺牲数据分析的性能，而想要实时数据分析，快速完成用户画像就不能再依靠原有技术栈。

处理时效与实时用户画像的平衡可能是数据库工程师与产品经理之间永远无法达成的协议。目前大多商业银行都使用以Oracle为代表的TP数据库作为核心系统，但Oracle只能处理流程性的交易数据，不能做数据挖掘。要想把数据价值做二次表达，就需要每天做ETL，跑批作业，存到数据仓库中。然后在数据仓库中建模、挖掘、数据集市、ODS，一层一层地构建起数据仓库报表。

如果还是回答不出更细节、隐含的问题，比如非线性问题，还要把数据复制到SAS中做机器学习，再做统计的指标体系，去进一步挖掘。数据要在这里搬动三次，复制三份冗余，还要管理数据一致性，每天数据中心运维的大量工作都在做数据迁移。而数据在这种低效的转运迁移过程中，很多价值就白白消耗了，且正如前文所说，TP与AP两套体系的组件兼容性很差，能让两大体系协同工作已属不易，如果再考虑灾备高可用方面的需求，则是难上加难。

行列混存——混合负载的正确打开方式

目前，各行业数据中心都迫切寻找一栈式解决方案，通过屏蔽大数据技术底层组件的差别，寻找“All Data In One”的解决方案，只有如此才能降本增效。

TP与AP的巨大差异，在于行存与列存在不同使用场景下的效能表现。在计算机世界中，数据吞吐速率往往受数据访问局部性原理支配。我们知道，现代硬盘、内存工作原理是当用户读某一区域的数据时，其邻接的数据也会被调入上一级高速缓存，读1KB数据和连续的64MB数据的代价基本相同，用户在读取连续的磁盘或者内存信息时，其速度往往比随机读取快一个数量级。因此，行存储大多用在SQL的TP场景，而列存储基本用在NoSQL的AP场景。

这背后的原因也很简单，还是以银行业作为案例，在联机交易的TP场景下，比如当客户取款时，会校验用户、账号、密码、余额等信息，这些信息都是以“行”为单位存储的，联机交易中的数据经常是以“行”为单位访问的，把数据放在一行就会有访问速度的优势。但在统计、分析营业报表，进行数据挖掘等AP场景下，往往只需要关注交易金额、账户余额等少量维度的信息，而不需要用户、账号、密码等数据，在这种场景下，将同一维度信息放在一起的列存储方案就有很大的速度优势了。

将行、列进行混存，综合两者的优势，这方面业界也有不少尝试，但往往都不是很成功，最大的问题还是在于性能。对于联机TP交易场景来说，列式存储的写入性能太低了。所以一般来说，传统的方案往往还是退化成为行式存储TP数据库，在交易量少的日终结算时刻，将数据吐给列式存储AP数据库进行数据挖掘。

如图1所示， 逻辑上，业务场景主要分为两类：联机交易OLTP和数据分析OLAP。HTAP数据库不仅支持使用SQL进行传统的关系模型计算，更是将图计算和AI建模纳入了逻辑计划中，可进行高阶计算。在数据存储层，通过行列混合的方式，按需支持OLAP和OLTP场景，这样就做到了一种存储架构兼容所有场景。

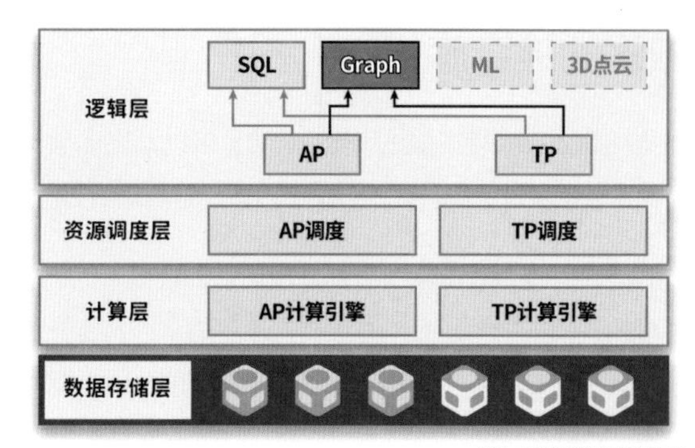

图1 HTAP数据库架构图

这种逻辑计划及存储融合，也称“All Data In One”，是对数据库基础底座的重新定义。在资源调度层，通过AI-Native的方式探查出需要使用的调度引擎，并在实际计算时，做好资源隔离。这种架构可以更有效地支撑数据计算，最终实现一个数据库融合所有场景的终极目标。相信未来的国产HTAP数据库，还将继续朝着“All Data In One”的道路前进，发展特色不断创新，降低系统运维成本，发挥数据的最大价值。

雷涛

天云数据创始人。2019吴文俊人工智能科学技术发明奖获得者；2020年中关村高端领军人才获得者；首批CCF中国计算机学会大数据专委会委员。2015年，作为创始人开始独立运营天云数据，天云可同时提供国产HTAP数据库Hubble与AI平台基础设施MaximAI，被评为国家级高新技术企业，首批中关村前沿科技企业，以及Forrester人工智能认知层第一象限公司。

涅槃：时序数据库的终局与重生

文 | 姚延栋

当关系型数据库能够很好地支持时序数据时，专用时序数据库的意义何在？是否会像NoSQL一样，失去作为一个数据库类别的意义？本文将为你解读时序数据库的终局与重生。

近年来，物联网、车联网、工业互联网和智慧城市快速发展，促使时序数据库成为数据架构技术栈的标配。据DB-Engines数据显示，自2017年以来，每年时序数据库在“过去24个月排名榜”（见图1）上高居榜首，且远高于其他类型的数据库。这一方面说明业界对时序数据库有着迫切需求，另一方面也反映出该需求没有被很好地满足。

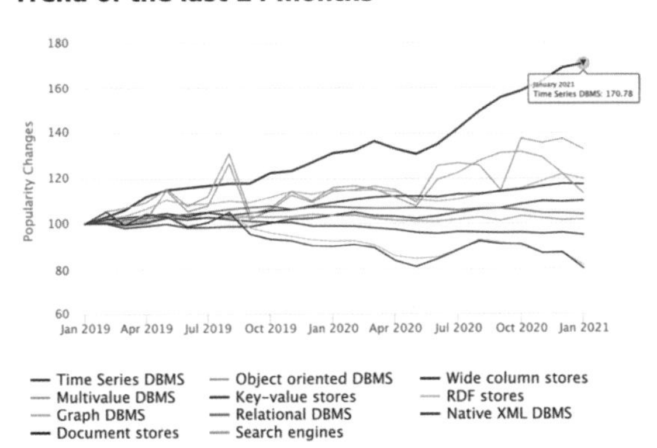

图1 时序数据库“过去24个月排名榜”（来源：DB-Engines）

那么，这个高居榜首的时序数据库到底是什么？与时序数据有何区别？关系型数据库也支持时间戳类型，为什么还需要时序数据库？面对众多特性各异的时序数据库，又该如何选型？本文将为你一一解答，同时介绍时序数据库的技术演进与未来方向，带你掌握时序数据库的重点知识与趋势机遇。

时序数据和时序数据库

时序数据

时序数据是时间序列数据，其本质是带有时间戳的一系列结构化数据，通常是周期固定的数据，譬如无人机每秒采集的位置、高度、风力、风向等数据；汽车每分钟采集的位置、车速、转速、温度等数据；智能冰箱每小时采集的温度、湿度、耗电量等数据（见图2）。

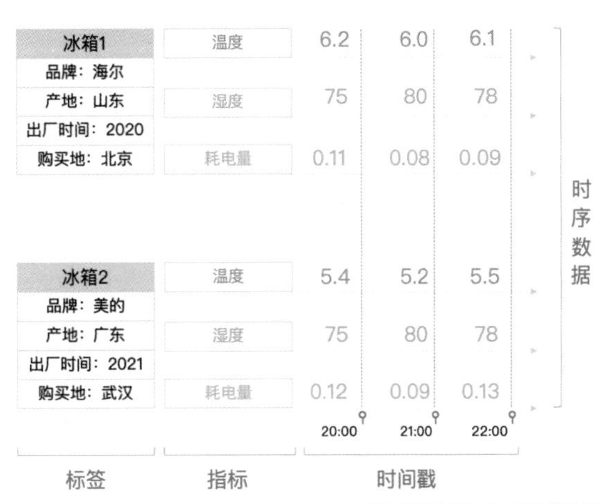

图2 智能冰箱每小时采集的数据

因此，时序数据具有以下特点：

■ 周期性采集设备的时序数据，对插入性能和稳定性要求高，可能发生乱序或者丢失数据的情况；更新和删除频次低。

■ 时序数据量大，对存储压缩比敏感，希望冷热数据分级存储。

■ 为了节省存储，通常会对高频时序数据降采样。

■ 设备属性信息重复度高，修改频次低。

■ 指标数据量大而变化小。

■ 查询需求多样，如单设备最新值、单设备明细、单设备过滤聚集、多设备查询、多维查询、降采样、滑动窗口查询、设备状态演变图、特定模式识别、趋势预测、根因分析、阈值修正等。

时序数据库

时序数据库是为处理时序数据而设计的数据库，目的是实现时序数据的高效采集、存储、计算和应用。时序数据库的基本设计目标是高效插入、存储和查询（见图3）。

- 写多读少，95%~99% 是插入
- 平稳、持续、高吞吐
- 实时写入
- 量大，效率敏感
- 压缩比
- 冷热分级存储
- 低延迟查询
- 多维分析
- 数据挖掘

图3 时序数据库的基本设计目标

但一个企业级时序数据库产品远远不止这些，比如InfluxDB的下一代产品iox提出了13条设计目标（见图4），从中可以窥见一斑。

正因时序数据库这些特性，它被广泛应用于物联网、车联网、工业互联网和智慧城市等场景，实现各类设备数据的采集、存储、计算和应用。

时序数据库和关系型数据库

当对时序数据库有一定了解后，你可能会疑惑，虽然时序数据是非常好的结构化数据，但是关系型数据库自20世纪80年代开始就支持时间戳数据类型。为什么不使用关系型数据库处理时序数据，而要开发专门的时序数据库？这要从关系型数据库的存储引擎说起。传统关系型数据库使用行存储引擎存储数据，通过B+树来提升查询的性能。B+树是一种为读而优化的数据结构，数据写入时会引起B+树分页，而分页会造成“随机磁盘IO”，大幅降低数据写入的性能。此外，B+树的压缩比也较低。

正因为关系型数据库的这些特性，使得它不适合做时序数据库。时序数据库中绝大多数操作是写入操作，且数据量大。因此，优化数据写入，并能够达到较好的压缩比，这都是传统关系型数据库所不具备的条件。

时序数据库大多不使用B+树，而是使用LSM（Log Structured Merge）树或其变种。LSM树是为写而优化的数据结构，写性能出色，故而很多时序数据库选择LSM，或者LSM的变种作为其核心存储引擎，比如InfluxDB、OpenTSDB（OpenTSDB基于HBase，而HBase基于LSM树）等。

那么，LSM树就能满足时序数据库所有的特性需求吗？也不尽然。LSM树虽然写性能优异，但是不能很好地支持读操作。为此，时序数据库引入不同的机制来提升查询性能，譬如InfluxDB使用B树索引、倒排索引和Bloomfilter等技术提升查询性能，这样一方面提升了读操作的查询性能，另一方面写数据时需要维护这些不同类型的索引，也增加了写操作的开销。可见时序数据库需要取得读操作和写操作之间的平衡，而不是单纯

InfluxDB iox 设计目标	描述
No limits on cardinality. Write any kind of event data and don't worry about what a tag or field is.	无限基数
Best-in-class performance on analytics queries in addition to well-served metrics queries.	一流分析查询性能
Separate compute from storage and tiered data storage. The DB should use cheaper object storage as its long-term durable store.	存算分离、多级存储
Operator control over memory usage. The operator should be able to define how much memory is used for each of buffering, caching, and query processing.	内存管理
Operator-controlled replication. The operator should be able to set fine-grained replication rules on each server.	副本管理
Operator-controlled partitioning. The operator should be able to define how data is split up amongst many servers and on a per-server basis.	分区管理
Operator control over topology including the ability to break up and decouple server tasks for write buffering and subscriptions, query processing, and sorting and indexing for long term storage.	强大灵活的执行器
Designed to run in an ephemeral containerized environment. That is, to run with no locally attached storage.	容器化
Bulk data export and import.	并行备份恢复并行导入导出
Fine-grained subscriptions for some or all of the data.	订阅
Broader ecosystem compatibility. Aim to use and embrace emerging standards in the data and analytics ecosystem.	新生态
Run at the edge and in the datacenter. Federated by design.	云边一体、数据联邦
Embeddable scripting for in-process computation.	支持嵌套脚本

图4 iox的13条设计目标（来源：InfluxDB）

地追求其中之一。

近年来，有些产品开始质疑关系型数据库不适合处理时序数据的假设，并基于行存和B+树开发出性能出色的关系型时序数据库，具有代表性的产品是TimescaleDB。TimescaleDB基于时序数据天然具有时间戳属性的特点，把时序数据表按照时间分区，当前分区使用行存和B+树，老分区使用基于行存的类列式存储引擎（把1000行合并成一行，达到类似列存的效果）。那么，TimescaleDB的写性能如何呢？网上一些评测发现，其写性能优于专用时序数据库InfluxDB，这是为什么呢？B+树不是为读而优化，写性能不如LSM树吗？

B+树理论上确实会造成磁盘随机IO，但是数据库工程实现时都会使用“WAL日志+缓冲区”的方式来尽可能避免随机IO。WAL总是顺序读写，B+树的页面发生修改时不会直接写入磁盘，而是先写WAL日志，然后更新内存缓冲区，只有内存缓冲区满之后才会刷新磁盘，这样就很大程度上把随机磁盘IO优化为顺序磁盘IO了。而LSM树为了提升写性能引入了各种各样的索引，在一定程度上增加了写开销。

时序数据多为指标数据，通常是一系列数字串。为了让这些数字串变成有价值的信息，通常需要引入时序数据的上下文信息，这些信息大多是关系数据。所以，时序场景通常需要关系型数据库和时序数据库配合以赋予数据意义，发挥数据的价值。关系型时序数据库在关系型数据库内实现对时序数据的支持，一个数据库代替关系型数据库与时序数据库联合才能解决问题。可以大幅简化技术栈，提升开发运维效率。

如何选择适合自己的时序数据库？

正因为关系型数据库在一些业务场景中已经不能满足处理时序数据的需求，这就要求架构师和开发者选择一款适用于自己业务场景的时序数据库。而市面上的时序数据库特性各异，该如何选择？

在选型时，我们可以考虑以下因素：

- 匹配自身业务场景。根据设备规模、指标数量和采集频率，时序业务可以细分为多种场景。目前，大多数时序数据库都能适用于中小规模场景，而对于大规模场景，如千万级设备、单设备数百指标、秒级采集，则存在较大挑战。
- 图形化工具。是否有简单易用的图形化工具，包括图形化访问工具和图形化监控运维管理工具。图形化工具可以大幅降低使用门槛，提高开发运维效率。
- 生态和社区。数据库主要解决数据的存储和计算问题，要端到端解决业务还需要依赖生态的完善。此外，数据库是复杂软件，特别是分布式数据库，开发运维都具有一定门槛，因此社区活跃度是一个重要的考虑因素。活跃的社区可以帮助我们在遇到问题时更快找到解决方法。
- 写入性能，乱序写入。时序数据库95%以上的操作是数据写入，且要求性能平稳，因而写入性能是一个重要的考虑因素。此外，是否支持乱序写入也是一个选型因素，因为时序数据时常出现数据出错而重传的情况。
- 更新和删除。在很多业务场景中，近期的数据时常伴随着乱序和错误数据，这时需要对这些数据进行更新和删除操作。
- 降采样。时序数据价值密度随着时间的流逝而衰减，因此需要经常对采集的指标数据进行降采样处理。譬如，原始数据采集频率是10秒，同时也会对该数据降采样为一小时一个点，甚至一天一个点。这种业务场景下需要考虑数据库是否自动支持降采样。
- 压缩比。当设备数据量多、指标个数多，或者采集频率高时，时序数据量会变得非常大，对存储空间要求很高，常见的做法是只保留近期的数据而删除历史数据。但业务希望数据量尽量大，对尽可能多的数据进行分析和模型训练，因此压缩比就成了一个重要指标。通常时序数据库支持列式编码压缩和块压缩。
- 查询性能。时序场景查询非常多样化，既有简单的指标类查询，也有分析型查询；既有单设备/多设备最新值、聚集值类查询，也有多维查询；既有插值，也有阈值计算、模式识别等查询。根据业务场景，对数据库进行实际评测是一个很好的方法。此外，使用比较常见的基准测试，譬如tsbs基准测试也可以对数据库的查询能力进行综合验证。

■ 冷热分级存储。时序数据价值密度随着时间推移而衰减，因此对不同时间段的数据采用不同价格的存储介质和存储服务是一个常见的需求。冷热分级存储可以很好地解决这个问题，通常配合分区使用。

■ 分区支持。时序场景通常会按照时间属性进行分区，有时候还要根据其他属性进行二级分区，以更好地支持插入和查询。

■ 持续聚集。时序场景经常使用时间窗口类查询，并且频繁获取该时间窗口内数据点的聚集值，譬如过去10秒钟CPU的最大利用率。传统的方法是每隔10秒钟发送一个查询请求给数据库，数据库收到查询后，计算过去10秒钟CPU指标的最大值。这种方法可行，但开销比较大，且延迟高。采用持续聚集可以持续地计算10秒钟窗口的指标聚集值，这样，当收到相应查询时可以直接返回结果。搭配订阅机制进一步避免轮询、查询，直接把结果发送给感兴趣的订阅者。

■ 时序函数。时序场景下有很多特定的函数，譬如first、last、gapfill、方差、标准差、ARIMA等，是否原生支持这些常用函数也是选型时考虑的因素。

■ 云边一体。由于时序数据量大、频次高，因而通常使用边缘计算架构，在边缘侧部署单节点时序数据库或者数据库小集群，同时将边缘侧的数据经过初步处理后发送给云端/数据中心的大数据库集群，此时产品能否支持云边一体就需要重点考虑。

■ 安全机制。安全机制是选型时经常忽略的一个因素，因为一开始主要需求是跑通业务，所以对安全性关注度较低。然而很多时序场景，譬如能源、电力等对安全非常重视，是否有完善的安全控制，包括认证、访问控制、加密和审计等是判断一个时序数据库安全性的重要考虑因素。

■ 内嵌脚本能力。除了标准SQL，应用开发人员经常会对数据进行更复杂的处理，一种做法是使用JDBC把数据读取到内存中，使用编程语言提供的数据处理函数对数据进行处理，这种方法适合数据量比较小的场景。如果数据量大，把数据读到内存中进行变形转化处理就会效率低下。因而能否在数据库内使用常见编程语言（Python、R等）对数据进行处理就是一个重要考量因素。

■ 运维管理。这项考量因素包括安装部署、监控、告警、故障恢复、备份恢复、扩容和升级等。

时序数据库未来将如何发展?

无论专用时序数据库的未来如何，支持时序数据的数据库（姑且继续称为时序数据库）仍将继续发展，且随着物联网、车联网、工业互联网和智慧城市的发展还会变得越来越重要。其中有三个方向值得我们关注。

超融合时序数据库

融合是未来几年数据库发展的主旋律之一，数据库的边界正在变得越来越模糊，如同生物界从简单到复杂的进化，数据库将会出现组织更为复杂、功能更为强大但使用更简单的“新物种”：超融合数据库。

如图5所示，数据库和数据处理平台自诞生至今演进了五十年左右，可以分为四个阶段：

■ 20世纪八九十年代。关系型数据库是主流，应用通过SQL与关系型数据库交互，业务逻辑在应用中实现，数据处理逻辑由关系型数据库实现。

■ 2000年到2010年左右。随着互联网的快速发展，数据量每年以超快速度增长，而数据库技术迭代的速度没有赶上数据的增速。为了解决应用端处理海量数据的性能问题，各种专用的数据库应运而生。这些专用时序数据库以出色的性能和扩展性解决了当时业务的痛点问题，但也带来了数据孤岛问题，以及数据处理逻辑和业务逻辑耦合的问题。

■ 2010年到2020年。为了解决数据孤岛问题和数据处理逻辑/业务处理逻辑紧耦合的问题，类似Presto这样的查询引擎出现，进而出现了数据中台。然而由于Presto这样的查询引擎自身不管理数据，查询性能比较差，且不支持ACID等特性。此外，其技术栈复杂，开发运维效率低。

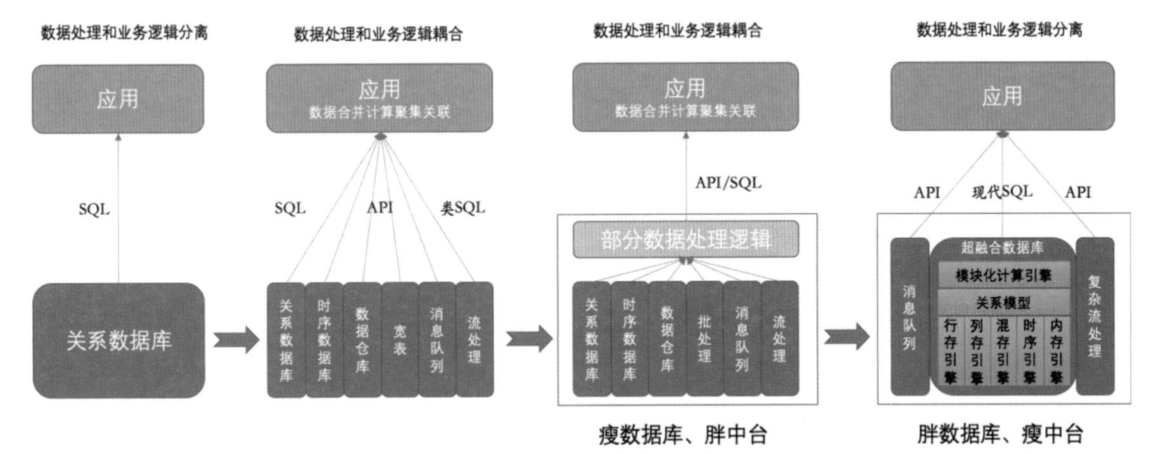

图5 数据库和数据处理平台演进阶段

■ 2020年至今。由于上一个阶段的方案很难成功，基本需要把图5中橘红色的部分发展成一个功能强大的数据库。因此与其在多个独立数据库之上封装一个查询引擎，倒不如把存储引擎实现到关系型数据库内部，通过可插拔存储引擎，在一个关系型数据库中支持多种存储引擎，再结合计算引擎，可以在一个数据库中支持各种数据类型和各种业务场景，这就是超融合数据库。

在超融合数据库趋势下，超融合时序数据库是时序数据库的一个重要发展方向。因为超融合时序数据库实现难度比通用的超融合数据库低，所以超融合时序数据库首先出现并实现了产品化。

云原生时序数据库

云原生数据库是商业模式的一个重要创新，正在对数据库技术产生深远影响。在这样的大形势下，如何实现云原生的时序数据库是一个重要的研究方向。云原生时序数据库和目前如Snowflake这样的云原生数据仓库有诸多不同，数据仓库主要是批量加载数据和OLAP类查询，而时序数据库需要支持频繁高吞吐数据写入，乱序数据写入、更新和删除，高并发时序查询，持续聚集查询等。设计和实现云原生时序数据库时需要考虑这些时序场景的特定问题。

智能数据库

数据库运维管理是一个非常具有挑战性的工作，随着数据库集群变大，软硬件故障将成为常态，这会进一步加大分布式数据库运维的难度。在这种情况下，智能运维正在成为热点。通过收集数据库运行过程中的各种指标数据，可以使用时序数据库对时序数据库本身进行分析，提高数据库的智能化程度，降低运维的复杂度。

总结

总而言之，随着物联网、车联网和工业互联网的快速发展，时序数据库将再次走上时代的风口浪尖。但是，值得思考的一点是，当关系型数据库能够很好地支持时序数据时，专用时序数据库的意义何在？时序数据库的终局或许是没有时序数据库，这不是说时序数据库没有必要，而是时序数据库作为数据库细分品类或许没有必要。这既是时序数据库的终结，也是时序数据库的重生。

正如多年前很火的“NoSQL”一词现在很少提及，但是某些流行的NoSQL产品，譬如Elasticsearch、MongoDB仍然广受欢迎。只不过由于大多数NoSQL产品开始支持关系型数据库的特性，譬如ACID、SQL等，使得“NoSQL”一词作为一个数据库类别已经意义不大了。

姚延栋

北京四维纵横数据有限公司创始人、Greenplum中国开源社区创始人、PostgreSQL中文社区常委、壹零贰肆数字基金会（非营利组织）联合发起人，著有《Greenplum：从大数据战略到实现》。

图数据库到底能做什么?

文 | 俞方桦

图数据库像新一代的关系型数据库，取代传统关系型数据库在诸多领域大展拳脚、高歌猛进。图数据库较传统关系型数据库有何优势？适用于哪些技术领域？未来是何态势，有何机遇？本文为你解读。

随着大数据时代的到来，传统的关系型数据库由于其在数据建模和存储方面的限制，变得越来越难以满足大量频繁变化的需求。关系型数据库，尽管其名称中有“关系”这个词，却并不擅长处理复杂关系的查询和分析。另外，关系型数据库也缺乏在多服务器之上进行水平扩展的能力。基于此，一类非关系型数据库，统称“NoSQL”存储应运而生，并且很快得到广泛研究和应用。

NoSQL（Not Only SQL，非关系型数据库）是一类范围广泛、类型多样的数据持久化解决方案。它们不遵循关系型数据库模型，也不使用SQL作为查询语言。其数据存储不需要固定的表格模式，也经常会避免使用SQL的JOIN操作，一般都有水平可扩展的特征。

简言之，NoSQL数据库可以按照它们的数据存储模型分成4类：

- 键值存储库（Key-Value-stores）。
- 列存储(Column-based-stores)。
- 文档库（Document-stores）。
- 图数据库（Graph Database）。

从DB-Engines发布的数据库技术类别变化趋势图（见图1）中，不难看出图数据库在近十年受到广泛关注、是发展趋势最迅猛的数据库类型。

那么，到底什么是“图数据库”？相比关系型数据库，图数据库又有哪些优势呢？

图数据库与关系型数据库的比较

图数据库（Graph Database）是指以图表示、存储和查询数据的一类数据库。这里的“图”，与图片、图形、图

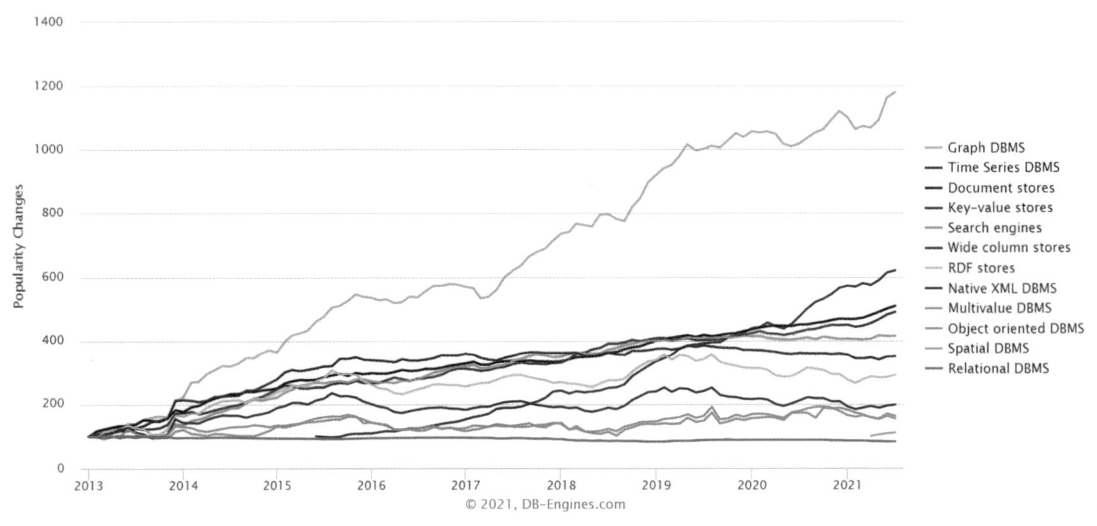

图1 数据库技术发展趋势（截至2021年6月）来源：DB-Engines

表等没有关系，而是基于数学领域的“图论”概念，通常用来描述某些事物之间的某种特定关系。比如在我们的日常生活中：

- 社交网络是图。每个社交网络的参与者是节点，我们在社交网络中的交互，例如“加好友”“点赞”就是连接节点的边。

- 城市交通是图。每个路口、门牌号、公交站点等都是节点，街道或者公交线路是边，将可以到达的地方连接起来。

- 知识也是图。每个名称、概念、人物、事件等都是节点，而类属关系、分类关系、因果关系等是边，将节点连接起来，形成庞大、丰富并且随时在演变的知识图谱。

可以说，“图无处不在”（Graphs are everywhere），也正因如此，传统关系型数据库不擅长处理关系的问题，能够被图数据库很好地解决，图数据库正是为解决这一问题而生。

其实，在某些方面，图数据库就像新一代的关系数据库，区别在于图数据库不仅存储实体，还存储实体之间的关系。关系型数据库通过“主键-外键”表示隐含的“关系”连接，但实际上这里的“关系”是关系代数中的概念，与我们现实世界中的“关系”不同。

通过将关系预先物理存储在数据库中（我们称之为“原生”），图数据库将查询性能由原先的数分钟提高到数毫秒，特别是对于JOIN频繁查询，这种优势更加明显。图2中比较了在社交网络数据集上搜索朋友圈的查询，在原生的图数据库和关系数据库的查询执行效率。显然，使用图数据库比使用传统关系数据库效率有极大提升。

测试：搜索朋友的朋友时的查询响应时间比较

Depth	RDBMS execution time(s)	Neo4j execution time(s)	Records returned
2	0.016	0.01	~2500
3	30.267	0.168	~110,000
4	1543.505	1.359	~600,000
5	Unfinished	2.132	~800,000

测试说明： – 1百万成员的社交网络 – 平均每个人有50个朋友

来源: Graph Databases 2nd Edition, O'Reilly 2017

图2 比较图数据库和关系数据库的查询性能

作为NoSQL数据库的一种，图数据库通常不需要先定义严格的数据模式，以及强制的字段类型，这使其在处理结构化和半结构化的数据时同样得心应手。

除了存储和查询效率方面的优势，图数据库也拥有更加丰富的分析能力，我们通过比较这四类主要的非关系型数据库特点（见表1），就可以得知。

图数据库的主要技术领域

既然图数据库有诸多优势且发展迅速，那它主要涉及哪些技术领域呢？我们用图3来描述。具体来讲，图数据库的主要技术领域包括存储模式、图模型、图查询语言、图分析以及图可视化。

分类	产品举例	典型应用场景	数据模型	优点	缺点
键值数据库	Redis RocksDB Oracle BDB	内容缓存，主要用于处理大量数据的高访问负载，也用于一些日志系统等等	键值对，通常用哈希表来实现	查找速度快	数据无结构化，通常只被当作字符串或者二进制数据
列存储数据库	Cassandra HBase Riak	分布式的文件系统	以列簇式存储，将同一列数据存在一起	查找速度快，可扩展性强，更容易进行分布式扩展	功能相对局限
文档型数据库	CouchDB MongoDB	Web应用	键值对，其中的值为结构化数据（例如JSON）	数据结构要求不严格，表结构可变	查询性能不高，而且缺乏统一的查询语法
图数据库	Neo4j Tiger Graph	社交网络，推荐系统等。专注于构建关系图谱	图结构	利用图结构相关算法。比如最短路径寻址，N度关系查找等	很多时候需要对整个图做计算才能得出需要的信息，而且这种结构不利于分布式的集群方案

表1 四类主要非关系型数据库特点(参考来源：baidu.com)

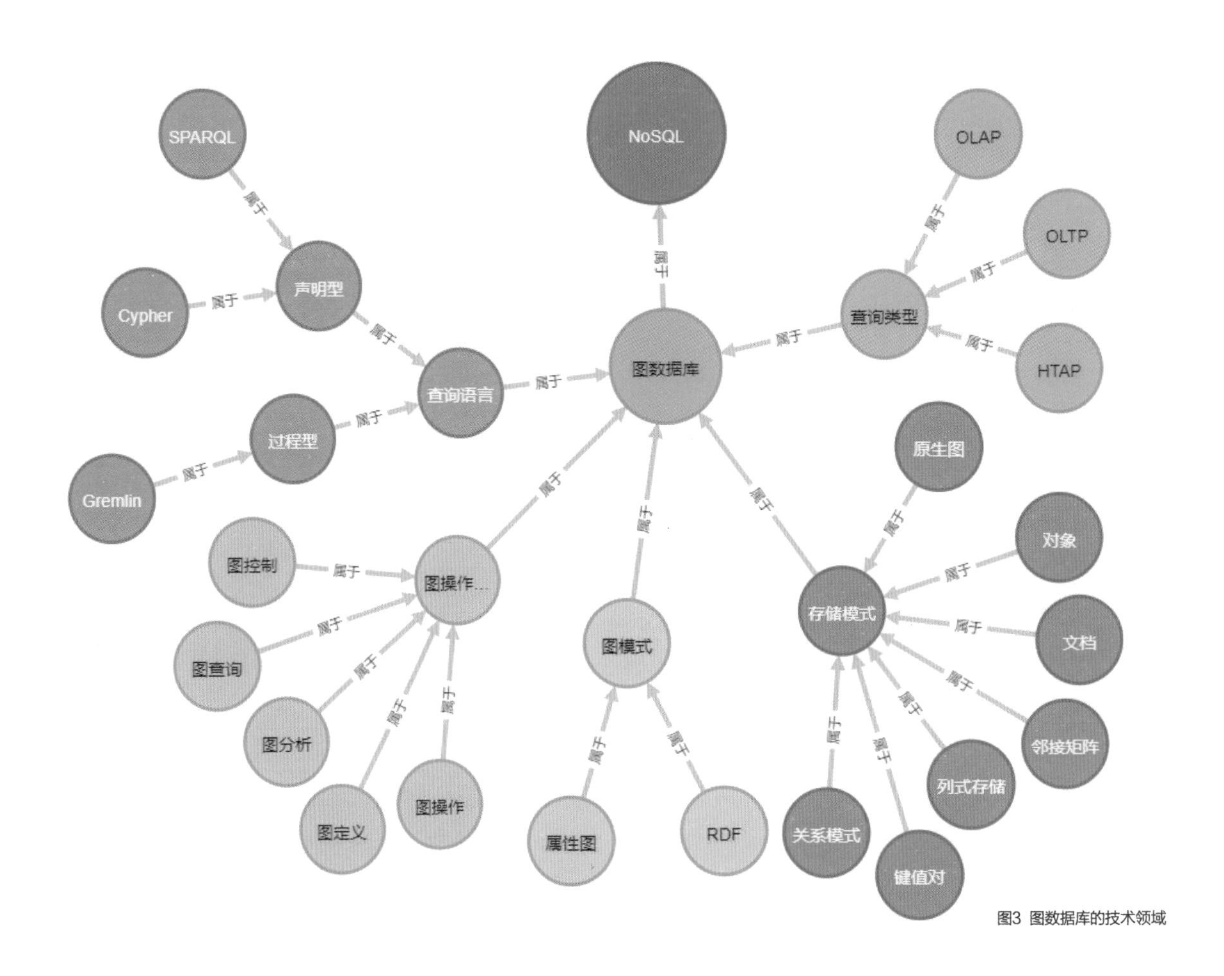

图3 图数据库的技术领域

存储模式

原生图vs非原生图

图数据库以节点和边来对现实世界进行数据建模。对于实际的底层物理存储技术，目前主流有两大类方法：

- 原生（Native），即按照节点、边和属性组织数据存储。典型代表有Neo4j、JanusGraph、TigerGraph等。
- 非原生，使用其他存储类型。例如基于列式存储的DataStax、基于键值对的OrientDB和Nebula Graph以及基于文档的MongoDB。部分关系型数据库也在关系存储之上提供类似图的操作。

有的图计算平台底层支持各类存储技术，包括图存储，称作“多模式”，例如百度HugeGraph。

原生的图存储由于针对图数据和图操作的特点进行了优化，并且从物理存储到内存中的图处理，都采用一致的模型而无需进行“模式转换”，在大数据量、深度复杂查询以及高并发情况下，性能普遍优于非原生的图存储。

图的分布式存储

为了支持大规模的图存储和查询，需要对图进行分布式存储。这里有两类分布式的实现方法：

- 分片（Sharding）。分片就是根据某一原则（例如根据节点的ID随机分布）将数据分布存储在多个存储实例中。根据切分规则，又可以分为：
    - 按点切分。每条边只保存一次，并且出现在同一个分区上。如果处于不同分区的两条边有共同的点，那么点会在各自的分区中复制。这样，邻居多的点（繁忙节点）会被分发到多个分区上，增加了存储空间，并且有可能产生同步问题。这种方法的好处是减少了网络通信。

- 按边切分。通过边切分之后，顶点只保存一次，切断的边会打断保存在不同分区上。在基于边的操作时，对于两个顶点分到两个不同分区的边来说，需要通过网络传输数据。这增加了网络传输的数据量，但好处是节约了存储空间。

出于优化性能的考虑，目前按点切分的分布式图更加常见。

■ 分库（Partitioning）。由于现实世界中的图往往遵循“幂律分布”，即少数节点拥有大量的边，而多数节点拥有很少的边。分片存储不可避免地会造成大量数据冗余复制，或增加分区间网络通信的负担。因此，另外一种分布式的方法是分库。这是借助图建模的方法，将节点按照业务需求、根据查询类型分布在不同库中，是最小化跨库的网络传输。不同库中的数据则通过联邦式查询（Federated Query）实现。

图模型

在基于图的数据模型中，最常见的两种方法是资源描述框架（Resource Description Framework，RDF）和标签属性图（Labelled Property Graph，LPG）。

RDF

RDF是W3C组织指定的标准，它使用Web标识符（URI）来标识事物，并通过属性和属性值来描述资源。根据RDF的定义：

■ 资源是可拥有URI的任何事物，比如 "http://www.w3school.com.cn/rdf"。

■ 属性是拥有名称的资源，比如"author"或"homepage"。

■ 属性值是某个属性的值，比如"David"或"http://www.w3school.com.cn"（请注意一个属性值可以是另外一个资源）。

我们来看看RDF是怎样描述 “西湖是位于杭州的一个旅游景点”这个事实的（见图4）。

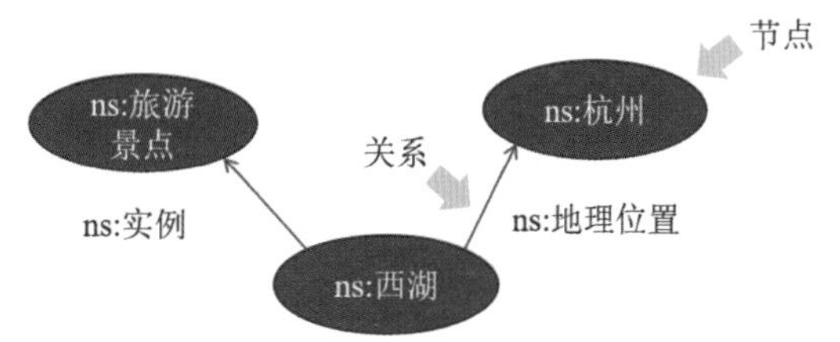

图4 RDF举例

RDF图的查询语言是SPARQL。如果要询问“位于杭州的旅游节点有哪些？”，使用SPARQL的查询如下：

```
PREFIX ns: <http://kg.com/ns/travel#>

SELECT ?place
WHERE {
 ?place ns:地理位置 ns:杭州 .
 ?place ns:实例 ns:旅游景点 .
}
```

LPG

在LPG属性图模型中，数据对象被表示成节点（拥有一个或多个标签）、关系和属性。我们用下面的例子来说明（见图5）。

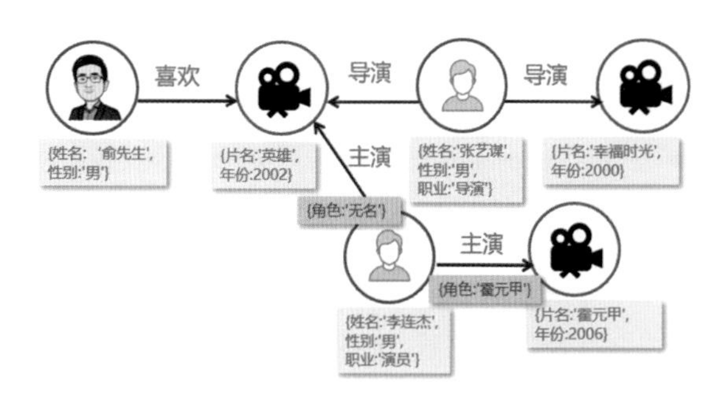

图5 关于电影的个人偏好的属性图

在图5中：

■ 节点/顶点是事物（Object）或者实体（Entity）的抽象，可以是“人”“导演”“电影”“演员”等抽象。节点可以拥有一个或多个标签，例如代表“张艺谋”的节点可以有“个人”“导演”“演员”等标签。

■ 节点的属性。节点的属性为节点提供丰富的语义，根据顶点代表的类型不同，每个顶点可以有不同的属性，比如以“人”作为顶点，属性可以是“姓名”“性别”等。

- 边/关系。边连接两个节点或同一个节点（指向自己的边），边可以有向或无向。边可以有类型，比如连接“李连杰”和“英雄”的边的类型是“主演”。
- 边的属性。和顶点的属性类似，每条边上也可以有属性。比如连接“李连杰”和“英雄”的边有属性“角色”，其值是“无名”。

相比RDF，LPG由于可以在节点和边上定义丰富的属性，更加易于我们理解，建模也更加灵活。

图查询语言

应该说，关系型数据库在过去半个世纪的成功离不开SQL查询语言标准化。目前，图查询语言的标准化（GQL）工作还在进行当中，其核心语法和特性基于Neo4j的Cypher、Oracle的PGQL和GCORE框架。

从查询语言本身来说，主要有两类：

- 声明型（Declarative）。声明型查询语言只要求使用者描述要实现的目标，由查询引擎分析查询语句、生成查询计划然后执行。SQL是声明型查询语言。在图数据库领域，Cypher是最流行的声明型查询语言。
- 命令型（Imperative）。命令型查询语言要求使用者描述具体执行的操作步骤，然后由数据库执行。在图数据库领域，Gremlin是最流行的（近似）命令型的查询语言。

从未来的发展趋势来看，声明型查询语言由于其易于理解、学习门槛低、便于推广等特性，将成为主流的图查询语言。智能、优化的查询执行引擎将成为衡量图数据库技术优势的关键。

图分析

在计算机科学领域，图算法是一个重要的算法类别，经常用于解决复杂的问题。大家应该还能记得在《数据结构》或者软件开发相关课程中都会学到的“树的遍历”（前序、中序、后序等），这就是典型的图算法。部分成熟的图数据库内置了这些图算法，以提供对图数据的高级分析功能。

最短路径搜索

最短路径是图计算中一类最常见的问题，通常见于解决下面的应用场景：

- 在两个地理位置之间寻找导航路径。
- 在社交网络分析中，计算人们之间相隔的距离。

“最短”则基于路径上边的距离和成本，例如：

- 最少跳转次数。
- Dijkstra算法：边带权重的最短路径。
- A*算法：基于启发式规则的最短路径。
- k条最短路径。

计算范围则包括：

- 节点对之间。
- 单一起点到图中其他所有节点。
- 全图中所有节点对之间。

除此之外，最小生成树、随机游走等图遍历算法也属于这一类。

社团检测

“物以类聚，人以群分”，这句话非常形象地描述了网络的一个重要特征：聚集成群。群也称作“社区”“团体”“群组”。社区的形成和演变是图分析和研究的又一个重要领域，因为它帮助我们理解和评估群体行为、研究新兴现象。

社区检测算法就是在图中对节点进行分组和集合（见图6）：在同一集合中的节点之间的边（代表交互/连接）比分属不同集合的节点之间更多。从这一意义上，我们认为它们有更多共同点。社区检测可以揭示节点集群、隔离的群组和网络结构。在社交网络分析中，这种信息

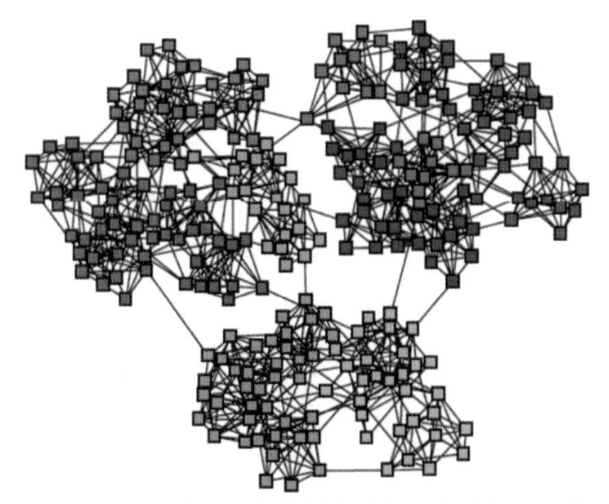

图6 图中节点之间边的密集程度反映了节点之间的相关性

有助于推断拥有共同兴趣的人群。在产品推荐中，可以用来发现相似产品。在自然语言处理/理解中（NLP/NLU），可以用来对文本内容自动分类。社区检测算法还用于生成网络的可视化展现。

中心性算法

在图论和网络分析中，中心性指标识别图中最重要的顶点。其应用广泛，包括识别社交网络中最有影响力的人、互联网或城市网络中的关键基础设施节点，以及疾病的超级传播者。

最成功的中心度算法当属“页面排行”（PageRank）。这是谷歌搜索引擎背后的网页排序算法的核心。页面排行除了计算页面本身的连接，同时评估链接到它的其他页面的影响力。页面的重要性越高，信息来源的可靠度也越高。应用到社交网络中，这一方法可以简单地解释成“认识我的人越重要，我也越重要”。是不是挺有道理？

相似度算法

相似度描述两个节点以及更加复杂的子图结构是否在何等程度上属于同一类别，或者有多相似。

图/网络相似性度量有三种基本方法：

- 结构等价（Structural Equivalence）。
- 自同构等价（Automorphic Equivalence）。
- 正则等价（Regular Equivalence）。

还有一类是先将节点转换成N维向量$(x_1,x_2,\cdots x_n)$并“投射”到一个N维空间中，然后计算节点之间的夹角或者距离来衡量相似度。这个转换的方法叫作“嵌人”（Embedding），转换的过程叫作“图的表示”，如果是由算法自动得到最佳的转换结果，那么该过程叫作“图的表示学习”。基于图的学习是近年来在人工智能领域非常热门的一个方向，被广泛应用到欺诈检测、智能推荐、自然语言处理等多个领域。

图可视化

“一图胜万言”这句话是对图可视化最恰当的描述。图可视化直观、智能地展现数据之间的结构和关联，能看到从前在表格或者图表中看不到的内容。

2019年，当新冠病毒开始在全球肆虐时，来自Neo4j图数据库社区的一群成员集成了多个异构生物医学和环境数据集（https://github.com/covid-19-net/covid-19-community），建立了关于新冠病毒的知识图谱，以帮助研究人员分析宿主、病原体、环境和病毒之间的相互作用。图7是该知识图谱的部分可视化结果，图中最左边的部分是病毒暴发的地理位置子图，包含国家、地区、城市；中间绿色的部分是流行病学子图，包括有关病毒株、病原体和宿主生物的信息，病例和菌株分别与报告和发现它们的位置相关联；右边紫色的部分是生物学子图，代表生物体、基因组、染色体、变异体等等。

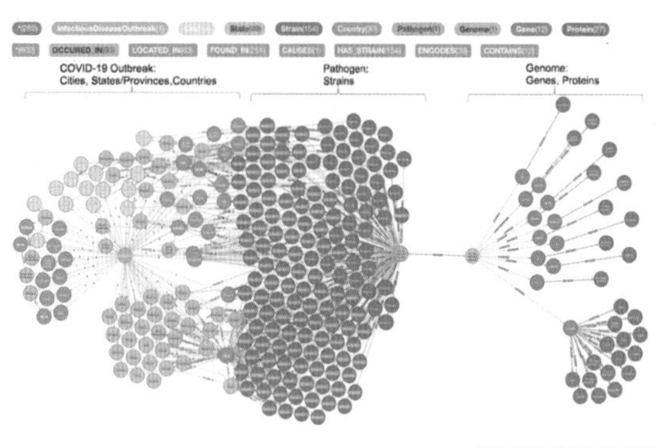

图7 新冠病毒知识图谱

图数据的可视化建立了关于事物之间关联的最直观的展现，并且使得原本并不明显、甚至于淹没在数据汪洋中的重要特征得以显现出来，成为新的认知。

图数据库的未来展望

在图数据库出现并兴起的十余年间，它在各个领域都得到了成功的应用，并且产生了众多创新性的解决方案。

- 在社交平台的“网络水军”识别方面，通过分析用户的关系图特征、结合传统的基于用户行为和用户内容的发现方法，可以有效提高预测的准确性和鲁棒性。
- 在金融领域，图和图分析帮助机构更高效地发现异常的关联交易，以赢得反洗钱战争。
- 在电力、电信行业，图数据库帮助管理复杂庞大的设备和线路网络，并及时为故障分析根源、估算影响。
- 在制造、科研、医药等领域，图数据库广泛用于存储和查询知识图谱，成为大数据管理、数据分析和价值挖掘乃至人工智能技术领域的重要支撑。

在可预见的未来内，图数据库与人工智能技术的结合应用将会带来更多创新和飞跃。图数据库至少能在以下四个领域帮助提升AI能力。

第一是知识图谱，它为决策支持提供领域相关知识/上下文，并且帮助确保答案适合于该特定情况。

第二，图提供更高的处理效率，因此借助图来优化模型并加速学习过程，可以有效地增强机器学习的效率。

第三，基于数据关系的特征提取分析可以识别数据中最具预测性的元素。基于数据中发现的强特征所建立的预测模型拥有更高的准确性。

第四，图提供了一种保证AI决策透明度的方法，这使得通过AI得到的结论更加具有可解释性。AI和机器学习具有很大的应用潜力，而图解锁了这种潜力。这是因为图数据库技术支持领域相关知识和关联数据，使AI变得更广泛适用。

除此以外，近年来，云端部署的图数据库（SaaS/DaaS）成为了又一个发展趋势。国内的众多大厂纷纷推出自研的云端图数据库产品，例如百度的HugeGraph、阿里的GDB、腾讯的TGDB、华为的GES图计算引擎。

就总体趋势而言，我们能够预见，大数据时代，数据缺失不再是最大的挑战，我们渴求的是挖掘数据价值的能力，而数据的价值很大一部分在于数据之间的关联。图数据库和图分析作为处理关联数据最有效的技术和方法，一定会继续大放异彩，书写数据库应用的新篇章。

俞方桦

Neo4j亚太地区售前和技术总监，有二十余年IT从业经验。PMP、IEEE和ACS会员，PMP认证专家、欧盟GDPR认证专家、Neo4j数据库和图数据科学认证专家，并拥有金融市场（投资和交易）高级学位。

我做图数据库的十年：思考、实践和展望

文 | 叶小萌

在数量繁多的数据库类型里，图数据库已经成为近十年来最受欢迎的一类。几乎与关系型数据库同龄的图数据库在过去十年发生了哪些变化？为什么会成为诸多公司进行数据分析的主要工具？当前还面临着哪些瓶颈？未来将如何发展？从本文中可一探究竟。

时间回到2011年，当时我还在Facebook的搜索部门担任软件工程师。我们知道，Facebook是一个社交网络，所以它需要进行很多关系查询，例如向一个用户推荐其好友的好友，或查询两个用户的共同好友等。当时，Facebook整个搜索框架是基于类似于Google的反向索引（Inverted index）。举个例子，如果进行两个用户共同好友的查询，就需要做两次好友查询并找到两次查询结果的交集。

大约过了一年多后，我们逐渐发现，对于Facebook这样一个巨型社交网络来说，反向索引并非最高效的查询方式。因为基于反向索引的搜索系统并不能很好地表示和查询关系。比如要做一个多跳查询并在过程中进行一些计算，搜索引擎很难实现。

当时，Facebook有一个外界比较熟悉的项目，叫“TAO”。它是一个写透式的缓存系统（Cache system），用来存储一步的关系。这个缓存系统可以非常快地回答前端一些简单的一跳查询，例如我的好友、我的照片等。但要做二跳查询时，比如查询我的好友的好友，它就显得力不从心了。

2011年末，我和另一个同事发起了一个叫作Dragon的项目，目的是解决基于关系的二级索引问题。我们打算从底层推翻反向索引的逻辑，转而从以图为基础的思路出发，解决以前多跳查询效率低的问题。最终，我们打造了Dragon这个基于图的分布式查询引擎，将Facebook的社交图谱用图模型来表示，并在此基础上创建索引来提高数据获取、过滤和重排的效率。结果显示，Dragon能够大幅提升对复杂关系的查询效率并减少CPU消耗。

此时，Dragon还不是一个真正意义上的图数据库，但这是我第一次将目光转向以图为基础的数据模型。而我也很快就被图形数据模型在表达关系、数据建模及查询上的强大能力所折服。

到现在十年过去了，我参与研发了数个以图为基础的查询和数据库系统，并创业做了国内首个开源分布式图数据库Nebula Graph。在这十年的时间里，诸如Facebook、微信等社交网络的爆发，让发掘数据之间的关系比任何时候都重要。当今世界最成功的科技公司和产品都建立在关系网络之上——Google是一张在线知识的网络，微信是一张人的网络，淘宝是一张卖家、消费者和供应商的网络。而图数据库则是表示和理解这些关系最天然的工具，并将作为下一个十年最重要的数据库类型被广泛应用在金融、AI和物联网等热门领域。

图数据库的行业应用

图数据库不仅仅是一个时髦的概念，它还是一门在现实商业世界中有实际需求的技术。在我接触图数据库的十年里，每一次企业提出使用图数据库这一新技术都是由于实际业务的驱动，而旧的技术已经无法满足这些需求。

由于擅长处理大量的、互联的和非结构化的数据，图数据库现在已经被广泛运用在金融、社交网络、个性化推荐和零售业。包括IBM、沃尔玛、Airbnb、惠普、腾讯、京东数科等在内的国内外公司，在数据分析中都已采用图数据库作为主要工具。

2015年，我从Facebook离职并回国加入了蚂蚁金服（即现在的蚂蚁集团）。因为业务上的需求，彼时蚂蚁金服已经有了用图数据库做风控的想法，但缺少一个可靠的图数据库系统支撑。那时团队看了很多项目，包括一些开源的图数据库，但它们都无法满足蚂蚁的数据量和并发量。后来团队决定要自己做一套系统，也就是后来的蚂蚁分布式图数据库GeaBase（Graph Exploration and Analytics Database）。GeaBase是一个真正意义上的图数据库，并且很快就被应用在蚂蚁甚至是阿里巴巴集团内部一百多个场景中，成为蚂蚁迄今为止为数不多的几个向阿里巴巴集团反向输出的技术平台之一。

GeaBase的诞生也是基于实际的业务需求——因为业务对关系查询有需求，所以我们研发了这个图数据库。2018年9月，我从蚂蚁金服离职创业做Nebula Graph也是因为看到了外部的强烈需求。那时，我们接触的一些银行对图数据库提出了明确的需求，例如实现反洗钱和反欺诈的预警等。银行本身已经掌握了海量的数据，也搭建好了自己的数据库和中间件。但这些传统数据库并不能完成对关系链的查询，所以他们希望利用图数据库来实现这一点。

从我接触图数据库十年的行业经验出发，我认为以下五点能够很好地概括当前业界对图数据库的需求现状。

■ **图数据库是一门普世的技术。**

自2018年开始创业做图数据库起，我逐渐发现对图数据库有需求的行业比想象中要多。这首先是因为社交网络的崛起，国外的Facebook创立于2004年，到2006年才开始对公众开放。国内的微信起于2011年，也就是大约10年前，这也是社交网络蓬勃发展的10年。

社交网络在兴起的过程中，还推动了包括电商、内容等行业的发展，甚至可以说当下大部分的互联网交易都是围绕社交网络进行的。社交网络很明显是一个关系网络，而社交网络的崛起也带动了众多行业对图数据库越来越旺盛的需求。

■ **需要特别关注数据和数据，或实体和实体之间关系的场景都需要图数据库。**

这一场景最典型的例子是金融业。金融是一个监管越来越严格的行业，同时它也一直面临着黑产、洗钱和诈骗等问题。所谓道高一尺，魔高一丈，随着风控技术的演进，黑产的技术也在不断发展。对于金融业来说，传统的风控手段已无法和黑产作对抗。

很多时候黑产是通过批量控制小号去做一些欺诈行为，所以金融业需要能通过这些小号之间的关系去判断背后的操纵者，而判断这些关系目前最高效的方式就是使用图数据库。

■ **业务涉及路径的行业对图数据库有强需求。**

寻找路径，例如寻找最短路径或非重复路径，是图最擅长解决的数学问题。

还是以金融业为例，图数据库在金融业反洗钱方面也发挥着重要的作用。反洗钱本质上是追踪资金链路，也就是追查犯罪分子如何通过各种合法金融作业流程把违法所得的款项“洗净”为看似合法的资金，这个过程需要追踪资金的来龙去脉（见图1）。

另外在制造业，制造商需要把生产过程所有的人、原材料和生产线整合到一个关系网络中。比如，生产一辆汽车或许会涉及几百万个零件，小到螺丝钉，大到引擎。那么，某一零件是哪家厂商生产的，它由哪个工人安装，以及这辆车最终的去向都可以放在一张由图数据库储存的关系网络中。在这种情况下，汽车生产商要查询或追踪信息就会非常快捷方便。

■ **图数据库能帮助打破人工智能行业的瓶颈。**

人工智能有一个非常重要的分支叫作知识图谱（Knowledge Graph），也就是用图的方式表达物理世

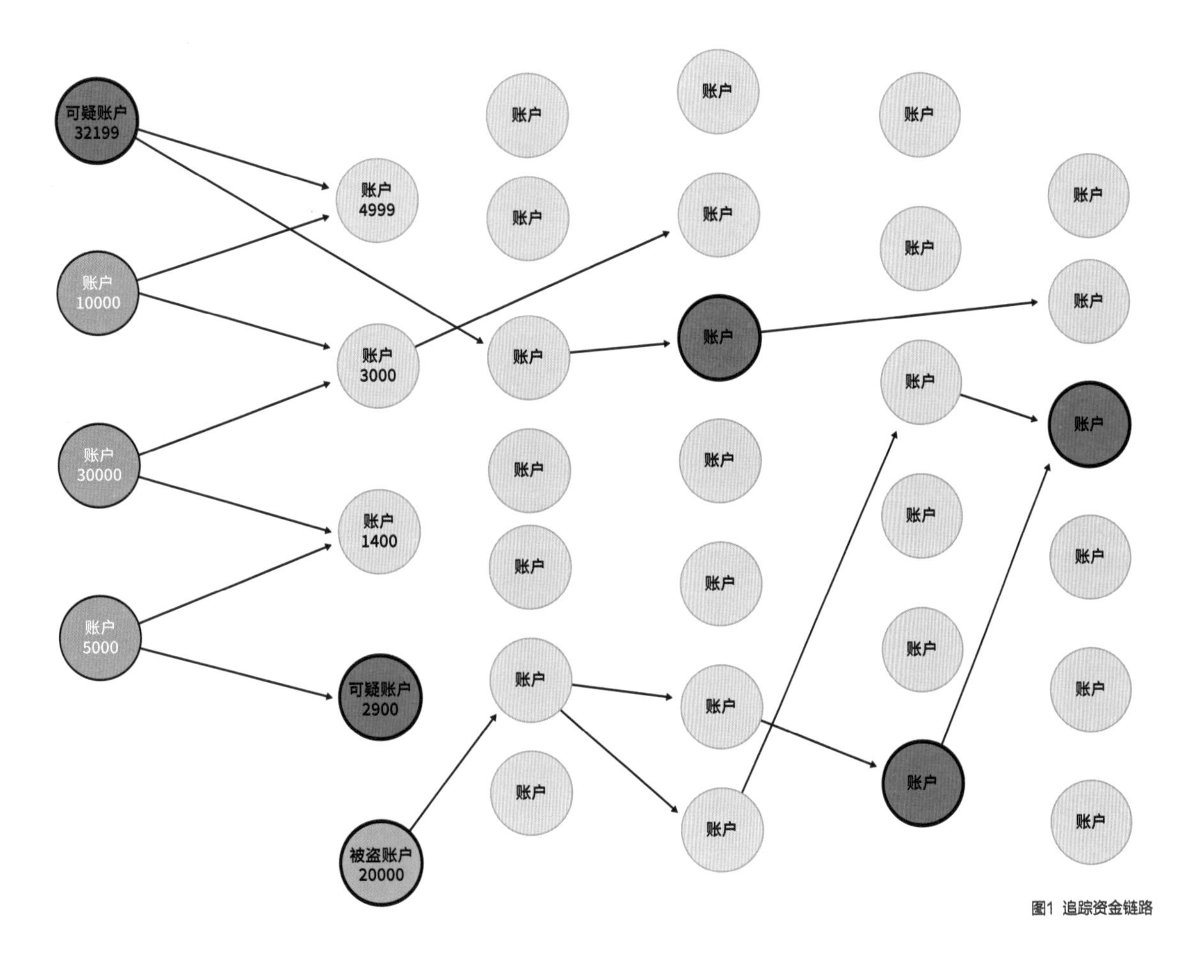

图1 追踪资金链路

界中的概念及其相互关系。知识图谱最早由Google提出，用于提升其搜索引擎的检索效率。这一系统目前被广泛应用于智能搜索、智能客服和个性化推荐等领域。这两年，知识图谱快速的普及和应用也带来了对图数据库爆发式的需求增长。

图数据库在人工智能领域的另一个应用场景是机器学习。传统的机器学习目前遇到了一定的瓶颈，如灾难性遗忘（Catastrophic forgetting）、知识表达（Knowledge representation）和不平衡数据（Unbalanced data）等。因此，现在学术界和产业界都在探索一些新的方法来做机器学习，其中一个思路就是看数据和数据之间的关系对最终模型准确性的影响，这就是所谓的“基于图的深度学习”。这一思路使用图神经网络（Graph Neural Network，GNN），把实体和实体之间的关系也考虑到模型中。GNN处理非结构化数据的能力也推动了自然语言处理、网络数据分析和个性化推荐等领域的新突破。下文会提及图数据库如何具体提升打破当前机器学习界的瓶颈。

■ 行业不仅需要图数据库，更需要分布式图数据库。

随着大数据、AI、5G、物联网等技术的发展和成熟，人类生产的数据量在过去几年里呈指数型爆发。根据国际咨询公司IDC的统计，2020年全球数据生产量达到了64.2ZB。在2010年时，全球数据生产量才刚刚突破1ZB。

在数据量较小的情况下，一般的数据库或单机的图数据库也许能满足简单的关系查询，但在大数据时代，单机版已经无法满足对大量数据的关系查询。所以就需要把这些数据分布到不同的机器上，让系统能轻松面对海量数据和高并发的处理请求。

从零打造一款开源图数据库

在充分了解行业对图数据库的需求，以及认识到现有图数据库产品的不足后，我在2018年离职创业，研发了Nebula Graph。这时的人类社会已经进入了真正意义上的大数据时代，而我们从写下第一行代码时就认识到Nebula Graph必须是一款分布式、支持线性扩容和性能高效的图数据库产品。

打造这样一款图数据库产品最先要解决的是可扩展性（Scalability）问题。当时市面上已有的图数据库要么是单机版，要么可扩展性不强。想要解决可扩展性的问题，就需要从整个技术架构上实现高效可扩展。因此，我们在进行技术架构设计时构建了两个重要特征：Shared Nothing（SN）和存储计算分离。

SN架构是相对于Shared Everything架构，一般指单个主机独立支配CPU、内存和磁盘等硬件资源，但其数据并行处理能力差，可扩展性低。另外还有Shared Disk架构，各个处理单元私有CPU和内存，但各个节点共享磁盘。这种架构具有一定的可扩展性，可以通过增加节点的方式来提升数据并行处理能力，但磁盘的I/O性能就成了系统性能的瓶颈。

在一个SN架构中，各个处理单元都有私有的CPU、内存和磁盘资源，不存在共享资源。SN架构中的节点相互独立，各自处理自己的数据，各个处理单元之间通过协议通信。每个节点处理后的结果可以向上层架构汇总或在各节点之间传递。在SN架构的数据库中，各个节点具备共同的Schema，因此只需要增加节点就能快速增加处理能力和容量。

而另一个架构特征存储计算分离，能够实现有状态的存储端只负责存储数据，不处理业务逻辑，而无状态的计算端只处理逻辑，不持久化处理数据。

做存储计算分离最大的好处就是每个节点之间没有共享数据，做扩容和扩展时成本会很低，因为存储节点之间没有依赖关系。存储计算分离之后（见图2），存储层和计算层能够单独地做扩容，不需要一起来做。这样首先可以降低成本，其次是整个Scale Up（纵向扩展）的过程也更加敏捷。存储计算分离也使得我们的系统成了一个云原生的系统。云最大的特点就是资源按需分配，那么一个存储计算分离的数据库系统也能做到在存储端和计算端分别按需分配，分别做弹性扩容。

过去十年，图数据库发生了哪些变化？

图数据库不是一个完全新奇的概念，它几乎和关系型数据库一样古老，只是在近年来数据量爆发的情况下才重新获得业界关注。人类最早尝试用图这一概念理解世界是在18世纪，当时瑞士数学家莱昂哈德·欧拉提

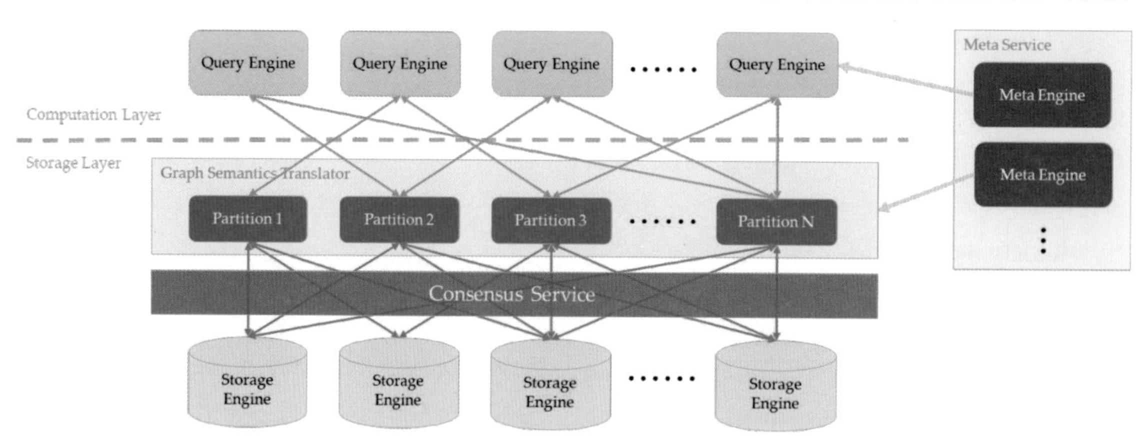

图2 存储计算系统架构设计

出了著名的柯尼斯堡七桥问题，并奠定了图论（Graph theory）的基础。而IBM的IMS数据库早在20世纪70年代便开始尝试使用图的方式为数据建模。

然而，由于人类数据量的爆发和各个行业对图数据库需求的增长，过去十年才是图数据库技术突飞猛进和大规模商业化应用的十年。从我刚在Facebook接触图数据库到现在，这一领域已经发生了翻天覆地的变化。以下是我总结的两个最明显的趋势：

- **从单机版向分布式发展。**

图数据库从单机版走向分布式不仅仅是因为数据量的激增，这也符合云原生产品的集群化发展趋势。在以前，为了让数据库处理更多的数据量，最好的方式就是升级数据库运行机器的硬件，也就是所谓的纵向扩展。但这种扩展是有局限性的，当数据量和并发达到了一定程度后，升级硬件已经很难满足生产需求。

分布式数据库系统则利用计算机网络将物理上分散的多个数据库连接起来组成一个逻辑上统一的数据库，为业务应用提供完整的联机事务处理。在分布式架构下，升级图数据库的性能已经被简化到仅仅需要增加节点的程度。而因为分布式数据库会将数据的存储层复制多份，在数据已经成为大多数企业核心资产的情况下，数据安全可以得到充分保证。

- **从分析型（AP）向在线查询和分析型融合（HTAP）发展。**

随着企业对数据之间关联价值挖掘需求的增加，市场对图数据库系统在分析（AP）和事务处理（TP）方面的融合也提出了新的需求。过去企业为满足事务处理和分析需求，往往采用OLTP+OLAP的组合方案。但这样的组合往往无法满足实时分析的需求，且由于两个处理逻辑需要两个独立的团队完成，运维成本极高。

因此，国际咨询公司Gartner在2014年提出的混合事务分析处理（HTAP）数据库架构成了图数据库发展的方向之一。这种既可以做联机数据处理，又能做线上数据分析的混合应用数据库架构，能够避免传统架构大量数据交互造成的资源浪费和冲突。另外，HTAP基于分布式架构，支持弹性扩容，可以轻松应对高并发和海量数据场景。

在图数据库领域，PageRank算法、社区发现算法和最短路径算法等离线计算的最终结果不是给人看的。这些算法的最终结果，例如PageRank算法计算出的最终权重，都需要反哺给线上系统，比如写回到图数据模型里，所以在图数据库的HTAP里，AP和TP形成了一个有机的闭环，而非处于割裂的状态。

图数据库的下一个十年

即使图数据库已经完成了相当规模的商业应用，但跟大多数新兴技术一样，它也面临着一些限制和瓶颈，这些也是整个图数据库社区致力于在下一个十年解决的问题。

目前图数据库面临的瓶颈之一是如何实现真正的ACID完备。在数据库的增删查改过程中，为了保证事务的正确和可靠，数据库系统必须具备原子性（Atomicity）、一致性（Consistency）、隔离性（Isolation）、持久性（Durability）四个特征，也就是ACID。

换句话说，图数据库当前面临的最大问题之一就是如何成为一个真正的数据库。原来图数据库更多的是一种二级数据库，或者说所谓的备库。未来图数据库的一个方向是它可能会在部分场景下完全取代TP数据库或SQL数据库。

图数据库发展的另一个方向是与人工智能的深度结合。我们知道，传统的机器学习是使用神经网络对大量数据进行训练，最后得出一个统计类的模型。但这个过程中缺失的是数据和数据之间的关系，或实体与实体之间的关系。现在业界的一个研究方向是采用图数据库和深度学习相结合的方式，把实体和实体之间的关系最终表现在模型当中，也就是上面提到的GNN。

GNN使用Graph Embedding，也就是把一个大的模型，拆成很多小的模型，每一个小的模型集成在图上的每一个节点上。相比于全连接神经网络（MLP），图神经网络多了一个邻接矩阵。一个常见的图神经网络的输入是一个图，经过多层图卷积以及激活函数的修正，最终得到各个节点表示，完成预测、分类和生成图与子图等任务。

总结

在过去几年的时间里，国内涌现了一批优秀的图数据库产品，也逐步建立了一个图数据库开发者生态。但国内图数据库的生态还处于非常早期的状态，目前围绕数据库的外围产品大多数都来自海外，而图数据库也不为很多开发者所知。

但国内有海量的数据以及一流的业务场景，我相信随着图数据库的不断普及，加上开源社区的力量，很快国内就会出现一个良好且成熟的图数据库生态。

叶小萌
杭州欧若数网科技有限公司创始人兼CEO。曾就职于Facebook，参与并领导搜索引擎、图索引引擎等分布式系统的设计和研发。2015年回国后加入蚂蚁集团，担任图计算及存储团队负责人，在此期间主导研发了高性能分布式图数据库GeaBase。2018年离开蚂蚁金服创立欧若数网，研发开源分布式图数据库Nebula Graph，致力于在中国乃至世界推广图计算技术。

参考资料

[1]Dragon: A distributed graph query engine https://engineering.fb.com/2016/03/18/data-infrastructure/dragon-a-distributed-graph-query-engine/

[2]TAO: The power of the graph https://engineering.fb.com/2013/06/25/core-data/tao-the-power-of-the-graph/

[3]NoSQL Databases https://www.ibm.com/cloud/learn/nosql-databases

[4]DBMS popularity broken down by database model https://db-engines.com/en/ranking_categories

[5]Data Creation and Replication Will Grow at a Faster Rate than Installed Storage Capacity, According to the IDC Global DataSphere and StorageSphere Forecasts https://www.idc.com/getdoc.jsp?containerId=prUS47560321

[6]Graph Databases Emerge as Major Driver of Innovation https://www.rtinsights.com/graph-databases-emerge-as-major-driver-of-innovation/

[7]中国数据库行业研究报告 https://pdf.dfcfw.com/pdf/H3_AP202106021495539425_1.pdf?1622654019000.pdf

知识图谱必须要上图数据库？知识图谱的数据库选型与应用实践

文 | 张凯

随着知识图谱在企业中应用范围的加大，其数据存储的选型问题也愈发显现，知识图谱和数据库之间到底有怎样的关系？知识图谱必须要上图数据库吗？到底该如何选择？

近几年，知识图谱无论是数据规模，还是应用效果都取得了较大的发展，许多企业都已布局建设自有的知识图谱，并落地到各自的应用场景中。而在开展知识图谱项目时，都会面临存储方案的选择，即数据库的选型问题。针对该问题，自底向上看是数据驱动，自顶向下看是应用驱动，其根本都是需求驱动，最终效果和成本相平衡。那么，知识图谱和数据库之间到底有怎样的关系？知识图谱必须要上图数据库吗？本文将从数据驱动和需求驱动两方面解答。为了便于理解，我将以智能客服场景下的手机信息问答应用为例，进行案例分析。

知识图谱与数据库的关系

知识图谱于近几年兴起，相信大家都不会对它感到陌生。目前的人工智能系统依托海量数据和深度学习技术，可以在计算密集型任务上超越人类，达到“聪明”的程度，却无法像人一样进行复杂的推理和联想等，难以跨越认知的门槛。而以知识图谱为代表的符号智能，则被认为是实现认知人工智能突破，达到“有学识”的关键。据英特尔副总裁Gadi Singer推测，认知人工智能很有希望能够在2025年实现。

具体来看，知识图谱以点和边的方式将实体（有可区别性且独立存在的某种事物）联系起来，形成结构化知识。图1是一个知识图谱的示例，它围绕智能手机相关的信息形成一个小型领域子图，其中涉及三类实体，分别是手机、芯片、公司。通过该图谱可以实现一定的问答应用，例如回答“哪款手机用的是骁龙888？”“iQOO 7用的是哪家公司的芯片？”等问题。

数据库方案的引入在于解决知识图谱的数据持久化问题，属于知识存储环节的一部分。这就需要首先理解知识图谱不是一个单一技术，而是围绕知识形成的一整套流程，它包含了知识的表示、获取、存储、应用这四个基本要素，如图2所示。知识表示定义了图谱知识数据化的方式；知识获取解决结构化知识的形成问题，与自然语言处理（NLP）技术紧密相关；知识应用使用数

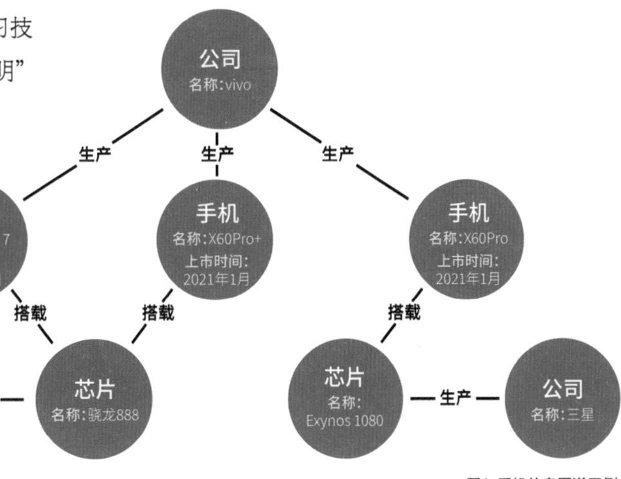

图1 手机信息图谱示例

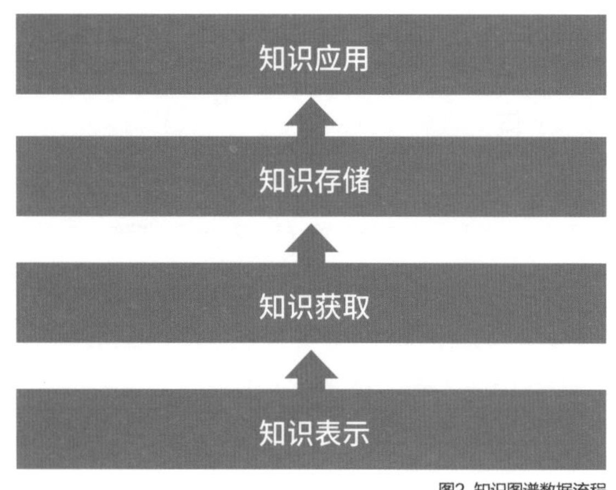

图2 知识图谱数据流程

据，是知识图谱如何落地体现价值的关键步骤；知识存储则位于知识获取和知识应用两个环节之间，既要考虑上层应用的实际需求，如查询效率、大图计算需求等，也要考虑下层数据的真实情况，如数据的规模和质量等。对于数据库的选型而言，两者需兼顾。

自底向上的数据驱动

基于数据侧的数据库选型考量，主要考虑存储模式和数据更新效率，其他因素还包括数据入库后的存储开销，是否支持热更新等。

存储模式

数据库的存储模式和知识图谱的知识表示方式存在一定差异，因而需要建立映射关系。现有的数据库存储模式可分为两大类：关系数据模式和图模式，而图模式又可以分为RDF（Resource Description Framework）图模式和原生图模式。支持RDF模式进行存储的数据库，可以直接将三元组存入，但关系数据模式和原生图模式则需要进行格式转换。

图谱的知识表示

作为整个图谱流程的基础，目前主流的知识图谱表示方式采用资源描述框架，即RDF。RDF的核心思想是以三元组的形式对知识进行编码和表示，每个三元组由主语、谓词和宾语组成。RDF还定义了诸多细节规范（例如IRI限制），但对数据库的选型影响不大，这里不详细展开。

基于RDF对图1中iQOO 7机型相关的知识进行表示，形成的三元组表（见表1）。可以发现前三行的三元组描述了图1中的实体间关系，而从第四行开始则是对于实体所属类别和属性的补充。若需要对实体增加一个新的属性如iQOO 7的电池容量，只需要增加一条三元组即可，可以发现RDF具有较好的扩展性和开放性，这也是知识图谱一个非常重要的特性，由于开放世界假设即知识图谱中存储的知识可能是不完备的，因此数据库中的知识需要不断扩展更新。

主语	谓语	宾语
iQOO 7	搭载	骁龙888
vivo	生产	iQOO 7
高通	生产	骁龙888
iQOO 7	上市时间	2021年01
iQOO 7	类型	手机
vivo	类型	公司
高通	类型	公司
骁龙888	类型	芯片

表1 三元组示例表

支持RDF模式的数据库，以及近几年的趋势排名（参考DB-Engines排名），如图3所示。MarkLogic位于榜首，但它是闭源的，开源的Virtuoso和Jena紧随其后。

关系数据模式

关系型数据库历史悠久，目前仍然是行业的主流数据库选项，使之成为较成熟且成本较小的选择。此外，许多领域知识图谱的数据来源通常是企业内部的ERP数据，包括图1示例中的手机参数信息，这些原始数据通常采用关系数据库存储。直接复用原有的关系数据模式，意味着存储不需要任何迁移和转换，只需调整上层业务逻辑即可。但也有相应的劣势，那就是关联查询代价较大，关系查询复杂，多跳查询频繁，效率低，下文会详细讨论该问题。

对于关系数据模式，常用的方案是采用类型表进行存储（可以思考一下，如果用三个列的表直接存储三元组有

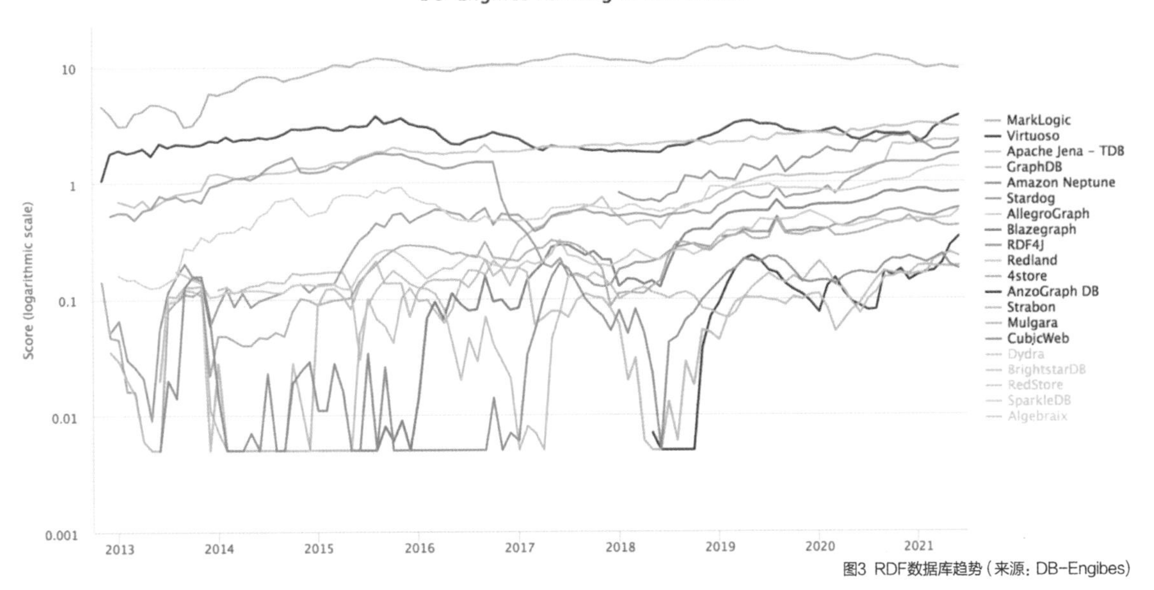

图3 RDF数据库趋势（来源：DB-Engibes）

什么优劣）。以表1中iQOO 7的子图数据为例，若采用关系数据模式进行存储，将会形成表2～表5共4张类型表，每张表代表不同类型的实体，包括智能手机、芯片厂商、芯片和手机厂商。而实体间的关系则通过外键进行关联，如回答“哪款手机用的是骁龙888？”需要将智能手机表和芯片表通过“搭载芯片”字段进行表连接操作，再查找“骁龙888”对应的手机名称是什么。如果要实现“iQOO 7用的是哪家公司的芯片？”答案的查询，则需要智能手机表、芯片表、芯片厂商表三表关联。

id（主键）	name	搭载芯片（外键）	上市时间	生产厂商
p_01	iQOO 7	h_01	2021年1月	f_01

表2 智能手机表

id（主键）	name	生产（外键）
c_01	高通	h_01

表3 芯片厂商表

id（主键）	name	生产厂商
h_01	骁龙888	c_01

表4 芯片表

id（主键）	name
f_01	vivo

表5 手机厂商表

典型的开源关系数据库包括MySQL和PostgreSQL等，相信大家都较为熟悉，这里不再展开。

属性图模型

属性图模型（Property Graph Model）是图数据库的基本数据模型，直观上也更加符合图谱的基本形态。它基于节点、关系、属性三个要素来存储数据，结合图1的示例我们来了解一下这三个要素。

- 节点：对应知识图谱中的实体，如iQOO 7节点。节点可以用若干标签（label）进行标记，如iQOO 7节点的类型为“手机”。同时，在节点上，还可以存储实体的若干属性。
- 关系：刻画实体与实体之间的连接，如iQOO 7节点与vivo节点通过“生产”关系相连。关系必须是有方向的，即vivo生产了iQOO 7。关系上也可以存储属性，由此可以发现这样的数据刻画方式超越了普通三元组的表达能力，可以刻画n元组。
- 属性：由若干键-值对数据组成，如iQOO 7的“上市时间”（键）为“2021年01”（值）。
- 结合图4，可以对属性图中的元素有一个更加直观的了解。一个属性图犹如一个画板，上面可以包含两种类型的元素对象，即节点和关系。直观来看，一个属性图是由若干个节点和若干关系组成的，而关系则将节点组织关联起来。再往下深入，一个节点上可以存储标签和属性，一个边关系上可以存储关系类型和属性。

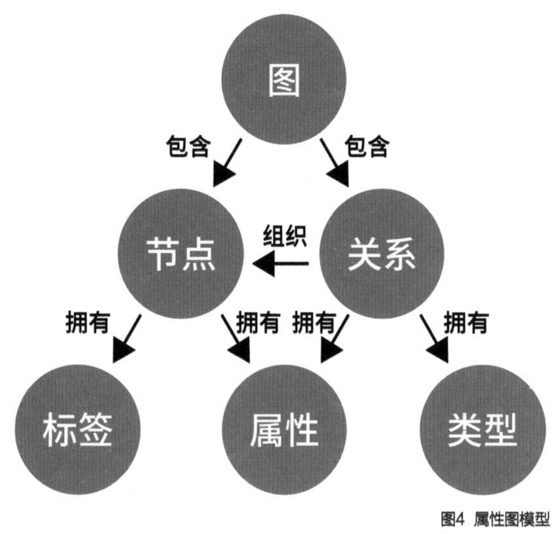

图4 属性图模型

批量导入效率

我们的手机问答业务中的一个常见问题是：“最新的旗舰机型是什么？”

类似这样的问题，需要我们对知识图谱中的数据进行及时更新。数据的更新效率对于数据库的选型是一个很大的影响因素，它可以分为大批量数据导入和小批量增量更新。知识图谱的规模对于图谱更新问题影响较大，领域图谱的规模往往较小，数据增速也一般，但通用知识图谱的规模往往较大，且数据规模增长较快。典型的通用知识图谱如DBpedia，目前包含14.5亿的关系和2.2亿实体，平均每个实体约7条边关系。而对于小规模的图谱数据，大部分数据库均能提供较好的支持，因此这里主要考虑中等规模和超大规模的情况，我们选取两个现有评测结果进行参考和分析。

中等规模的导入评测来自TigerGraph团队。测试数据集为Graph500，其实体数量为240万，关系数量为6700万，包含四部分时间消耗统计：

- edge，关系导入时间。
- vertex，节点导入时间。
- vertex file prep，节点生成时间，节点导入前的前处理过程。
- index，索引时间，主要为Neo4j会默认创建索引来加速后续查询。

测试结果见5，单位为秒，TigerGraph和Neo4j的效率相对较高。测试结论仅供参考，例如Neo4j其实可以采用更快的batch inserter方式进行批量导入。

项目	TigerGraph	Neo4j	Neptune1	Neptune2	JanusGraph	ArangoDB.m	ArangoDB.r
edge	56.0	37.3*	1,571.0	1,052.0	574.6	599.6	944.9
vertex	-	-*	45.0	30.0	43.9	11.5	44.5
vertex file prep	-	54.4	93.2	93.2	54.4	54.4	54.4
index	-	7.99	-	-	-	-	-
total	56.0	99.7	1,709.2	1,175.2	672.9	665.5	1,043.8
relative	**1**	**1.8**	**30.5**	**21.0**	**12.0**	**11.9**	**18.6**

图5 图数据库评测–中等规模数据导入效率

另一个是超大规模数据量导入，来自美团团队。评测数据集采用的是社交图谱LDBC，它包含4类共计26亿的实体，以及19类共计177亿的关系数量。与TigerGraph团队评测的主流图数据库不同，由于是超大规模数据，数据库本身便存在一定的要求，包括：

- 项目开源，能够操控源代码。
- 具备集群模式，具备存储和计算的横向扩展能力。
- 具备毫秒级多跳查询能力。
- 具备批量数据导入能力，能够从Hive等数仓中导入。

评测结果见表6，Nebula数据库的效果最佳，结果仅供参考。

自顶向下的应用驱动

基于应用侧的数据库选型考量，主要考虑主流OLTP场景的实时查询效率和复杂场景的混合方案，其他方面则可以考虑数据库对于大图计算的支持、可视化的支持、查询语言是否通用便捷等。例如可视化的需求在智能客

数据库	导入方式	导入耗时	导入前占用（gziped）/GB	导入后占用/GB	存储放大比/倍	节点存储均衡
Nebula	Hive→sst file	3h	194	518	2.67	176GB/171GB/171GB
	sst file→DB	0.4h				均衡
Dgraph	Hive→rdf file	4h	4.2	24	5.71	1GB/1GB/22GB
	rdf file→DB	8.7hOOM中断	数据无法全部导入仅统计用户关系			偏斜
HugeGraph	Hive→csv	0h	4.2	41	9.76	11GB/5GB/25GB
	csv→DB	9.1h磁盘满中断	数据无法全部导入仅统计用户关系			偏斜

表6 图数据库评测-超大规模数据导入效率

服的人工干预场景下有较大需求。

查询效率

无论是何种知识图谱的应用，数据库的查询效率都是首要的考虑因素。知识图谱的查询具有一定特点，即关系查询较多。关系查询可以是多跳的，例如以下手机问答场景的示例："和iQOO 7用一样芯片的还有哪款手机？"

上述例子可以解析为一个"2跳查询"，通过"iQOO 7"节点找到其对应的芯片节点X，再通过芯片节点X查找其相关的手机节点，并返回所有除iQOO 7的其他手机名称。

在一些复杂应用场景下，多跳查询的深度将会进一步加大，此时关系数据库的劣势就会显现，见表7。当查询的深度扩大到3跳时，耗时就已基本不可接受。与之相反，由于图数据库采用链表的结构将节点联系起来，使得它处理多跳查询具有天生的优势，从示例评测结果中也可以看到图数据库在5跳时的查询耗时还是可以接受的。

深度	关系型数据库的执行时间/s	Neo4j的执行时间/s	返回的记录条数
2	0.016	0.01	~2500
3	30.267	0.168	~110000
4	1543.505	1.359	~600000
5	未完成	2.132	~800000

表7 MySQL与Neo4j的多跳查询耗时比较

对于主流数据库，我们可以参考ArangoDB在2018年给出的查询耗时评测，如图6所示。其中single read是读取一个节点所需的耗时；aggregation统计某个值在整个图谱中的出现次数；shortest统计两点最短路径耗时；neighbors统计2跳查询耗时；neighbors data为2跳查询耗时加节点数据查询耗时；memory为测试时的最大内存消耗。每项的最优结果可参考绿色单元格，例如Neo4j可以先进行预热加快数据读取效率。

混合数据库方案

知识图谱的应用场景通常较为复杂，涉及较多的语义理解，有时候单一的存储模式或数据库是无法满足所有需求的，此时便需要多种类型的数据库存储系统搭配使用。这里我们介绍一下两个数据库在手机问答中的应用，他们分别是键值型数据库Redis和全文索引数据库Elasticsearch。参考以下问句示例："艾酷7用的是哪家公司的芯片？"

可以发现与之前的问句示例不同，上述例子出现的是正式型号"iQOO 7"的中文表述"艾酷7"。一个实体往往有多种表述方式，这个问题被定义为实体链接，解决实体的一个表述如何映射到知识图谱中的唯一实体问题。一种策略是枚举该实体的所有别名，建立别名到知识图谱中该实体标准名称的映射关系，见表8。

这种映射关系的数据结构较为简单，但线上的查询耗时要求比较苛刻，同时还要快速增加新的别名或修改已有别名的映射，因此采用键值型内存数据库Redis是一个很好的选择。

再看另一个手机问答示例："iQOO 7可以在哪里购买?"

这个例子可以解析为查询三元组(iQOO 7，购买途径)，

NoSQL Performance Bechmark 2018
Absolute & normalized results for ArangoDB, MongoDB, Neo4j and OrientDB

项 目	single read /s	single write /s	single write sync /s	aggregation /s	shortest /s	neighbors 2nd /s	neighbors 2nd data /s	memory /GB
ArangoDB 3.3.3 (rocksdb)	100%	100%	100%	100%	100%	100%	100%	100%
	23.25	28.07	28.27	01.08	0.42	1.43	5.15	15.36
ArangoDB 3.3.3 (mmfiles)	102.16%	102.55%	103.89%	102.40%	816.06%	122.07%	99.32%	92.87%
	23.76	28.79	29.37	1.10	3.40	1.75	5.12	14.27
MongoDB 3.6.1 (Wired Tiger)	422.38%	1123.36%	1652.09%	136.65%		518.83%	192.88%	50.64%
	98.24	315.33	466.99	1.47		7.42	9.94	7.70
Neo4j 3.3.1	153.65%		149.37%	203.45%	199.94%	208.96%	214.22%	240.68%
	35.73		43.22	2.18	0.83	2.99	11.04	37.00
PostGres 10.1 (tabular)	231.17%	129.03%	127.70%	29.62%		307.96%	76.87%	26.68%
	53.77	36.22	36.10	0.32		4.41	3.96	4.10
PostGres 10.1 (jsonb)	135.96%	104.34%	101.55%	204.55%		292.57%	126.14%	35.36%
	31.62	29.29	28.70	2.20		4.19	6.50	5.43
OrientDB 2.2.29	198.84%	110.37%		2526.29%	12323.67%	636.45%	400.97%	107.04%
	46.25	30.98		27.19	51.34	9.11	20.67	16.45

图6 图数据库性能评测

键（key）	值（value）
艾酷7	iQOO 7
iQOO7	iQOO 7
艾酷七	iQOO 7

表8 实体别名映射表示例

但“购买途径”这个关系对应的知识可能还未在知识图谱中显性存储，而是以客服QA对的方式作为一种待挖掘的原始数据，通过关系抽取等技术进行挖掘后才能进入知识图谱。这个过程的周期可能较长，是否存在一种中间的解决方案呢？通过全文索引数据库Elasticsearch，可以实现针对问句的模糊搜索和相关度排序。

表9中，左列是问题，右列则是左列问题对应的正确回答，那么对于一部分手机问答场景的问题，可以直接匹配与之相似的已有问题，输出对应的标准答案。另一方面，问句还进行了一定泛化，如“iQOO 7”被替换为了“[手机名称]”，以支持更多手机型号的相似问题查询。

问题（Question）	答案（Answer）
[手机名称]可以在哪里购买	vivo官方商城、线下门店均可购买，以下是官网购买链接
去哪里可以买到[手机名称]	vivo官方商城、线下门店均可购买，以下是官网购买链接
给我个[手机名称]的购买链接	vivo官方商城、线下门店均可购买，以下是官网购买链接

表9 相似度查询问答库示例

总结

基于以上分析，我们现在可以回答“知识图谱必须要上图数据吗？”这一问题，答案是短期内不一定，甚至传统的关系型数据库足矣，但长远看图数据库更适合知识图谱。对于个人或企业，提前布局图数据库并采用混合的策略将会是更好的选择。

总体来看，轻量级应用使用关系型数据库，重量级应用使用图数据库，复杂业务场景用混合方案。图数据库品类繁多，按照DB-Engines的排名选择不会错，但不存在通用的完美解，各个数据库各有优劣，最终需要根据自有的数据类型和应用场景，综合考虑存储模式、数据的规模、知识更新、性能要求、可视化需求等，选择合适的数据库。

张凯

vivo机器翻译工程组组长，华东师范大学硕士，主要研究方向包括知识图谱、自然语言处理、对话系统、推荐系统、机器翻译等，拥有多年算法落地经验。业内首本聊天机器人专业书籍作者之一。主导构建了开放通用知识图谱《七律》，参与编写发布了《知识图谱评测标准》以及国内首份《知识图谱白皮书》。

面向AI的通用向量数据库系统设计及实践

文 | 郭人通　栾小凡　易小萌

现代数据应用面临着这样一种窘境，占比不到20%的传统结构化数据，具备丰富且成熟的基础软件栈，但超过80%的非结构化数据还存在着巨大空洞。基于此，本文针对传统数据分析手段挖掘非结构化数据的痛点，进行了面向AI的通用向量数据库系统设计、实践，及其当前主要技术挑战的探讨。

AI时代的数据变革

随着5G、IoT技术的高速发展，各行业都在着手构建丰富的数据采集通路，我们正在把现实世界更加立体地投射到数字空间。这给产业升级带来了巨大红利，同时也带来了严峻挑战。其中最棘手的一个问题就是，如何深入地理解这些“新数据”？

据IDC统计，在2020年这一年中，全球共产生了超过40,000 Exabytes的新数据。其中，80%以上都是非结构化数据，结构化数据占比不到20%。结构化数据的主要单元是数值与符号，数据类型高度抽象且易于组织。基于数值运算与关系代数，可以轻松地对结构化数据进行分析。与之相比，非结构化数据在数据形态和语义内容等方面都表现得异常丰富，常见的类型包括文本、图像、音频、视频，也包括领域相关的类型，如病毒代码、社交关系、时空数据、化合物结构、点云等。

传统的数据分析手段难以挖掘非结构化数据中所蕴含的信息，也没办法对这些信息进行统一的表示。幸运的是，我们现在同时经历“非结构化数据”与“人工智能”两场变革，各类神经网络为我们提供了理解非结构化数据的途径。如图1所示，通过神经网络，可以有效地将非结构化数据中的信息编码成向量。

Embedding这类技术由来已久，在Word2vec出现后迅速流行起来。发展到现在，“万物皆可Embedding”这种讲法已经大行其道。这样，就出现了两个主要的数据层。底层是原始数据层，包括非结构化数据和部分结构化数据。通过各类神经网络的Embedding，在原始数据层之上又形成了一个新的数据层，这个数据层中的信息主要以向量的方式存在。

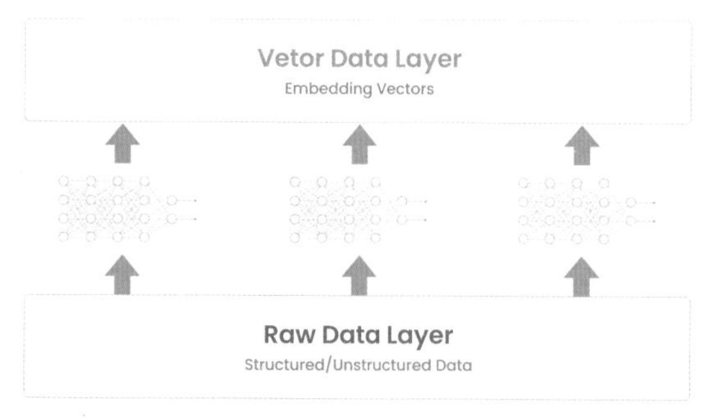

图1 数据结构化过程

向量化的数据层具有一系列很好的性质：

- Embedding向量是一种抽象的数据类型，针对抽象的数据类型可以构建统一的代数系统，从而避免非结构化数据丰富的形态所带来的复杂性。
- Embedding向量的物理表示是一种稠密的浮点数向量，这有助于利用现代处理器的SIMD能力提升数据分析速度，降低平均算力成本。
- Embedding向量这种信息编码形式，通常比原始的非结构化数据要小得多，占用存储空间更低，并能提供更高的信息传输效率。

■ Embedding向量也有与其对应的算子系统，最常用的算子是语义近似匹配。图2给出了一个跨模态语义近似匹配的例子。需要注意的是，图中给出的是匹配的结果。在具体运算过程中，文字和图片都会被映射到同一个Embedding Space，在这个空间内进行向量化的语义近似分析。

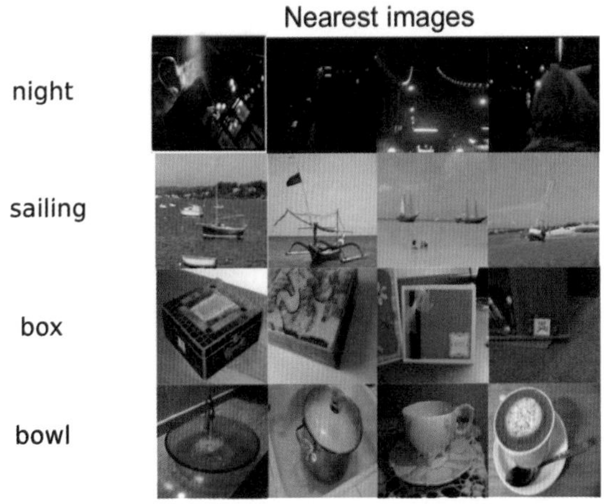

图2 基于多模态神经语言模型的可视化语义嵌入

除此之外，还有语义上的加法操作，如图3所示的例子。

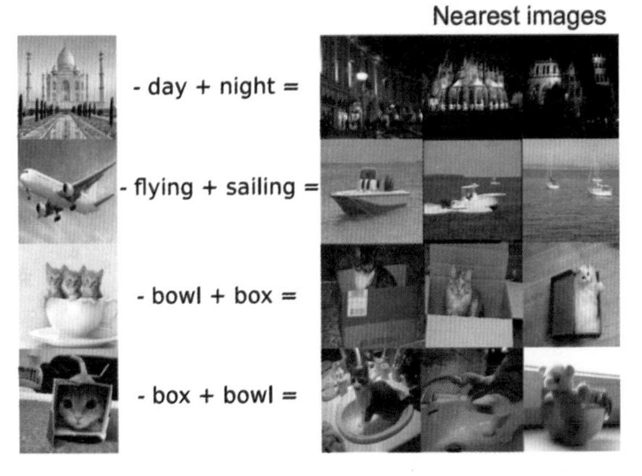

图3 基于多模态神经语言模型的统一化视觉语义嵌入

除了上述玩具性的功能，在实际应用场景中，这些算子还可以支持很复杂的查询语句。推荐系统是一个比较典型的例子，它所用到的数据主要是用户行为、内容两大类。通常会对每个内容及用户的浏览偏好进行Embedding，通过对用户偏好与内容间的向量进行语义相似度分析，就可以回答这样的查询语句："一个用户在刷下一批新的内容时，哪些是他（她）现在最想看的？"除此之外，向量数据层上的应用还包括电商、病毒代码检测、数据去重、生物特征验证、化学分子式分析、金融、保险等。

非结构化数据需要完善的基础软件栈

数据应用的基础是系统软件，在过去半个多世纪里，我们所构建的数据系统软件，如数据库、数据分析引擎等，主要都是面向结构化数据。但从上文列举的应用场景不难看出，新兴的应用将以非结构化数据为基础，并以AI作为运算手段。这些数据基础与运算手段，在传统的数据基础软件的构建过程中还未出现，因此这些内容也很难被考虑到系统的设计中。

现代的数据应用面临了这样一种窘境——面向占比不到20%的传统结构化数据，我们拥有丰富且成熟的基础软件栈；但对于超过80%的非结构化数据，基础软件的探索才刚刚开始，在产业界的数据应用中出现了巨大的基础软件空洞。

为了应对这个问题，我们研发出了一个面向AI的通用向量数据库系统，命名为Milvus并将其开源（见参考资料1～2）。与传统的数据库系统相比，它作用于不同的数据层。传统的数据库，如关系数据库、KV数据库、文本数据库、图像/视频数据库都作用于原始数据层，而Milvus则作用于其上的向量化数据层，解决Embedding向量的存储与分析问题。

在后续内容中，我们将结合自身在项目中的思考及实践经验，和大家聊一聊这种面向AI与非结构化数据的向量数据库应该具备哪些特性、需要怎样的系统架构，以及面临着哪些技术挑战。

向量数据库的主要特性

向量数据库，顾名思义，首先解决的是向量存储、检索和分析的问题。其次，作为一个数据库，需要提供标准的访问接口和数据插入查询删除更新的能力。除了这些“标准”的数据库能力外，一个好的向量数据库还应该具备以下特性：

■ **高效支持向量算子。**

分析引擎中对向量算子的支撑主要在两个层面。首先是算子类型，如上述的“语义相似性匹配”“语义上的加法”等算子，其次是对相似性度量的支持。向量算子在底层执行的过程中，需要对“相似性”进行有效度量。这种相似性通常会被量化到空间上数据之间的距离，常见的距离量化方式包括欧式距离、余弦距离、内积距离等。

■ **向量索引能力。**

相比传统数据库基于B树、LSM树等结构索引，高维向量索引往往计算量更大，属于计算密集型场景。在索引算法层面，多采用聚类、图等技术。在运算层面，以矩阵运算、向量为主。因此，充分挖掘现代处理器的向量加速能力，对于降低向量数据库的算力成本至关重要。

■ **跨部署环境的一致使用体验。**

向量数据库通常会有不同的部署环境，这是由数据科学流程决定的。在前面阶段，数据科学家、算法工程师用系统主要是笔记本或工作站，因为他们关注验证速度和迭代速度。验证好后需要部署，这就对应着私有集群或云上的大规模部署。因此，需要在不同的部署环境中都能让系统具备良好的表现。

■ **支持混合查询。**

近年来，随着向量数据库的不断发展，越来越多的新需求涌现出来。其中最常见的一个需求就是其他数据类型和向量混合查询，比如基于标量过滤后再执行最近邻查询，基于全文检索和向量检索相结合的多路召回，以及时空时序数据和向量数据的结合。这要求向量数据库具备更加灵活的扩展能力以及更智能的查询优化，使向量引擎可以与KV引擎、文本检索引擎等进行高效协作。

■ **云原生。**

随着非结构化数据规模快速增长，向量数据的体量也在不断增长，千亿规模的高维向量对应着数百TB级别的存储，这种存储规模远远超过了单机所能承担的范围。因此，横向扩展能力对于向量数据库而言也就变得非常重要。一个成熟的向量数据库应该满足用户对弹性和部署敏捷性的要求，借助云基础设施降低系统运维的复杂度，提升可观测性。此外，用户对多租户隔离、数据快照和备份、数据加密、数据可视化等传统数据库能力也提出了越来越高的需求。

向量数据库的系统架构

目前，Milvus已演进至2.0版本，其设计遵循日志即数据、流批一体、无状态化和微服务化的准则，整体架构设计如图4所示。

首先我们来看日志即数据，在2.0版本中没有维护物理上的表，而是通过日志持久化和日志快照来保证数据的可靠性。日志系统作为系统的主干，承担了增量数据持久化和解耦的作用。通过日志的发布-订阅机制，将系统的读、写组件解耦。如图5所示，整个系统主要由两个角色构成，分别是“日志序列（Log Sequence）”与“日志订阅者（Log Subscriber）”。其中“日志序列”记录了所有改变库表状态的操作，“日志订阅者”通过订阅日志序列更新本地数据，以只读副本的方式提供服务。发布-订阅机制的出现也给系统预留了很大的拓展空间，便于Change Data Capture（CDC）、全球部署等功能的拓展。

再看流批一体化，借助日志流实现数据的实时更新，保证数据的实时可达。再将数据批量转换成日志快照，通过对日志快照构建向量索引实现更高的查询效率。查询时，通过合并增量数据和历史数据的查询结果，保证用户可以获取完整的数据视图。这种设计较好地满足了实时性和效率的平衡，降低了传统Lambda架构下用户维护离/在线两套系统的负担。

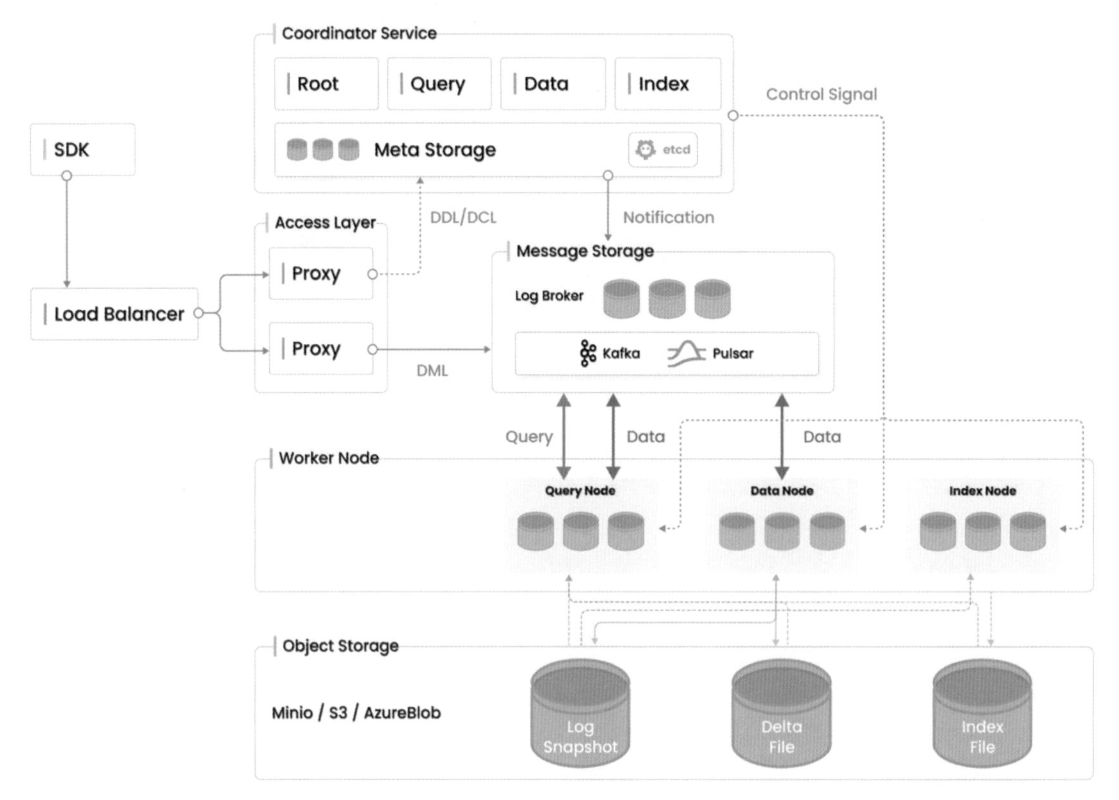

图4 向量数据库整体系统架构设计图

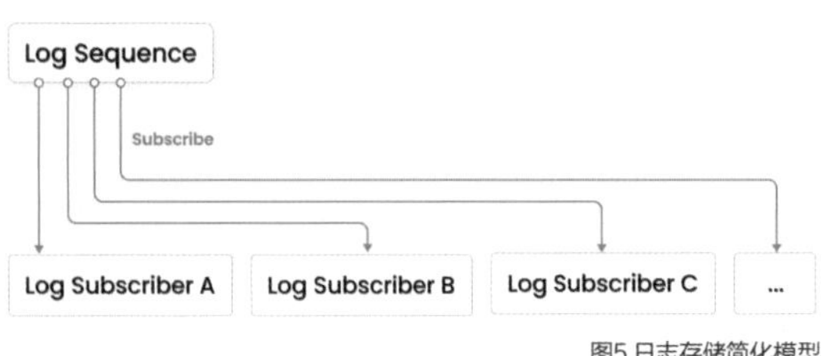

图5 日志存储简化模型

第三个设计准则是无状态化。借助云基础设施和开源存储组件，实现自身组件不需要保证数据的持久化。当前，Milvus的数据持久化依赖三种存储，分别为元数据存储、消息存储和对象存储。常见的元数据存储如Etcd、Zookeeper，主要负责元信息的持久化和服务发现、节点管理。消息存储如Kafka、Pulsar，主要负责增量数据的持久化和数据的发布订阅。对象存储如S3、Azure Blob、MinIO，主要负责用户日志快照、索引以及一些中间计算结果的存储。

最后是微服务化，其严格遵循数据流和控制流分离、读写分离、离线和在线任务分离。整体分为四个层次，分别为接入服务、协调服务、执行服务和存储服务。各个层次相互独立、独立扩展和容灾。接入层作为系统的门面，主要负责处理客户端链接，进行请求、检查和转发。协调服务作为系统的大脑，负责集群拓扑管理、负载均衡、数据声明和管理。执行节点作为系统的四肢，负责执行数据更新、查询和索引构建等具体操作。存储层作为系统的骨骼，主要负责数据本身的持久化和复制。微服务化的设计保证了可控的复杂度，每一个组件专注于相对单一的功能。通过定义良好的接口清晰地表述服务边界，更细粒度的拆分也有利于更加灵活的扩展和更精确的资源分配。

向量数据库的技术挑战

在向量查询领域，以往的研究工作主要专注于高效率向量索引结构和查询方法的设计，与之相对应的业界主流产品为各式各样的向量搜索算法库（见参考资料3~5）。近年来，越来越多的学者和业界团队开始从系统设计的角度去审视和思考向量查询问题，并逐渐产生了一些针对向量搜索问题系统化的解决方案。通过对现有工作以及用户需求的总结，大致可以将向量数据库系统的主要技术挑战分为以下三个方面。

■ **针对负载特性的成本—性能优化。**

一方面，由于向量数据的高维特性，其分析过程相对传统数据类型具有更高的存储和计算成本。另一方面，不同用户的向量查询负载特性以及成本-性能偏好往往是不尽相同的。例如，部分用户的数据规模巨大，达到了百亿甚至千亿级别。此类用户通常需要较低成本的数据存储方案，同时能够容忍一定的查询延迟。另外也有一些用户对查询性能非常敏感，通常要求单条查询的延迟稳定保持在若干毫秒。为了满足不同用户的偏好，向量数据库的核心索引组件需要有能力将索引结构和查询算法与不同类型的存储和计算硬件进行适配。

例如，为了降低存储成本，需要考虑将向量数据和索引结构存储在比内存更为廉价介质中（如NVM和SSD）。然而，现有的向量搜索算法几乎都是基于数据可以完全驻留在内存中设计的。为了尽量避免使用NVM或SSD带来的性能损失，需要结合搜索算法充分挖掘和利用数据访问局部性，并结合存储介质特性对数据和索引结构的存储方式进行调整（见参考资料6~8）。对于查询性能敏感的用户，目前主流的探索方向为使用GPU、NPU、FPGA等专有硬件加速查询过程（见参考资料9）。然而，不同加速硬件和专有芯片的结构设计均不相同，如何结合这些硬件的特性对于高效执行向量索引请求来说仍是一个尚未良好解决的问题。

■ **智能化系统配置与调优。**

现有的几种主流向量查询算法都是在存储成本、计算性能以及查询准确度之间寻求不同的平衡点，算法的实际表现通常由算法参数和数据特性共同决定。考虑到用户对于向量查询成本和性能要求的差异性，如何针对用户需求以及数据特性为其选择合适的向量查询方法便成为了一个重要问题。

然而，由于向量数据的高维特性，使得人工方法通常难以有效分析数据分布特性对查询算法的影响。针对这一问题，学术界和工业界目前主要尝试使用基于机器学习的方法为用户推荐合适的算法配置（见参考资料10）。

另一方面，结合机器学习技术的智能向量查询算法设计也是研究的一个热门话题。当前的向量查询算法通常是在假设不知道向量数据特性的情况下设计的，这类算法具有较强的通用性，能够应对不同维度数量、不同分布类型的向量数据。相应地，它们无法根据用户数据的特性进行针对性的索引结构设计，也就无法进一步挖掘和利用其中的优化空间。如何使用机器学习方法有效地为不同用户数据量身定制索引结构是一个值得探索的重要问题（见参考资料11~12）。

■ **对丰富查询语义的支持。**

随着各行各业数字化进程逐渐成熟，现代应用对数据的查询逻辑呈现出了多样化和多元化的趋势。一方面向量数据查询语义在不同应用中存在多样性，正逐渐超越传统近邻查询的范畴；另一方面，对于多个向量数据联合搜索，以及向量数据和非向量数据的综合查询需求也在逐渐产生（见参考资料13）。

具体而言，一方面，对于向量数据查询，向量相似性的评价指标变得更加多样。传统的向量查询通常以欧式距离、内积以及余弦距离作为向量的相似度指标。随着AI技术在各行各业的普及，一些领域特定的向量相似指标，如谷本距离、马氏距离以及用于计算化学分子超结构和子结构的距离指标正逐渐涌现。如何在现有的查询算法中有效地支持这些评价指标或相应地设计新型的检索算法成为了亟待研究的重要问题。

另一方面，随着用户业务的日益复杂，应用中对数据的查询通常包含了多个向量数据和非向量数据。例如，在为用户进行内容推荐时，通常需要结合用户个人的兴趣特征、用户的社交关系以及当前的热门话题进行综合性分析和选择。此类查询通常需要结合多种数据查询方法，甚至通过多个数据处理系统交互完成，如何高效灵活地支持此类查询也是一个具有重要研究价值的问题。

郭人通
Zilliz合伙人、研发总监，华中科技大学计算机软件与理论博士，CCF分布式计算与系统专委会委员。主要工作领域为数据库、分布式系统、缓存系统、异构计算，相关研究成果在SIGMOD、USENIX ATC、ICS、DATE、IEEE TPDS等国际顶级会议与期刊上发表。目前致力于探索面向AI的大型数据库系统技术，是Milvus项目的系统架构师。

栾小凡
Zilliz合伙人、工程总监，LF AI & Data基金会技术咨询委员会成员，康奈尔大学计算机工程硕士。他先后任职于Oracle美国总部、软件定义存储创业公司Hedvig、阿里云数据库团队，曾负责阿里云开源HBase和自研NoSQL数据库Lindorm的研发工作。

易小萌
Zilliz高级研究员、研究团队负责人，华中科技大学计算机系统结构博士。主要工作领域为向量近似搜索算法和分布式系统的资源调度，相关研究成果在IEEE Network Magazine、IEEE/ACM TON、ACM SIGMOD、IEEE ICDCS、ACM TOMPECS等计算机领域国际顶级会议与期刊上发表。

参考资料

[1]Milvus Project: https://github.com/milvus-io/milvus

[2]Milvus: A Purpose-Built Vector Data Management System, SIGMOD'21

[3]Faiss Project: https://github.com/facebookresearch/faiss

[4]Annoy Project: https://github.com/spotify/annoy

[5]SPTAG Project: https://github.com/microsoft/SPTAG

[6]GRIP: Multi-Store Capacity-Optimized High-Performance Nearest Neighbor Search for Vector Search Engine, CIKM'19

[7]DiskANN: Fast Accurate Billion-point Nearest Neighbor Search on a Single Node, NIPS'19

[8]HM-ANN: Efficient Billion-Point Nearest Neighbor Search on Heterogeneous Memory, NIPS'20

[9]SONG: Approximate Nearest Neighbor Search on GPU, ICDE'20

[10]A demonstration of the ottertune automatic database management system tuning service, VLDB'18

[11]The Case for Learned Index Structures, SIGMOD'18

[12]Improving Approximate Nearest Neighbor Search through Learned Adaptive Early Termination, SIGMOD'20

[13]AnalyticDB-V: A Hybrid Analytical Engine Towards Query Fusion for Structured and Unstructured Data, VLDB'20

湖仓一体，金融行业分布式数据库实践

文 | 许建辉

分布式数据库的未来已来，其应用领域之一的金融行业已实现规模化生产落地。在此过程中，如何充分发挥技术特性，助力金融业务发展，是研发团队考虑的重点。作为国内金融级分布式数据库的代表，巨杉数据库的合伙人兼研发VP许建辉将分享自己的行业实践经验并介绍分布式数据库的三个演进趋势。

不久前，人们在谈论分布式数据库等技术时，经常用“未来”等词语描述这一新技术的应用前景，但如今回头看去，才发现“未来已来”！在此过程中，分布式数据库应该如何在企业中正确落地，一直是业界讨论的焦点问题。在国内，大部分用户在第一次了解分布式数据库后，通常首先会问“分布式数据库是否能替换Oracle？”然而，从全球数据量发展的方向来看，分布式数据库的爆发性增长，主要集中在基于数字化创新的多样化业务场景。

基于“替换”的思维永远无法“超越”

实际上，分布式数据库的设计初衷是解决全新的实际业务问题，即在传统数据库无法满足的业务场景中，与用户一同迎接数字化转型的机遇和挑战，并非为了单纯替换某个原有系统。时至今日，传统关系型数据库虽然在核心交易等领域深耕了40多年，但大部分纯交易场景不论在数据量还是商业模式上都没有本质变化，其业务扩展空间十分有限。但是，在企业的数字化转型过程中，数据量会随着业务发展快速膨胀，其在形成全新业务需求的同时，也为数据库带来了新的市场机遇。

相比传统关系型数据库，分布式数据库在提供ACID事务一致性能力的同时，也拥有更为灵活的扩展能力。面向海量数据弹性扩展的新兴业务需求，“选择分布式数据库”成为行业中应用分布式架构的最佳实践。换言之，使用分布式数据库技术逐步迭代，渐渐渗透进传统业务领域成为新的数据核心场景，将最终发展为企业优先选择的落地方案。所以，分布式数据库的星辰大海绝不仅仅在于对传统关系型数据库的简单替换，如果只为了使用和推广新技术而对固有架构进行替换，将会面临极大的技术风险与挑战。

从四方面谈分布式数据库在金融行业的落地实践

上文提到，分布式数据库的爆发性增长，主要集中在基于数字化创新的多样化业务场景，为什么这么说？自20世纪70年代末关系型数据库诞生，Oracle、Db2等数据库走过了40多年的发展历程，而对于其核心业务场景——交易型业务来说，已经基本做到了业界极致。然而，在支持各类中台系统、微服务数据融合管理、海量数据实时访问以及非结构化数据在线处理等方面，传统交易型数据库已明显力不从心。因此，分布式数据库落地的有效方式，是在各类海量数据新业务场景中，充分发挥分布式数据库技术特性，再逐步将分布式技术推向核心业务。下面以金融银行业的数字化转型实践进行说明（见图1）。

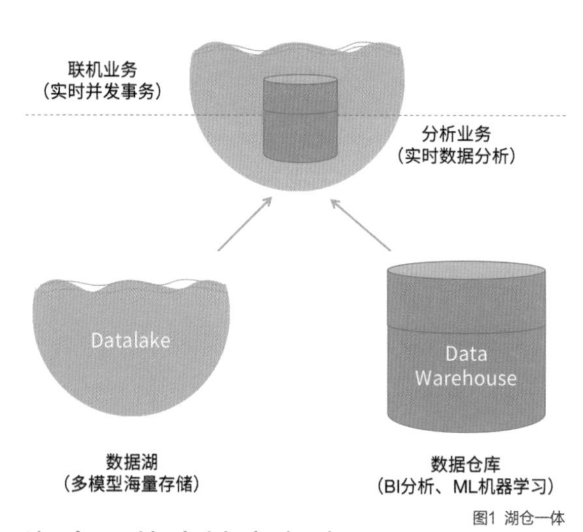

图1 湖仓一体

湖仓一体支撑中台建设

“中台”一词当前在市场上褒贬各半，很多时候已经被滥用。实际上，其核心意义是通过提取业务及数据的通用能力，提升研发效率及数据的复用效率，避免大量的重复开发及冗余。从数据库的角度看，支撑“中台”系统的数据库技术，需要支持海量数据的存储及并发访问。同时“中台”背后通常会包括：结构化、半结构化、非结构化数据类型，国际上尚没有直接与其对标的数据库技术体系，最为贴近的应该是“湖仓一体（Lakehouse）”，其主要产品可以分为数据湖与计算引擎两大核心模块。

什么是湖仓一体？

■ 湖：这里提到的“湖”并不是指仅仅提供存储能力的分布式存储，我们需要的是“联机数据湖（Operational Data Lake）”，需要同时满足结构化、半结构化、非结构化的存储，及符合ACID要求的SQL、NoSQL的处理能力。

■ 仓：提供基于SQL的高性能数据分析能力，可以应对各类实时查询，同时面向如AI、ML机器学习方面提供基于非结构化数据处理的灵活接口。

■ 一体：指数据一体化、接口一体化、管理一体化，以统一的产品形态，避免数据在不同的数据库中来回移动，数据一次写入，多接口多引擎可用，达到提升研发“人效”及数据存储处理“能效”的双重目标。

图2中，我们展现了在金融银行业务中，基于“湖仓一体（Lakehouse）”的应用架构。我们可以看到，非结构化数据与结构化数据通过统一的平台进行有效管理，在结构化数据存储区域，客户可以面向不同的业务需求提供细分的数据服务。各类中台业务，可以按需求通过SQL、NoSQL或Object对象处理API对统一的数据源进行操作，结构化及半结构化数据的ACID特性将由数据库统一保障。

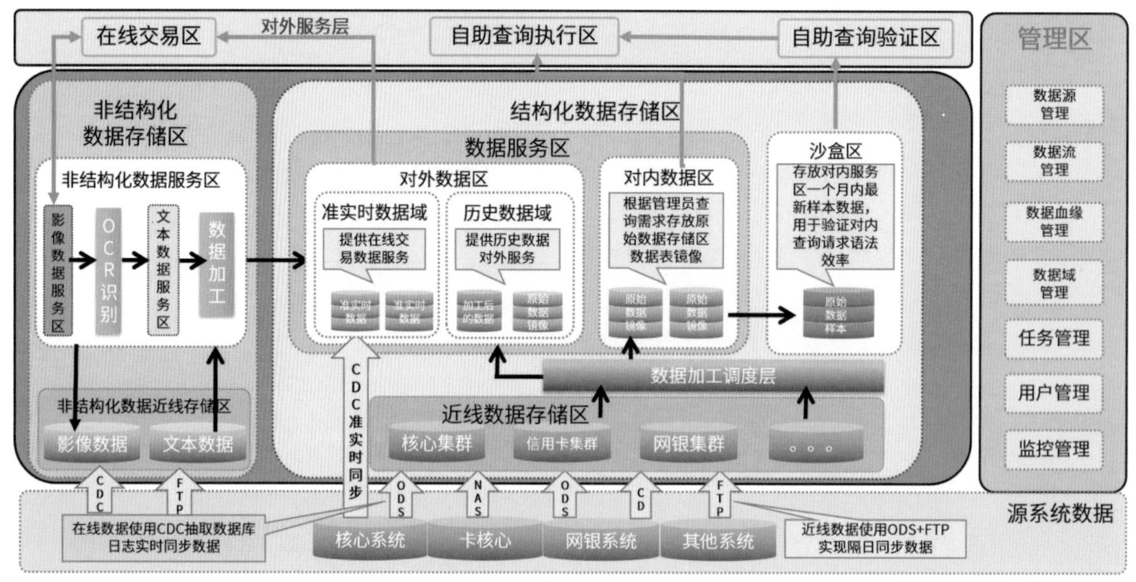

图2 基于“湖仓一体”的应用架构

微服务数据融合管理

当前，微服务应用开发架构逐渐成为业界的主流趋势之一，传统的“一对一”架构往往被拆散成几十上百个微服务模块，甚至还可能需要使用独立的数据库实例服务，导致近年来企业内部的数据库实例数量呈现井喷式增长态势（见图3）。

分布式数据库的出现可以很好地解决数据库实例批量管理中扩展困难、维护困难等问题。此外，借助引擎级多模技术，分布式数据库可以基于同一份数据支撑多种数据库引擎的联机交易，并通过跨引擎事务一致性能力，为客户打通微服务架构下异构数据源的ACID特性。基于上述特点，分布式数据库比传统数据库更有利于微服务化改造，进而帮助企业打通底层数据，降低数据的存储及管理成本，同时助力研发团队进行DevOps持续交付，提升产品研发效率。

在金融银行业务中，ACID事务一致性至关重要，这是保障数据可靠性的必要手段。微服务开发过程中，为了给不同的团队提供更灵活的业务开发能力，往往会允许各团队自行选择需要的数据库引擎。传统架构下，独立管理各引擎的数据会形成成百上千个数据库，导致DBA压力剧增。而基于“湖仓一体”架构（见图4），数据可以一体化存储，上层提供可按需选择的SQL或NoSQL兼容引擎接口，各引擎写入的数据保持ACID特性，可以避免微服务管理复杂的事务逻辑，让开发人员回归到最简洁的业务开发，提升研发“人效”。

非结构化数据治理

在金融银行业，非结构化数据（包括图片、文档、音视频等对象文件）以往只是单纯存放于存储系统中，系统提供单一的保存及调取功能（见图5）。因此，除了直接

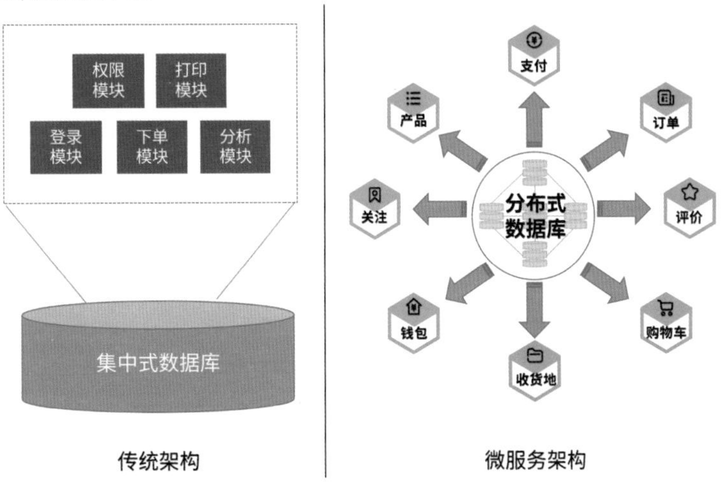

图3 传统架构向微服务架构的演变

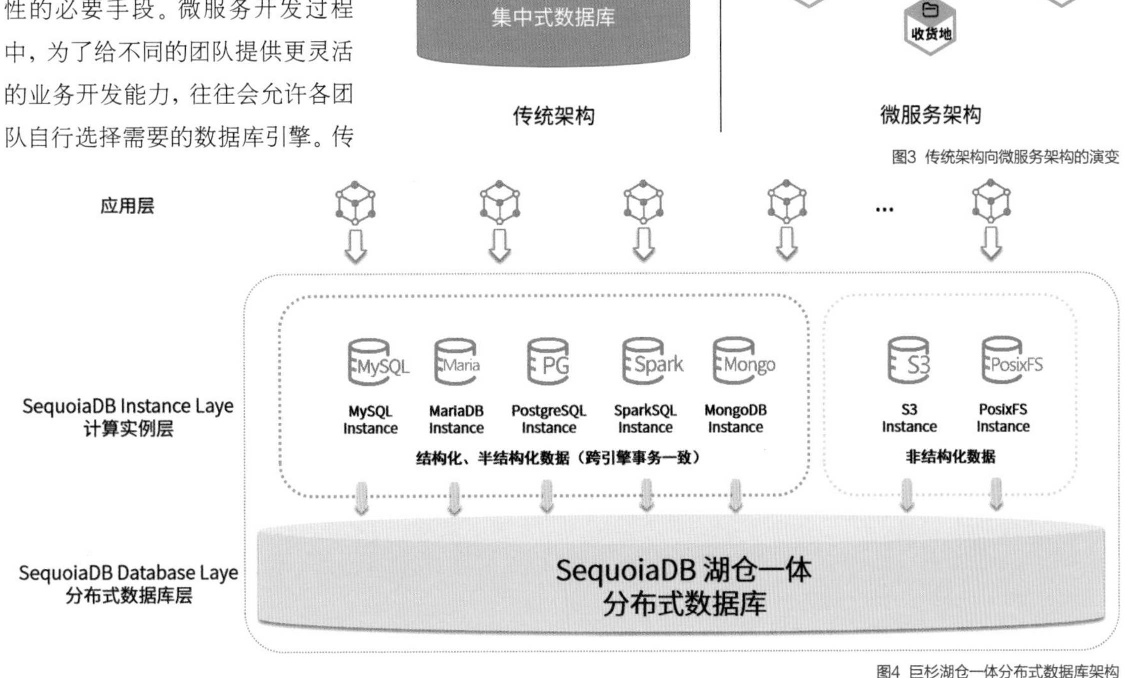

图4 巨杉湖仓一体分布式数据库架构

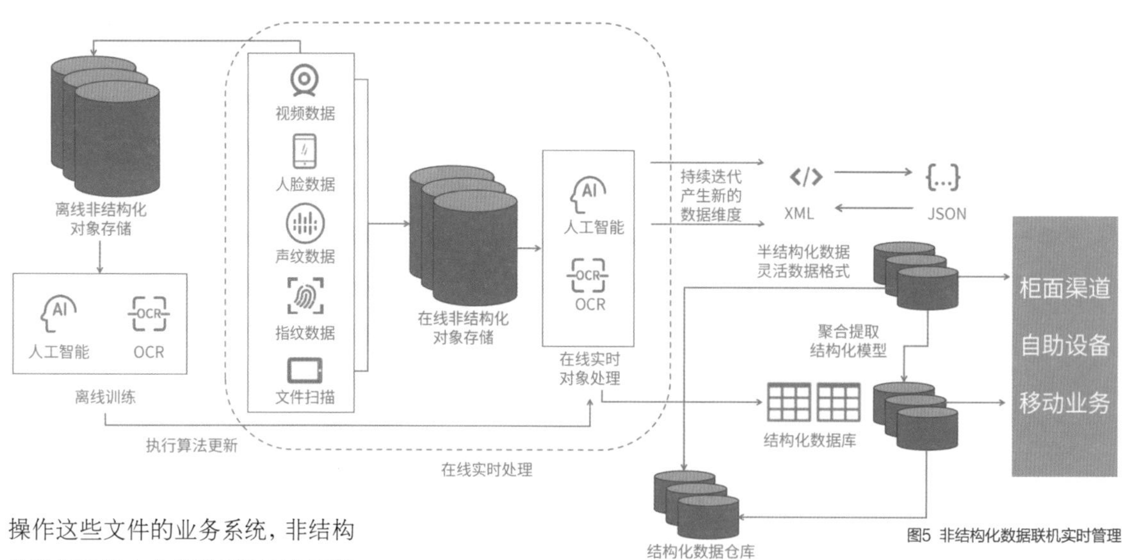

图5 非结构化数据联机实时管理

操作这些文件的业务系统，非结构化数据对于企业其他系统而言更像是一个“黑匣子”，无法发挥数据的潜在价值。但是，如今的业务系统已经开始大规模联机使用这类非结构化数据。例如，在日常业务中对各类文件进行采集，交易过程中对头像、指纹、声纹等按监管要求留存原档，对各类客户开展360度画像，以及在处理过程中对非结构化数据进行高频比对等，这些场景都需要结合非结构化数据的联机实时管理功能，如果单纯采用NAS或网盘来存储海量非结构化数据，就无法满足当前业务对实时联机处理能力的需求。

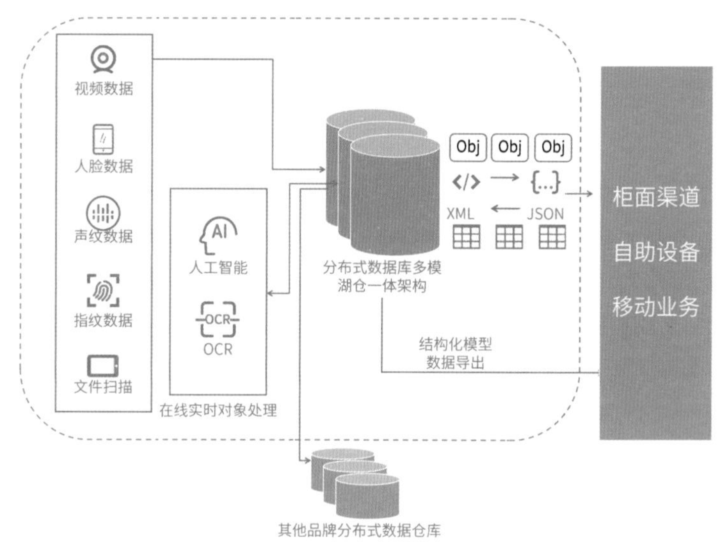

图6 分布式数据库多模湖仓一体架构

同时，在金融银行业的数字化转型中，非结构化数据也不再仅仅是静态文件，通过AI机器学习及比对分析，非结构化数据包含了更加多元化的业务属性，可为各类业务系统提供信息输入。但是，需要对其进行有效的分类治理，才能盘活非结构化数据资产的潜在价值。对此，分布式数据库可以有效提升非结构化数据的实时处理能力，并结合引擎级多模能力统一存储结构化数据及对象数据，实现基于标签特征数据的分类治理，最终成为企业非结构化数据治理的坚实底座。

一体化提升系统可靠性

在上文提及的几个场景中，都可以看到“一体化”对于研发效率（人效）及数据处理效率（能效）的提升。与此同时，我们还需要关注系统的可靠性。在金融银行业中，新一代的业务系统包含大量不同的数据种类，传统架构中我们需要为各个数据模型提供不同的产品及平台，这不但加大了研发及运维团队的工作负担，同时还会降低系统整体容灾能力。在上文非结构化数据治理

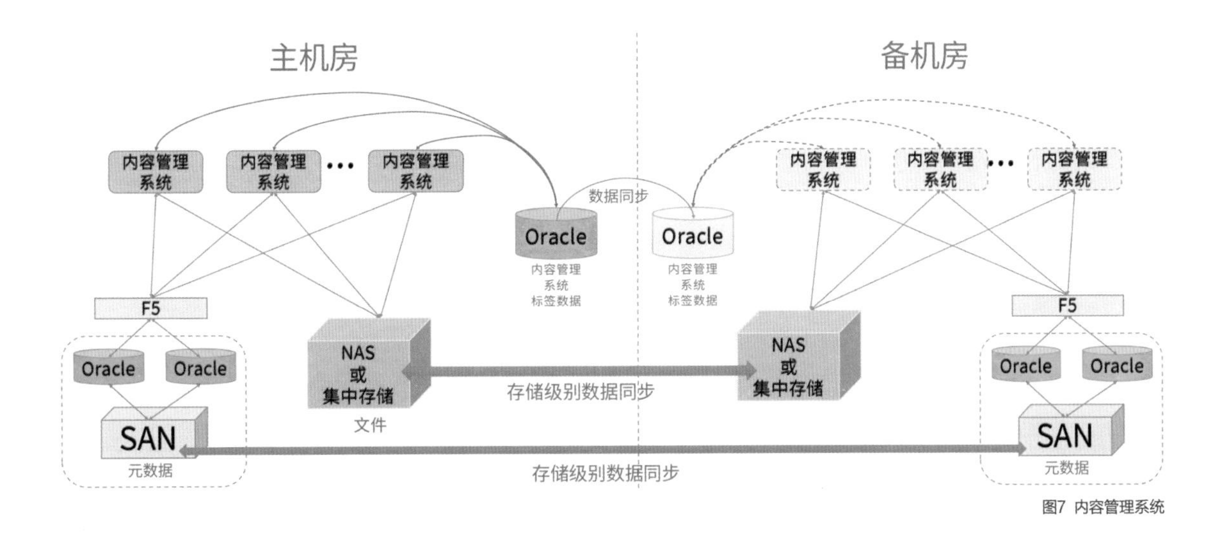

图7 内容管理系统

的需求中，一个比较典型的系统就是“内容管理系统”（见图7），这类系统以前主要用于管理包括：文件影像、OA附件、邮件附件等数据，属于外围系统。而伴随移动银行、视频银行的出现，又进一步扩展到视频人脸、指纹、声纹等数据，“内容管理系统”同时成为了如开户、消费等A类业务流程中不可或缺的重要组成部分，一旦系统故障就将直接影响对公业务。因此，“内容管理系统”也同样需要跨机房的容灾管理。

在传统业务架构中，内容管理系统中的文件、元数据、标签数据往往分开管理，导致运维团队需要为不同的数据架构搭建多种数据同步策略。一方面这样的架构下，运维管理复杂度被直接放大；另一方面一旦出现机房故障，切换时由于各个不同系统间没有数据一致性保障，因此内容管理系统还需要有特殊的业务逻辑进行数据比对，导致应用开发变得更加复杂。

通过“湖仓一体（Lakehouse）”技术，可以将文件、元数据、标签数据放置于一体化的分布式数据库中（见图8）。由分布式数据库提供所有数据的跨数据中心容灾能力，在任何一台服务器故障，甚至是单个机房发生故障的情况下，数据都可以实现容灾切换。数据一致性由分布式数据库整体保障，有效减轻了运维人员及研发人员的管理负担。

分布式数据库技术的三个演进趋势

近年来，伴随互联网应用的快速发展和数据量的爆发式增长，各行各业对弹性扩展、多模式等功能的需求也不断增强。在这一技术背景下，“选择分布式数据库”成为业界最优答案，而分布式数据库的落地与使用也正是从海量数据业务向核心业务逐步迭代的过程，即先从存在海量数据弹性扩展的新兴业务需求入手，随着业务革新的不断深入，逐步渗透传统核心业务及应用。

存算分离实现灵活扩展

对分布式数据库而言，弹性扩展能力是其核心价值所在，相较于传统MPP数据仓库，新型分布式数据库可以基于存算分离的部署模型，实现存储与计算资源独立扩展的能力，以及对应用层面无感知的按需弹性扩展（见图9）。

原生分布式强一致性

在分布式技术逐步贴近业务核心的过程中，客户对于ACID事务一致性的要求也持续提升（见图10）。例如，在联机交易业务中，往往要求“RR级别事务隔离”能力，但对于基于分库分表技术的解决方案来说，如果数据库本身无法提供此类支持（部分产品甚至不提供事务

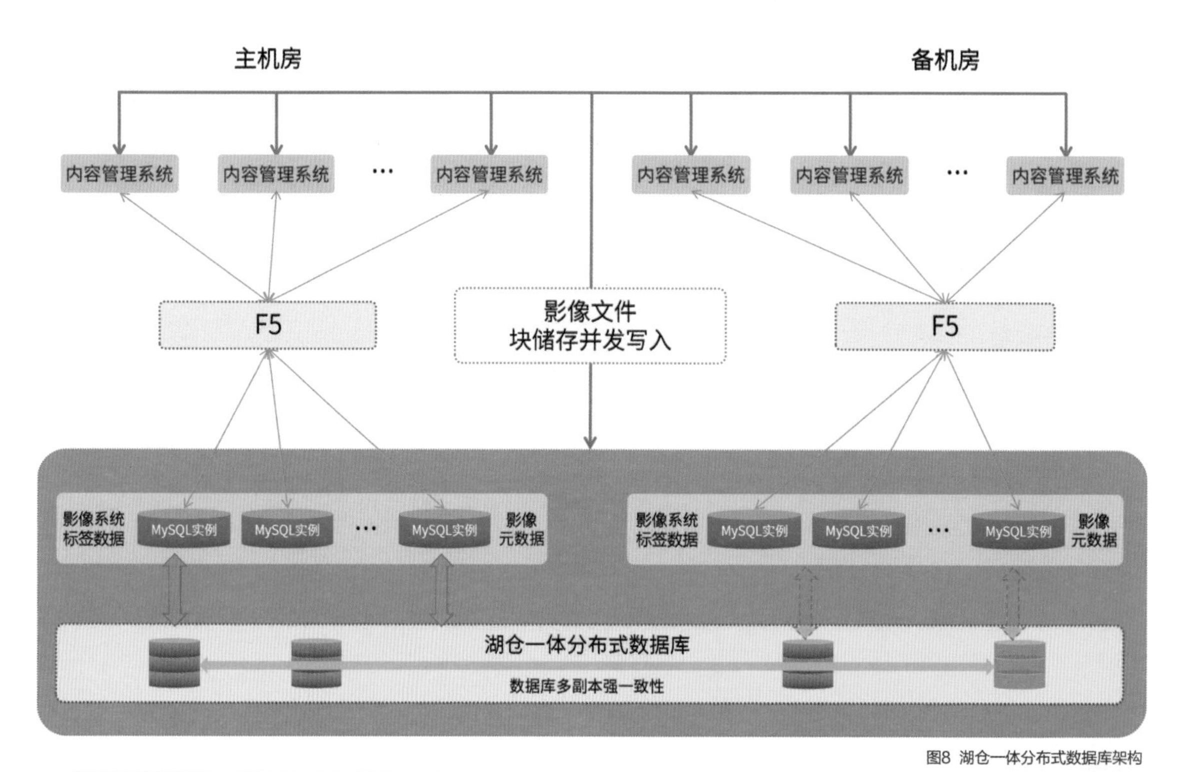

图8 湖仓一体分布式数据库架构

图9 新型分布式数据库部署模型

支持或通过1PC提交进行弱化），将需要借助大量外围应用程序逻辑配合，才能达到最终一致性的效果，同时将大量消耗开发人员的设计精力。对此，分布式数据库凭借源自内核的分布式设计，可使客户放心地将事务一

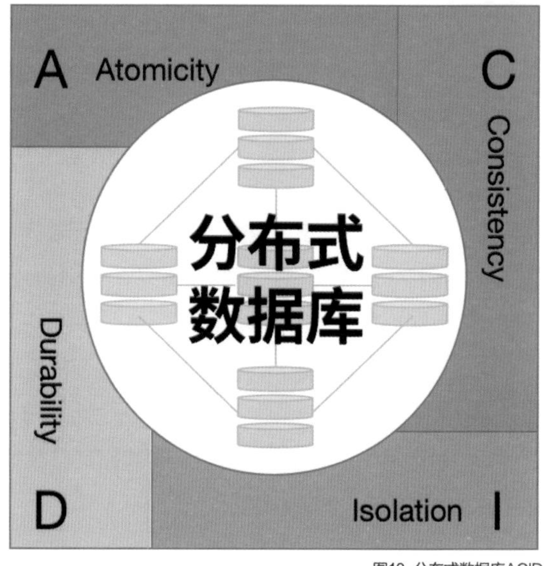

图10 分布式数据库ACID

致性逻辑交由数据库层进行处理，从而让开发人员回归纯粹的业务设计，为业务提供直接有效的研发产出，提升企业研发效率。

引擎级多模，打开湖仓一体新赛道

历经40多年的发展，关系型数据库早已从最开始的纯结构化模型衍生出了支持XML、JSON、地理信息、图等不同数据类型的功能，但传统数据库由于在同一个物理设备上使用同构引擎，导致多模式能力很难真正发挥到极致。与之相比，在分布式数据库架构中，用户完全可以使用不同的物理设备及底层数据结构来承载不同数据模型的计算及存储引擎，从而真正实现引擎级多模技术，跨数据模型乃至在不同的数据库语言及引擎间实现数据共享，以免数据在不同模型间进行联机处理时，由于频繁进行数据复制导致传输延迟或存储空间浪费。

此外，基于多模能力还可构建同时满足结构化、半结构化、非结构化数据存储需求的数据湖，并赋予跨引擎数据一致性能力及实时数据分析能力，真正意义上让全局数据实时可见，从而帮助开发者跨越不同数据引擎间的开发鸿沟，进一步提升开发效率及系统性能，打开分布式技术的全新赛道（见图11）。

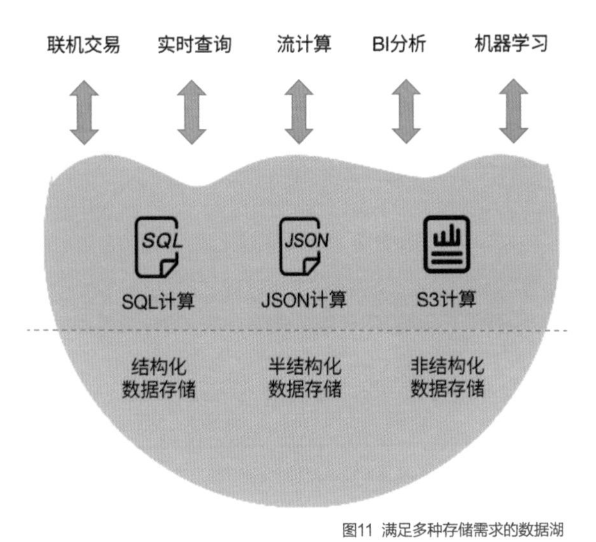

图11 满足多种存储需求的数据湖

总结

综上所述，如果单独以核心交易场景对标新型分布式数据库，就好似用传统马车标准来衡量新生的汽车技术，注定无法实现科学、合理的评估结果。首先，分布式数据库的诞生是为了解决传统数据库不擅长的场景，在关系型数据库做到极致的领域也同样需要很长时间才能完善。但是，得益于高弹性、强事务一致、多模融合等特点，近年来不少企业，特别是在金融银行业，已经在数据中台、微服务数据融合管理、海量数据实时访问、非结构化数据在线处理等领域，实现了分布式数据库的规模化生产落地，同时分布式数据库的应用领域也仍在逐年大幅度扩展，正成为支撑企业数字化改革升级中不可或缺的弹性数据基础设施。

许建辉

SequoiaDB巨杉数据库合伙人兼研发VP，拥有超过12年数据库、分布式架构研发经验。前华为分布式数据库和分布式存储团队成员，是国内最早一批研究分布式技术的开拓者。在加入SequoiaDB的9年里，作为总架构师，负责数据库的架构设计、数据库技术创新和研发管理工作。

我的开源数据仓库之旅

文 | 金明剑

在过去的几十年间，数据库技术始终是发展最为活跃的一大领域。在大数据环境下，出现了无数的支撑载体，亦有众多开发者投身其中，本文作者即是其一。本文作者在数年的开源基础设施构建中，逐渐发现了其中所存在的共性问题，在不断地反思中获得成长，由此开启了从自研到社区共建的开源数据仓库之路。

源起

“这个时代需要什么样的数据仓库？”我常问自己。

从2014年开始，我在任职的各家公司中，一直都担任其数据部门的负责人。与其他没有软件预算的中小规模企业一样，我们也使用各种开源大数据平台来构建公司的数据平台。我在公司先后主导使用或修改过Cassandra、Hadoop、Hive、Spark、Impala、Kudu、Flink等。在使用这些开源基础设施的过程中，我逐渐地发现了它们存在的一些基本共性问题：

■ **性能低下。**

几乎所有项目的开展都是基于功能演化，在开始时并没有考虑到性能。一些平台实现了一定规模的横向扩展，但单节点的性能非常低。这样设计和演化的结果就是“积重难返”。这些平台由于在早期积累了大量“性能债”，在后期进化只能进行功能迭代，其性能很难进化。

■ **使用复杂。**

我们日常使用的大数据基础设施相当复杂。对于构建一个在Hadoop平台上的数据仓库系统，需要运行和维护非常多的组件，比如HDFS、ZooKeeper、Yarn、Spark、Hive、Oozie、Impala、Hue等。这期间，我们还需要配置JDK、MySQL、NTP等非常多的服务，才能让整个系统正常运转起来。于是，包括Cloudera在内的一些厂商，提供类似CDH（Cloudera Distribution Hadoop）的发行管理平台来管理整个Hadoop之上的生态。但通过一个庞大复杂的系统来管理另一些庞大复杂的服务，本身是一件非常复杂的事情。在我的职业生涯中就曾发生过：重启CDH节点，因节点上某些管理组件的动态库加载异常，导致该节点上后续各种服务无法启动。面对这种复杂系统，除了重装该节点，几乎没有其他选择。

■ **不与时俱进。**

这个时代的底层技术“地基”正在快速变化。如，我们的硬件基础设施进入了后摩尔时代（Post-Moore），在晶体管密度和频率上已经无法很好地提升，多核和矢量化的进化之路已然开启。再比如，我们已进入了一个云计算时代，云时代的基础设施提供了非常好的弹性缩放能力。我们的数据基础设施，如果不能与时俱进，针对这些时代的基础变化而变化，将必然面临淘汰。

针对这些问题，我进行了长时间的反思。我认为，必须有新的工程、新的引擎和新的系统才能解决这些问题。

■ **新的工程。**

长期以来，占据大数据基础设施的工具语言是Java。Java是一门简单易学、开发效率高的语言。但受制于虚拟机的设计，基于Java构建的大系统，在性能上有较明显的天花板。近年来兴起的ClickHouse，回归数据库开发的传统语言，基于C++构建数据仓库系统。C++语言在性能上可以最大限度地接近底层，但其语言构造过于灵活，编码范式复杂，即便是经验丰富的工程师也难以驾驭。

我使用Rust语言构建数据仓库。我认为，Rust是一次系统工程的编程范式革命，它第一次在工业级强度和系统级性能上提供了一种具有约束的编程模型。开源基础设施，必然是一个大型工程，未来也一定有很多人进来贡献代码，像C++这种提供过于自由的范式，依靠工程师的个人能力和编程风格来保证系统安全性其实是有缺陷的。Rust的编程模型通过提供一种编译器上的机制，基于“法治而非人治”，保证工程的顺利进行，这就是编程革命的意义！

作为系统语言“试金石”的数据库类型软件，Rust不应缺席。我全力支持Rust成为未来基础设施开发的核心语言。

- **新的引擎。**

目前所有的开源大数据SQL查询引擎都基于改进的火山模型（也叫迭代模型）[1]。这个引擎模型从最初提出到现在已经有近30年的光景。在数据分析领域（AP），火山模型已经不能在现代硬件上很好地Scale Up。我个人认为基础设施层级上的性能问题，永远是最高级问题之一，必须创造新的引擎才能匹配上这个时代发展的步伐。

- **新的系统。**

在开源领域，我们一直缺乏一个简单且易于理解的系统，现有的大数据系统组件过于复杂。基于Hadoop生态的系统就不说了，ClickHouse编译完成后的Binary大小约400MB。一些项目通过架构上的工程化设计实现了局部组件的更高抽象，但这也导致了全局系统的复杂度更高，同时真正能做到零开销的抽象设计又极少。高度抽象的过渡工程进一步“骨化”了基础设施的性能基底。通常而言，这样的软件上层设施无法通过局部的修订，来完成和时代硬件底层设施同步的变革，我们必须要有全新的系统。

我的开源数据仓库之路

在这样的背景下，我正式走上了开源数据仓库的道路，并在2020年8月正式发布了第一版，取名为TensorBase。最开始，我和团队实现了一个包括客户端和服务端在内、可以在简单聚合操作上挑战ClickHouse的初始系统。之后，基于对数据仓库生态的思考，实现了一个兼容ClickHouse线协议的服务端。2021年4月，上线了新的版本，社区迅速成长。目前，在技术上，已经能够很好地完成如下工作：

- **ClickHouse协议兼容。**

ClickHouse作为一个C++编写的数据仓库，已经为国内外的很多企业所使用。我们则使用Rust语言从头开始，实现了一个高性能的ClickHouse SQL方言解析器和TCP通信协议栈，可以无缝连接ClickHouse（TCP）客户端。

- **性能上架构。**

基础设施层级上的性能问题，永远是最高优先级的事情之一，所以必须要提升到架构层级加以考虑。我们称之为“性能上架构”（Architectural Performance），希望通过新的软件和系统设计将现代硬件的所有潜力发挥出来。也基于这样特有的性能上架构的思想，我们首次在核心链路代码上实现了“F4”：Copy-free、Lock-free、Async-free、Dyn-free（无动态对象分发）。

- **化繁为简。**

目前的大数据系统使用非常复杂，即使想运行一个最简单的系统，都需要配置大量难以理解的参数或者安装大量第三方依赖。

  - 对于用户，除了达成开箱即用目的外，希望系统能够自治运行，而非依赖于运维管理员。
  - 对于开发者，希望将贡献门槛降低。让整个项目架构设计简洁高效，项目外依赖很少，在单机上完全重新编译的时间在几分钟之内，而大数据系统或者C++数据库的完整构建时间往往以小时计。

- **互联未来。**

我们在核心上改造了Apache Arrow和DataFusion，无缝支持Arrow格式查询、分析和传输。Arrow格式作为越来越广泛采用的大数据交换中间格式，已经被多个数据库及大数据生态平台所支持。我们在引擎上兼容Arrow，未来可以同时支持云原生和云中立场景下的数据仓库，提供存储中立的数据湖服务。

从图1可以看到最新的架构设计，主要包括了服务接口层、元数据层、运行时层、存储层以及引擎层等，接下来我作详细的介绍：

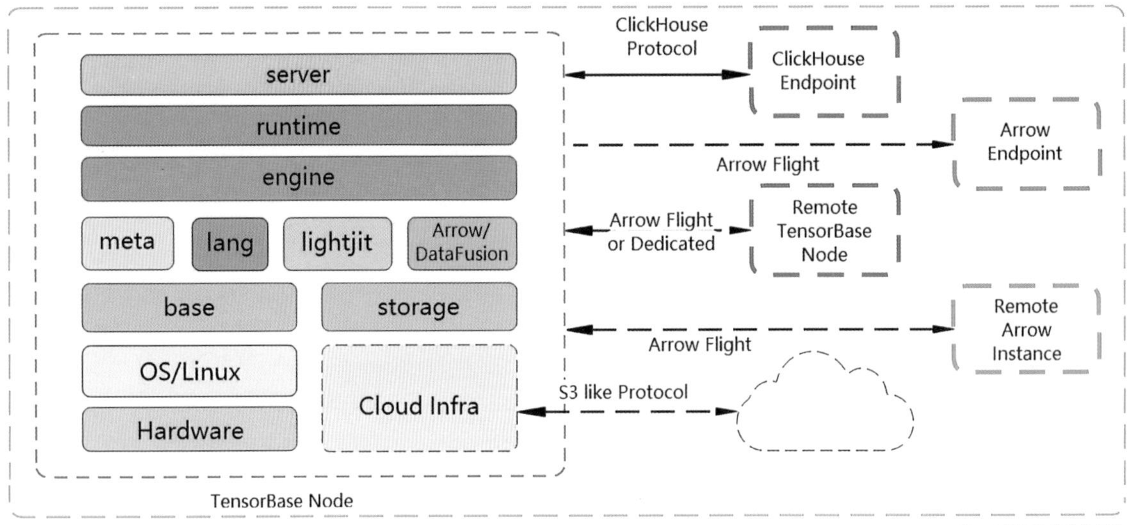

图1 当前系统的整体架构

- Base Server，服务接口层。对外提供数据的接口服务，如数据的写入和查询入口。以非C++的ClickHouse TCP协议服务栈支持ClickHouse客户端（clickhouse-client命令行）以及native协议语言驱动的直接连接。

- Base存储引擎，元数据层、运行时层和存储层。在存储层，提出了反重力设计：No LSM。不再使用当前开源数据库及大数据平台所流行的LSM Tree（Log Structured Merge Tree）数据结构。而使用了一种称为Partition Tree的数据结构，数据直接写入分区文件，在保持Append only写入性能优势的同时，避免了后续Compact开销。得益于现代Linux内核的支持，在用户态（User-space）核心读写链路上不使用任何锁（Lock-free），最大限度地利用高并发服务层，提供高速数据写入服务。

- Base查询引擎，引擎层。使用改造过的Apache Arrow和DataFusion，将底层存储适配到Arrow格式，实现了Zero Copy的数据查询。当然，目前把Arrow格式直接作为存储格式来说，其实是一个次优解，有一定的缺陷，未来会对存储格式进行更多优化。

社区引擎Apache Arrow和DataFusion的另一个主要问题是，因为过渡工程严重，性能相对比较低下。我们引入了一个lightjit表达式编译引擎，它基于Rust语言编写的cranelift内核，相对于通常基于LLVM的表达式编译引擎，在性能相近的前提下，更加轻量、安全。

总结

在本篇文章中，我全景式地展现了自己对“做这个时代的数据仓库”这件事的思考、设计和实践。我认为，只有通过开源文化和最佳工程实践相结合，在底层设计上，对既有模式进行不断反思和革新，才能打造一个赋能这个时代的数据基础设施。衷心地希望能够和所有有志于此的中国工程师一起做这件事情！

金明剑

TensorBase项目创建人，中国科学院大学博士，近20年开源、商业和高性能软件开发经验，中国Eclipse平台先锋，中国Scala语言先锋，Scala基金会2010年首次入选谷歌编程之夏的项目完成人，阿里云天池工程系列赛多项赛事记录的保持者。在大数据基础设施、语言和高性能系统等方面长期保持系统性地思考和研究。

[1] Volcano — An Extensible and Parallel Query Evaluation System, https://dl.acm.org/doi/10.1109/69.273032

扫码观看视频

听金明剑分享精彩观点

大数据时代，如何做数据库选型？

文 | 王磊

技术选型往往被视为程序员与架构师之间的分水岭，这是因为技术产品奠定了系统的架构基础。合理的技术选型会使开发工作事半功倍，而选择了不恰当的产品会让项目走入囧境，耗费开发人员的时间和精力，甚至直接缩短系统的生命周期。

“用代码改变世界”，我相信这是很多程序员的信仰。要想改变世界就要先理解世界，也就是解读这个世界的运行规律，即将世界抽象为某种模型。我们在使用不同的技术或者产品前，先要理解它们对世界的抽象方式，评估它们解释世界的过程是否自洽。因此，在谈论如何做数据库选型之前，先要关注它是如何对世界进行抽象的。

我们把时间线拉回到90年代，那时还是C/S架构（见图1）的天下，一切以数据库为核心，世界被抽象为实体关系模型，表是其中核心的实体。客户端开发工具都要围绕“表”这种实体展开逻辑处理，所以这一时期世界的主要抽象方式就是实体关系模型，关系型数据库处在系统架构的核心位置。

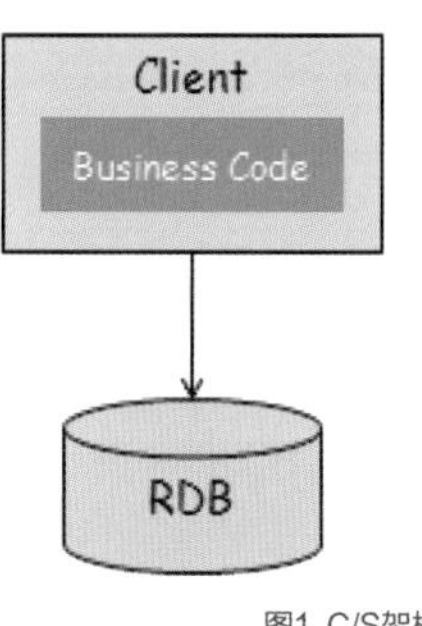

图1 C/S架构

而后，随着面向对象编程语言逐渐占据主流，多数系统从C/S转向B/S（见图2）的三层架构，世界分离为应用侧和数据库侧两个世界。数据库一侧保持了“表”的核心地位，应用一侧则围绕着“对象”概念进行重构，两个世界通过ORMapping工具连接。在B/S架构下，关系型数据库的领地有所收缩。

之后的很长时间里，关系型数据库没再遇到挑战，少数头部产品占据了市场主导地位，如Oracle、Db2、SQL Server等。这让数据库选型退化为一个几乎没有技术含量的工作，因为头部产品差别不大，怎么选都不会有太大问题。

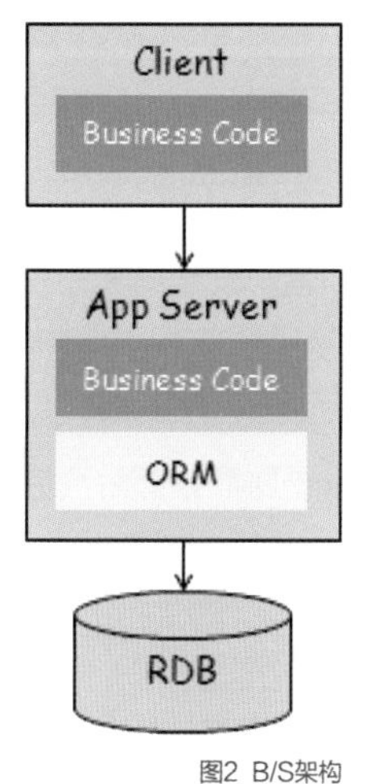

图2 B/S架构

终于，这个有点乏味的局面在NoSQL兴起后改变了，关系型数据库的领地被重新划分，各种NoSQL凭借与业务场景更加匹配的抽象方式在不同的细分区域获得了优势地位。在数据库一侧，实体关系模型不再是唯一的选择。

那么，回到今天的话题，当我们谈论数据库选型时，首先要做的就是为业务场景选择一个恰当的抽象方式，问问自己该选择关系型数据库还是某种NoSQL数据库？

关系型数据库还是NoSQL数据库？

键值数据库

键值（Key/Value）数据库，又称键值存储系统或KV存储。不同于实体关系模型，它对世界的抽象非常简单，数据结构以键值对为基础，类似开发语言中常见的哈希表结构，数据内容主要在Value部分存储。它不像关系型数据库那样有丰富的数据类型系统，Value部分没有约定的数据类型，只是按照字节进行存储。

Google的BigTable是一种非常重要的键值数据库理论模型，目前使用广泛的HBase和Cassandra都是以此为原型的。键值数据库对数据库做了一个减法，完全放弃了数据库事务处理能力，然后将重点放在对存储和写入能力的扩展上。这个扩展的基础就是分片，引入分片的另一个好处是，系统能够以更小的粒度调度数据，实现各节点的存储平衡和访问负载平衡。

同时，键值数据库的并发性能很好，读写操作都可以轻松达到几千TPS，访问延迟则低至毫秒级，这两个指标完全秒杀Oracle等关系型数据库。在原理层面，这是因为键值数据库使用了LSM-Tree存储模型，所以可以用顺序写盘替代随机写盘，减少了磁盘I/O开销。

键值数据库的另一个特点是Schemaless，就是说它并不对表结构作强制约定，当我们要新增字段时不用执行DDL语句变更表结构，只要直接插入新的数据，表会做自适应调整。因此，键值数据库很适合存储数据分布稀疏的数据集。在原理层面，这是由于键值数据库采用列存，所以表结构改变不会引发数据页的变更，I/O代价很小。

不过，键值数据库的弱点在于数据查询机制比较单薄，必须将查询条件融入Key部分，然后按照左前缀匹配的方式实现多条件查询，显然这种方式很难实现多个正交的查询条件。

Redis从模型上看也属于键值数据库，但它对性能有更极致的追求，所以在设计上又有所不同。Redis执行写入操作时并不记录预写日志（WAL），而是异步落盘，这意味着外部系统在调用Redis写操作且得到成功反馈（ACK）时，Redis只记录在内存中而没有操作磁盘，所以速度更快。这种设计付出的代价是存储不可靠，如果突然宕机可能会导致部分写入成功的数据丢失。

文档数据库

文档数据库将世界抽象为一系列的文档，文档和关系模型中的表有些相似，它们都可以用来定义复杂结构，显然比KV结构的表述能力更强大。

文档数据库中最热门的产品无疑是MongoDB，MongoDB中的“文档”就是JASON结构，也是今天各种开发语言程序员广泛使用的数据组织方式。不用转化为SQL，直接用JASON就能与数据库打交道，这种接口方式省略了模型转换工作从而降低了代码量，对开发人员非常有吸引力。这很像当年非常热门的对象数据库，是数据库向开发语言的主动适配。MongoDB开始是作为文档数据库出现，随着应用范围越来越广泛，它也增加了对SQL的支持和对多文档事务的支持，逐步向关系型数据库方向演变。

时序数据库

时序数据库是一个更加细分的场景，但随着物联网的兴起，这个市场的容量却是非常客观的。物联网的数据产生源头是各种智能设备，数据产生和使用模式相似，可以总结为三个特点。首先，数据随着时间增长，分析维度保持稳定。其次，持续高并发写入，设备越多，写入数量越大，但是几乎不会有更新操作。最后，设备之间的数据关联性小，所以很少有关联（Join）的需求。

上述特点和LSM-Tree的设计思想非常吻合，所以出现了类似于OpenTSDB的时序数据库直接就建在HBase之上，复用了后者的处理能力。而InfluxDB和Prometheus这些主流产品的底层引擎也都参考了LSM-Tree的设计思想。

图数据库

图数据库是比较特别的一类数据库，应用场景以查询为主，对数据更新的时效性、事务性往往要求不高。也许是因为知识图谱的火爆，图数据库在近几年迎来井喷式发展，国内也出现了很多创业公司。

图数据库以点边模型来构建整个世界，所以理论上所有能用关系模型表达的数据也都能用点边模型来表达。在实际应用中，图数据库最善于实现“多跳查询”这样的功能，比如在社交媒体中以某人为点，以朋友关系为边，查看此人的三跳关系（三层朋友关系）构成的网络。因为关系数据库只能通过表关联来实现多跳，所以随着层次增加性能会急剧下降，而图数据库重新设计了数据存储结构，可以提供更好的性能。图数据库还会提供一些更加复杂的算法，例如社区发现算法。有一种误解，认为所有和图有关的算法都可以在图数据库实现，事实上这是做不到的。

在产品层面，早期最有影响力的图数据库无疑是Neo4j，而JanusGraph则是开源社区的第一代图数据库。Neo4j整体设计围绕图数据展开，所以称为原生图数据库，而JanusGraph不能称为原生，是因为它的底层其实是HBase键值数据库。

单体数据库还是分布式数据库

在大数据热潮下NoSQL蓬勃发展，但很快人们就发现各种NoSQL不能完全替代关系型数据库，尤其是前者缺失了重要的事务功能，这就催生了后来的分布式数据库，也就是基于分布式架构的关系型数据库。为了便于表述，下面我们所称的分布式数据库专指分布式架构的关系型数据库。

单体的限制

一般来说，选择的是分布式数据库还是单体数据库主要看业务场景在性能和可靠性两方面的要求。

高性能

单体数据库大多是将组件部署在一个物理节点上，这个节点的配置可以很高，但在硬件工艺水平的制约下，如果在一定时期内硬件技术没有大的突破，单个节点的计算能力就会出现上限。所以我们说依赖垂直扩展的数据库总会存在性能的天花板。而很多银行采购小型机或大型机的原因之一，就是相比x86服务器，这些机器能够安装更多的CPU和内存，可以把天花板升高一些。

那么，这个性能的天花板是多少呢？我的经验，单体数据库做到几千TPS还是很容易的，如果上万TPS可能会有难度。但是，在真实世界中，这已经能够满足大多数企业的需求。

高可靠

因为高性能的要求并不普遍，所以高可靠往往才是放弃单体数据库的主要原因。高端设备拥有更高的可靠性，所以更值得信赖。因为同时兼具高可靠性和高性能的特点，企业自然会将业务系统部署到少数物理设备上，但这就形成了一个悖论。高可靠不是绝对不出问题，如果所有重要系统都部署在一台机器上，就形成单点。那么就算这台机器的可靠性再高，也是一件让人揪心的事情，因为这个点一旦出问题就是毁灭性的，所以，在单点基础上的高可靠性并不是真正意义上的高可靠。

今天流行的分布式架构，它对单点可靠性要求低，具有横向扩展的特点，非常适合高并发、高可靠的业务场景。

高可靠和高并发是数据库天然的诉求，所以，数据库发展方向必然地转向了分布式架构。事实上，我们在前一部分提到的HBase、Redis、MongoDB等也都是分布式架构。

选择单体数据库还是分布式数据库，实质上是在纵向扩展（Scale Up）和横向扩展（Scale Out）中作选择。单体数据库的纵向扩展是完全透明的，但受到硬件限制。高端服务器的价格昂贵，多数小企业不得不选择在x86服务器上运行数据库，这样性能表现就比较差。于是很多人在软件上作改进，尝试通过横向扩展得到性价比更好的方案，这样就出现了早期的代理模式。

代理模式（Proxy）

代理模式（见图3）也被称为“分库分表”，就是在多个单体数据库的前面增加代理节点，本质上是增加了SQL路由功能。这样，代理节点首先解析客户端请求，再根据数据的分布情况，将请求转发到对应的单体数据库。

在这个架构中，代理节点首先要实现数据库架构中的三个功能，它们分别是客户端接入、简单的查询处理器和进程管理中的访问控制。还有一项对分布式数据库特有的功能，那就是分片信息管理，分片信息就是数据分布情况，是区别于编目数据的一种元数据。

显然，如果把每一次的事务写入都限制在一个单体数据库内，业务场景就会很受局限。因此，跨库事务成为必不可少的功能，但是单体数据库是无法感知这个事情的，就必须在代理节点增加分布式事务组件。同时，分库分表也不能满足全局性的查询需求，因为每个数据节点只能看到一部分数据，无法处理排序、多表关联等运算。于是，代理节点要增强查询计算能力，支持跨多个单体数据库的查询。

那么随着分布式事务和跨节点查询等功能的加入，代理节点已经不再只是简单的路由功能，更多时候会被称为协调节点。

很多分库分表方案会演进到这个阶段，比如MyCat、DBLE和DRDS等。代理模式是完全建立在单体数据库基础之上的，所以有人将这种模式称为Sharding On MySQL，直接指出了其对单体数据库的依赖。

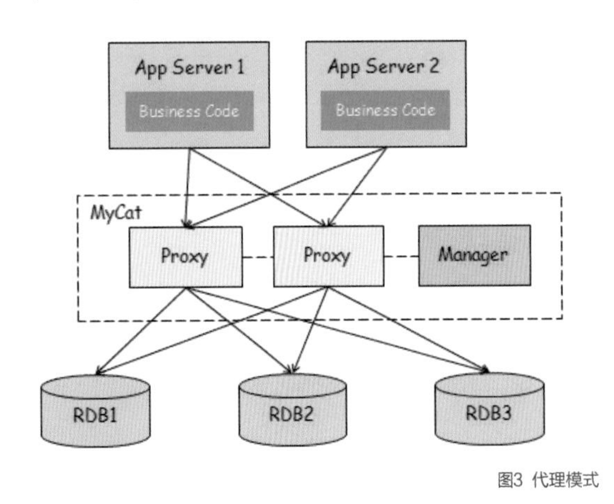

图3 代理模式

PGXC

那么，代理模式算不算是分布式数据库呢？这是一个很有争议的话题。参考业界的多数观点，我更倾向于把它从分布式数据库中区分出来。这是因为代理模式总要有一些预设，比如事先制定好每张表的分区键，这会直接影响到数据在多个节点上的分布是否均衡，一旦业务变化就要人工介入调整。显然，它不能对外呈现单体数据库那样的透明性。同时，架构变化会让数据库原有的部分设计失效，影响关键特性，如非常重要的全局时钟。

程序员一般都知道数据库的ACID特性，其中隔离性“I”对业务场景有特别直接的影响，同样地，SQL在不同隔离级别下会得到不同的结构，而隔离性的设计必须依赖时钟，以判断不同事务的先后次序。在单体架构下，完全可以使用物理时钟来统一时间标准。而分布式架构下有多个节点，再考虑到跨机房和异地灾备的需要，节点间的时钟误差必然很大，怎么在每次处理数据时得到一个统一的时间呢？这就是分布式数据库的授时机制要研究的问题。

全局时钟管理器（GTM）是该问题的一种解决方案，就是用一台独立节点作为时间服务器，对外统一提供时钟服务，由于某种渊源这个节点也被称为TSO（Timestamp Oracle）。

这样，新的分布式架构至少在四个方面和单体数据库有显著区别，即分片、分布式事务、跨节点查询和全局时钟。

这类数据库的早期代表是PGXC（PostgreSQL-XC）（见图4），它是以PostgreSQL为内核的开源分布式数据库。今天很多分布式数据库都源于PGXC，如TBase、AntDB和已经消失的GuassDB 300。当然还有更多产品以MySQL为内核，也是同样的原理。

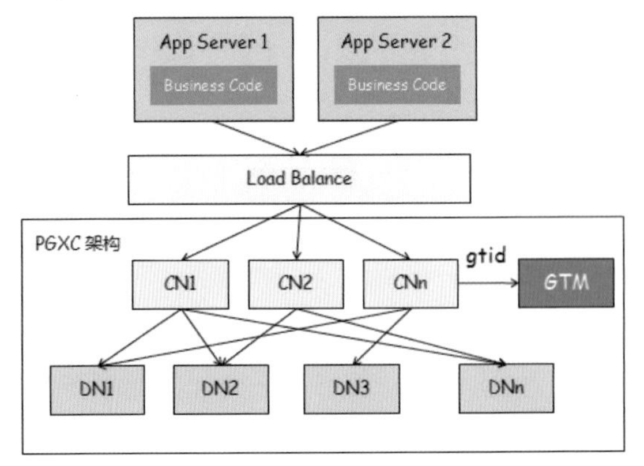

图4 PGXC架构

Aurora

单体数据库向分布式架构演进过程中还出现了一类“云原生分布式数据库”（见图5），主要由云厂商推出，典型产品就是亚马逊的Aurora以及随后出现的阿里PolarDB、腾讯CynosDB等。

Aurora是云计算时代的产物，它的所有节点都部署在云端。相比代理模式，Aurora更具革命性，因为后者终于打开了数据库这个黑盒子，开始对其内部进行分布式架构改造。熟悉MySQL的同学都知道，MySQL本身就是计算与存储分离的架构，支持InnoDB等多种存储引擎。Aurora的设计者使用了同样的策略，将数据库的存储层分离出来转移到云存储上，计算节点则采用了一写多读的设计，所以Aurora被认为是一种Share Storage的架构。虽然写入还是单点，但凭借存储上优化设计，Aurora的写入性能得到了大幅提升。

Aurora的单点写入是一个讨巧的设计，它回避了很多关键问题，例如不用考虑分布式事务和全局时钟，并发控制也更加简单，但是很明显它不是严格意义上的分布式架构。所以，推出Aurora之后，亚马逊还在持续优化架构，也推出了多写模式（Multi-Master）。同样，阿里的PolarDB也整合自己的另一款数据库X-DB，推出了后继的PolarDB-X，但这些改进对使用场景都有一些限制，不是完美的解决方案。

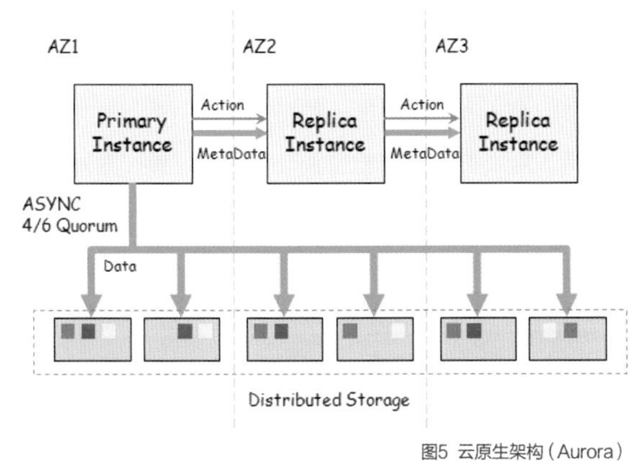

图5 云原生架构（Aurora）

NewSQL

看到这里，大家可能要问，到底有没有彻底的分布式架构呢？当然有，这就是NewSQL（见图6）。

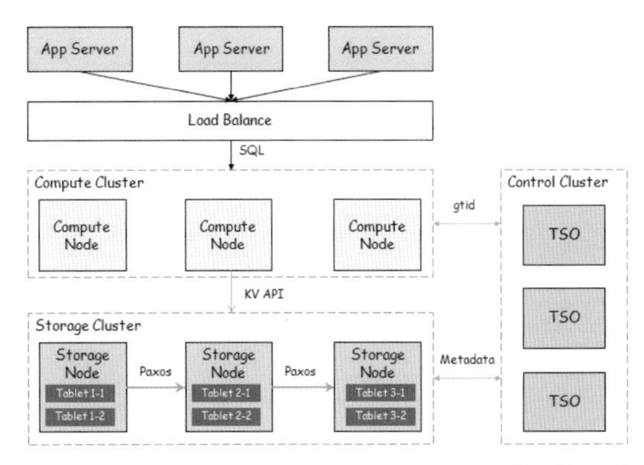

图6 NewSQL架构（类TiDB）

NewSQL也被称为原生分布式数据库，顾名思义它在诞生之初就是按照分布式架构设计的。由于架构上的革命性，NewSQL成为当前学术界和工业界最热门的话题，今天很多数据库厂商都要把自己的产品定义为NewSQL数据库。我想这或许说明了资本和市场都更加认同分布式架构的方向。

NewSQL的基础是NoSQL，更具体地说，是类似BigTable、HBase的分布式键值（K/V）系统。前面我们说过，分布式键值系统可以通过分片机制以更小的粒度调度数据，实现各节点上的存储平衡和访问负载平衡。这种设计可以实现存储和性能的横向扩展，但在面对大量的事务处理场景时就无能为力了。

随着Spanner的论文发布，Google为这些问题提出了新的解决思路，所以Spanner也就成为了公认的NewSQL开山鼻祖。今天知名度比较高的NewSQL包括CockroachDB、TiDB和YugabyteDB，它们的设计团队都宣称灵感来自Spanner；另外就是阿里自研的OceanBase，因为它有一个代理层，有时会被同行质疑，但是从整体架构风格看，我还是愿意把它归为NewSQL。

数据库的分布式转型更加复杂是因为它必须有状态，所以难点主要在SQL计算引擎以下，大致有四点，分片（Sharding）、事务、复制、持久化。BigTable为分片、持久化提供的设计方案，剩下的难题就是事务和复制。

事务就是要解决分布式事务的正确性和效率问题，而复制就是要解决数据库的高可靠性问题。我们把这两个挑战换成更简洁的说法就是分布式数据库的“事务一致性”和“数据一致性”。

NewSQL复制机制的变化在于，放弃了单体数据库下粒度更大的主从复制，转而以分片为单位采用Paxos或Raft等共识算法。这样，也就构建出更小粒度的高可靠单元，从而获得了更高的系统整体可靠性。

事务方面要解决ACID问题，其中最重要的就是实现原子性和隔离性。可能和很多人预想的不同，具有革命性创新的原子性的解决方案，仍然是延续两阶段提交协议（2PC）的思路。

从表面上看，在分布式架构下，事务在写入数据时是要通过Raft协议在多节点上落盘，又叠加了网络开销，性能必然雪上加霜。考虑到在单体数据库时代的实践中极差的性能表现，2PC这个设计思路好像不可行。

但事实上，学者和工程师们还是找到了不少优化方法，通过缓存写提交（Buffering Writes until Commit）、流水线（Pipeline）、并行提交（Parallel Commits）等方式可以将原子性操作的时间开销压缩到一次Raft协议的范围内。而在隔离性方面，全局时钟也有了不同的设计思路，除了独立的全局时钟管理器（GTM），还有Spanner使用的TureTime授时服务和CockroachDB引入的逻辑混合时钟（HLC），尤其是HLC在没有外部依赖的情况下，时间精度已经能够满足全球化部署的要求。

结语

总的来说，在细分场景下，NoSQL具有更强的针对性；而在关系型数据库的场景下，单体数据库可以满足多数企业的需求，非常成熟；Aurora拥有云计算架构的优势，可以满足大量中小企业快速部署和扩展的需求，使用成本更低；唯一有替代关系的则是NewSQL和PGXC。

从系统架构上看，NewSQL的设计思想领先，而PGXC的架构偏于保守。PGXC的优势在于稳健，直接采用单机数据库作为数据节点，大幅降低了工程开发的工作量，也减少了实施风险。所以在实际项目的选型中，还不能说NewSQL就是更好的选择。在短期内PGXC可能会占据主流，但资本已经将票投给了NewSQL，很多获得高额融资的分布式数据库都已经采用或转向了NewSQL架构。在学术界和工业界的努力下，NewSQL架构本身的挑战越来越少，所欠缺的更多是对实施工艺的打磨和生态体系的构建，随着产品的成熟度提升，NewSQL将会在几年内改变现有的市场格局。

王磊

光大银行数据中台团队负责人，资深架构师，前IBM咨询顾问，在大数据和分布式架构领域有深入研究，光大银行数据体系架构转型的主要推动者之一。

开发者关心的十个数据库技术问题

文 | 雷海林

如今，数据库越来越受到业界的广泛关注，许多高校毕业生及资深技术人也逐渐投身于数据库产业。本期《新程序员》经过用户、专家调研，收集汇总了十个开发者关心的数据库技术问题，并邀请腾讯云TDSQL技术负责人、首席架构师雷海林作出解答，希望为越来越多投身数据库的技术人才提供参考。

数据技术应用与创新

1. 数据库产品在面向企业时（涉及负载均衡、数据传输、运营平台、故障发现分析和治愈、发布系统、冷备系统等等），核心服务有哪些？

数据库是一个复杂的技术系统，真正在业务中投产，要求同时满足稳定、高性能、一致、高可靠、易运维等特性，缺一不可。也就是说，从数据库设计到数据库引擎的运营、迁移，再到数据安全等，包含数据全生命周期在内的每一环都需要考虑。

例如，计算和存储都需要实现独立弹性扩展，保障系统的事务处理与分析查询能够稳定、高效地完成。而在云时代，保障跨城、跨中心大型集群的高可用比以往集中式数据库更复杂，因此自动化运营以及智能运维、智能监控等能力，是提升日常运营效率的关键，也是故障识别、全局仲裁、自动资源配置和调度，以及保障系统稳定、高可用的关键支撑。

2. 数据库迁移怎么做？

通常数据库迁移包含两个层面：全量迁移和增量同步。针对增量可以通过数据日志同步、数据订阅等手段进行，但问题在于，数据库迁移涉及业务系统数据库的迁移替换，这类数据库一般都服务于关键业务场景，因此“快”和“稳”缺一不可。快速迁移数据和保证数据持续准实时同步，是数据库迁移过程的两个关键要素。这就要求，迁移方案需要包含数据校验、回滚、安全风险控制机制等，实现迁移过程中的系统高性能、数据一致、服务高可用。

针对高性能的优化可通过并发控制机制、有序消息并发重放、并发解析机制等方案来实现。数据一致性可通过消息异常检测、自动化切换、自动化冲突检测与恢复等技术机制来保障。服务高可用可以基于自动化扩容感知、多机容灾保护等能力实现。

如果涉及迁移的源端与目标端异构，还需要自动化迁移评估平台，进行库表结构、数据库对象、数据类型自动转换等等。

3. 如何在低配服务器中，实现数据库高性能、高可用运行？

首先，云上数据库应用，可以通过云原生、多租户能力很好地控制资源，做到按需使用，不用担心资源瓶颈问题，也不会使资源过度消耗。同时，设置一套自动化资源配置规则，当系统识别到资源即将打满时，可以有效地进行资源分配与调度，管理资源开销，保障系统稳定。这就要求开发阶段尽量避免使用动态分配的方式，而是采用内存池等优化手段来管理内存，提升应急能力。

当然，也有一些场景，需要将数据库部署在配置很低的服务器上（如低规格的虚拟机），这个时候对数据库的稳定运行确实是一个考验。所以我们在设计时要注意尽量控制配套的辅助模块，降低对资源（如CPU、IO等）的利用率，让资源真正为业务所用。低配服务器，当SQL请求增加时，更容易触发资源阈值告警，这时DBA人员需要根据情况考虑是否扩容。另一种方式，是从DB设计侧支持自动限流，通过对请求进行流控，以保证整体的高可用。

4. 大数据量的并行处理如何应对？

大数据量的并行处理意味着数据库计算框架要具备并行化处理能力，比如能够把SQL拆解成一个并行的执行计划，采用多线程的方式去执行，需要时能够将这些子查询计划推到对应的数据节点上并行执行。而在并行处理中，也有很多问题要解决，比如当海量流量涌入，我们需要针对用户或者某类SQL控制总的资源消耗度（如并行的连接数，线程数，总的资源利用率等），另外也需要对在线SQL和离线分析SQL进行区分，在资源不够的时候要优先保障在线SQL的执行，这都是设计数据库时需要考虑的问题。

数据技术融合发展洞见

5. 实时计算大行其道，数据库如何应对？

随着技术的发展，物联网、大数据和互联网监控等拥有海量时序数据、需要实时数据作决策的场景越来越广泛，这些新兴的场景都是云计算、“产业互联网+”深化发展的必然结果，也是数据库等基础数据技术需要提前应对布局的技术场景。

针对实时计算场景提出的要求（比如大量数据输入、秒级别计算响应），数据库技术需要具备高性能服务、低成本存储、超强聚合分析能力等基本特性。而这些要求，时序数据库产品能够很好地满足。

随着未来场景特征的融合，实时计算的需求也将可能出现在各行各业的实际场景中。因此作为底层技术，数据库也将走向满足多种计算能力要求的多引擎融合发展，用强大的底层能力支撑通用场景应用。这也是我们应该探索的方向。

6. 数据库与大数据是什么关系？

从宏观层面来看，数据库是一个非常宽泛的概念，大数据应该也属于数据库的一种形态。当然从更细粒度的角度来看，数据库主要用来处理联机交易和中等规模的数据分析，强调高性能低延时的数据存取。而大数据一般面向海量数据以及基于这些数据从产生、收集、存储到计算的分布式计算框架，如Hadoop、Spark生态下的各种软件和框架。

7. 数据库基础研究创新有哪些值得考虑的方向？

基础研究创新的方向要从未来行业对数据库的需求角度来分析。

第一，数据库的主流方向是分布式架构，同时在数据规模不断增长、对数据价值分析效率要求不断提升的背景下，满足HTAP场景是一个重要的发展方向。而数据库需要很好支持HTAP的能力，系统需要真正实现计算层高扩容能力，以及支持不同的计算和存储引擎，还要做到资源良好地隔离等等。目前从整个行业来看，这一方面的能力还有待完善和探索。

第二，执行器、优化器等技术模块也将是数据库发展中值得关注的技术。

第三，“数据库+AI”等多技术生态底层融合将带来新的发展机会，如通过“AI for DB”实现数据库自治是当前广受关注的方向。

第四，“数据库+新硬件”结合也是值得关注的发展方向，如今，新硬件层出不穷，我们如何基于新硬件实现创新式应用、释放创新源动能，同时保持数据库ACID能力？如何实现数据库面向新硬件的技术迁移？这些都是值得探索的方向。

8. “AI+智能运维”是否会取代DBA？

智能化运维能力，更多的作用是覆盖云时代大规模实例运维中基础、重复的工作，以及提升诊断、资源配置的效率，也就是说，它最终能够释放DBA烦琐的日常工作、提高DBA处理问题的效率、减少故障对企业带来的损失（也降低了DBA的精神压力），让DBA有更多时间和精力去做一些有助于个人成长和业务发展的事，包括但不限于业务整体数据架构的梳理、内核源码的研究等。

9. 未来数据库的核心是什么？

关于未来数据库发展的核心，我个人认为，一方面是面向未来的高精尖技术发展与技术基础设施升级，另一方面是国产分布式数据库生态的培育建设。而数据库的发展仍将以云原生、HTAP等多模态融合、智能自治为主要核心：

- **云原生与Serverless。**

云数据库时代，我们将探索极致的弹性伸缩架构，来解决性能、效率和成本问题。云原生数据库具有高性能和高度兼容的优势，敏捷、灵活的部署能力，可以让企业像使用水、电、煤一样使用云数据库，从而降低企业上云门槛，提升上云进程，更好地应对智慧时代复杂的业务场景。针对不同的场景，云原生分布式数据库可分为两种架构：Shared Nothing与Shared Storage，两者都可以通过实现计算与存储分离架构来整体获得更优秀的弹性伸缩能力，克服传统架构下的存储量受限、扩展难、主从延迟高等缺点，同时也能够将成本控制得更低，充分释放领先技术的成本效益。而计算与存储全Serverless架构的数据库服务也是未来可以重点关注的方向，它在可自动无感扩缩容的基础上，按实际使用计费，不用不付费，提升云数据库效用。

- **多模态融合。**

在信息化建设和数字化转型的浪潮之下，涌现出大量的新兴场景。数据库作为支撑各类 IT 系统架构的基础软件技术，也随之出现在各类新的应用实现中，包括大量的NoSQL实践和存储领域的B+树、LSM树以及行存、列存等架构形态产品，还有OLTP、OLAP，HTAP数据库等。多种多样的引擎产品，在大多数情况下不会独立存在，服务于一个企业或系统，即“One size fits none”。从技术角度看，极致的性能成本与通用性有着天然的矛盾。因此，在多样化场景下，一定会是多引擎共存，充分发挥各种引擎的特点与优势，才能实现极致与通用的兼得。

- **标准化服务与智能自治。**

多模态技术引擎的现状必然给开发者带来选型、开发应用的困难，即如何能够适应不同场景，还有足够高的性能表现，这也是当前数据库发展面临的困境。为了解决这个问题，一个办法是无需用户进行复杂选择，而是由系统基于AI智能调度、Serverless等解决方案，彻底实现多引擎的统一标准化服务。从底层的角度看，未来开发者无需感知具体的产品选型，比如在做数据分析时，系统会自动调度性能最好、事务交易一致性的方案。

与此同时，面对云数据库时代数十万的数据库实例，人力运维是不现实的，智能化技术与数据库底层的融合，可以智慧管理数据库全生命周期，也是未来数据库的关键特征。

程序员职业发展建议

10. 如何将程序员做成具有长久生命力的职业？

程序员从来不是一个只吃青春饭的职业。当你经历的东西越多，见过的架构越多，你的经验肯定会更丰富，看问题更能迅速看到本质。所以，做技术没有天花板，而技术人员的职业生涯，也没有瓶颈期。

但是，最好在某些方面有比较深入的钻研，追求精度与深度。同时，不能放弃广度，广度意味着更多的机会，帮助你由点及面地开展工作。

例如，一些通用的底层技术，就值得钻研。只要你从事计算机系统工作，那你在大多数时候都离不开它们，包括内核、网络、数据结构、算法等等。对底层技术的研究相当于不断发现水面下的冰山，它具有持久延续性、广泛延展性。不管你做什么工作，你依赖的这些基础都是相通的，所以我相信，提高基础能力，你的前景肯定会越来越光明。

雷海林

腾讯云数据库专家工程师，腾讯云TDSQL技术负责人、首席架构师。2007年加入腾讯，持续专注于金融级分布式数据库研发，带领团队实现多次业界领先的分布式数据库技术突破，在分布式事务、SQL兼容性、内核安全、智能运维方面持续创新，产品获得大量金融客户的认可，市场规模大幅领先同业。

“软件定义”全新的智能汽车

文 | 俞斌

进入新世纪以来，尤其是近十年，汽车行业的“电动化、智能化、网联化、共享化”发展趋势明显，新能源、人工智能、移动通信、云计算、大数据等技术在自动驾驶、车联网、智能座舱、共享出行等领域的作用日渐凸显。

特斯拉首先开启智能电动车时代，应用新能源、智能驾驶等技术打造科技感十足的明星产品，逐步获得全球用户认可；小鹏、蔚来和理想等创业公司同样选择智能电动车赛道切入汽车行业，面对新冠疫情和政策退坡的双重压力，中国市场的电动车销量逆势增长；在国内外新势力造车的示范引领下，百度、小米、滴滴等互联网大厂相继宣布造车计划，给百年车企带来巨大的冲击。

新的产业图谱

从诞生那天开始，智能电动车就绕开了传统车企在内燃机领域建立的“厚重”专利墙。几乎所有的新能源汽车品牌都不约而同地下注“三电”、智能驾驶、智能座舱等核心技术，重新定义智能汽车的游戏规则。

在市场、政策和资本的推动下，智能电动车迅速普及，不断涌现的汽车新品牌轻装上阵，勇敢地挑战百年汽车大厂。老牌零部件供应商面临宁德时代、地平线、中科创达等新玩家的跨界竞争；华为、百度、高通、英伟达等科技巨头跑步入场，汽车行业重大变革已经来临，智能汽车产业图谱正在悄然发生变化。

新的发展路径

区别于传统汽车，智能汽车同时开启了“技术”和“商业”模式两个相互融合的创新方向，从单纯的“卖车”向“卖车+卖服务”转型。

在中国市场，自动驾驶、新能源等创新产品和“顺风车、专车”等新型出行服务已经得到年轻用户的高度认可，融合自动驾驶技术和汽车共享概念的RoboTaxi已经开启示范运行。

自动驾驶水平的不断提升将彻底改变移动出行模式，这种变革可能会在干线物流、出租车等移动出行服务市场率先落地。

同时自动驾驶、车联网、新能源等技术将成为汽车品牌竞争的焦点，芯片、算法和嵌入式软件都将成为智能汽

车重要的“零部件”（见图1）。

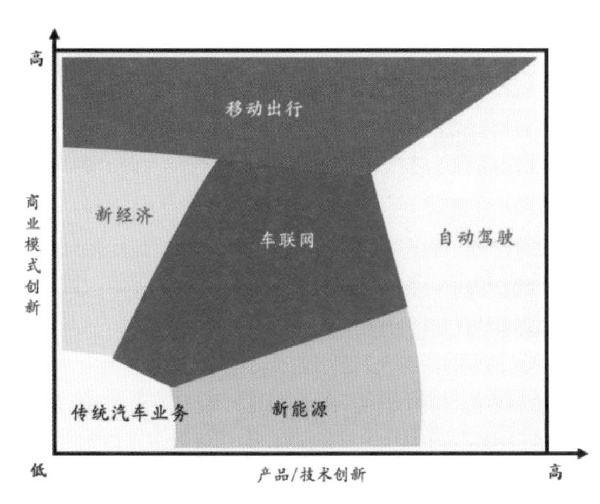

图1 智能汽车创新路径图

新的软件技术栈

在传统汽车“硬件集成”模式上，智能汽车强化了“软件定义”的概念，从整车70+个算力有限的独立ECU/MCU到小于10个的大算力ECU，从基于信号矩阵的硬件集成到基于SOA的软件集成，从更新困难的嵌入式系统到可持续迭代的“端云一体”的软件系统，智能汽车的车载系统正在导入全新的软件技术栈，为“软件定义”提供了良好的技术基础。新的软件技术栈可能包含满足功能安全要求的车载计算平台、操作系统、中间件、人工智能算法、云端的地理信息服务、智慧交通服务、信息娱乐服务等。

本期专题从智能汽车软件开发的角度，重点分析端云一体的汽车软件架构、时空同步的车路协同系统的发展现状和趋势，多位智能汽车行业大咖从软件定义汽车、自动驾驶、数字孪生等不同视角分析了云计算、人工智能、物联网等技术给汽车行业带来的影响和机会，希望为智能汽车行业从业者提供借鉴和参考。

面对百年一遇的智能化变革机遇，中国已经成为智能汽车行业变革的核心战场，勇于创新的程序员已经敏锐地抓住机遇，投身智能汽车行业，希望在未来的行业变革中留下“中国印记”。

俞斌

联友科技CTO，汽车电子专业本科，工业自动化专业硕士，25年以上的汽车行业从业经验，长期从事企业信息化规划、设计、开发和运维工作，曾经多次主持编制东风汽车集团智能网联汽车战略规划和信息化规划。

IEEE：软件正在吞噬汽车

文 | Robert N. Charette 译 | 弯月

随着自动驾驶和新能源汽车的到来，传统汽车行业面临数字化冲击，其中，软件迅速占领汽车制造业，将为汽车增加数亿行代码并成为整个生态链的重要一环，而传统汽车行业又该如何应对？

有关半导体芯片的持续短缺导致全球汽车产量下降的种种预测不断升温。2021年1月，有分析师预测，受芯片短缺的影响，全球汽车产量将减少150万辆；到4月时，这一预测数字已增长至270万辆；截至5月，这个数字则达到了410万（见图1）。

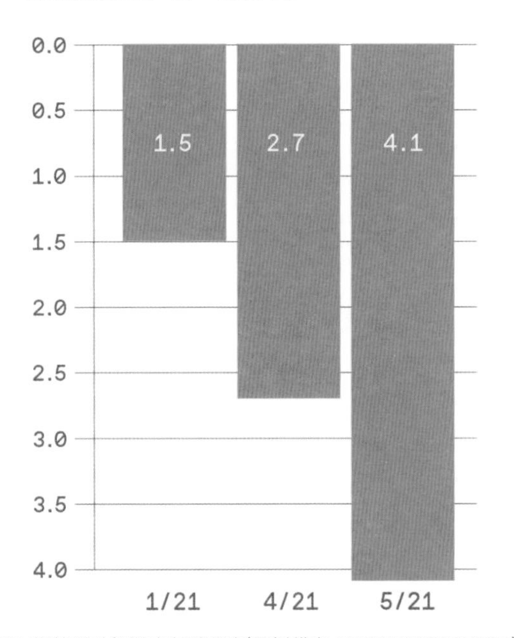

图1 芯片短缺对全球汽车产量的影响（图表制作者：MARK MONTGOMERY）

半导体芯片的短缺不仅突显了汽车供应链的脆弱，也使当今汽车行业对隐藏在车辆内的数十台计算机的依赖曝光在人们的视野中。

美国克莱门森大学国际汽车研究中心汽车工程系主任Zoran Filipi表示："没有其他行业像汽车业一样经历着如此迅速的技术变革。这种发展的推动力来自即将到来的需求、越来越严格的二氧化碳排放标准，同时还伴随着以前所未有的速度发展的自动化与信息娱乐，而且还需要满足客户对性能、舒适性以及实用性的期望。"

面向汽车业，未来几年将发生更大的变化。为了减缓全球气候变化，越来越多的汽车制造商都承诺逐步淘汰内燃机动力汽车，并最终由能够自动驾驶的电动汽车取而代之。

过去十年间，内燃机动力汽车取得了快速发展，但它的结局早已在冥冥之中注定。

慕尼黑技术大学信息学名誉教授、汽车软件专家Manfred Broy指出："过去软件是汽车的一部分，而如今软件决定了汽车的价值。车辆的成功对于软件的依赖超出了对机械的依赖。"他表示，如今几乎所有汽车制造商或业内人士所谈论的车辆创新都与软件有关。

十年前，只有高端汽车才包含100多个基于微处理器的电子控制单元（Electronic Control Unit，ECU），这些ECU在车身内形成了网络，执行着1亿多行甚至更多的代码。而如今，像宝马7系这样拥有先进驾驶辅助系统等技术的高端汽车可能包含150个或更多的ECU，像福特F-150此类的皮卡甚至达到了1.5亿行代码。即使是低端汽车也包含大约100个ECU以及1亿行代码，因为以前所谓的豪华选项功能（如自适应巡航控制、自动紧急制动等），如今已成为标准配置（见图2）。

自2010年起，一些安全功能成为强制要求，包含电子稳定控制、备用摄像头、欧盟的自动紧急呼叫以及更严格的排放标准。而内燃机动力汽车只能使用更具创新性的电子设备和软件才能达到这些标准，这进一步推动了ECU以及软件的渗透。

根据全球领先的专业服务机构德勤公司估算，截至2017年，一辆新车成本的40%可归于基于半导体的电子系统，与2007年相比该成本翻了一番。据估计，到2030年，该数字将接近50%。德勤公司还进一步推测，如今每一辆新车都装有价值约600美元的半导体，由多达3千多个类型的芯片组成（见图3）。

Body	Chassis	Infotainment	Powertrain	Safety

CLICK ON TABS TO DISPLAY MAJOR ECUs AND THEIR FUNCTIONS

1. INSTRUMENT CLUSTER
   Driver information.
2. BODY CONTROL MODULE
   Basic body (windows, lights, seats, wipers, etc.).
3. DOOR MODULE
   Local switch inputs to Body Control Module (windows, mirrors, seats).
4. CENTER CONSOLE SWITCH PANEL
   Local switch inputs to Body Control Module (defrosting, heated seats, etc.)
5. STEERING COLUMN CONTROLS
   Local switch inputs to Body Control Module (Turn signals, lights, wipers).
6. STEERING WHEEL CONTROLS
   Local switch inputs to Body Control Module (Entertainment, Communications).
7. SMART FUSE BOX
   Power distribution and management (e.g. key-off load control).
8. CLIMATE CONTROL
   Control of cabin temperature, humidity.
9. ANTI-THEFT SECURITY SYSTEM
   Control of vehicle security systems.
10. KEYLESS ENTRY SYSTEM
    Can be combined with Tire Pressure Monitoring System.
11. ADAPTIVE LIGHTING CONTROL
    Control the brightness of individual headlight LEDs.

Car illustration: L-Dopa Design + Illustration

图2 汽车主体架构设计

透过ECU数量与软件代码行数，我们可以看出当前车辆中存在错综复杂的电子与软件编程。观察它们的协同工作方式，就会发现其中存在着大量驾驶员看不到或不需要看到的复杂性。为了向买家提供多种选择，汽车制造商不得不推出新的安全性、舒适性性能以及娱乐功能体验，这导致每个品牌及型号都出现了多个版本。此外，从汽油到电力、从人类驾驶到自动驾驶的转变，大量新代码的编写、检查、调试以及抵御黑客攻击的安全性，如今的汽车变成了带轮子的超级计算机，并迫使汽车行业变革。但是，汽车行业能够适应这种变化吗？

功能与变量驱动的复杂性

过去的二十年中，在提供更多安全及娱乐功能的需求推动下，汽车已经从单纯的交通工具转变为移动计算中心。与服务器机架、高速光纤互连不同，ECU和电路之间的数据通信发生在整个车身内（甚至车身外）。每次你去超市时，车辆都会执行数百万行代码。

Vard Antinyan是沃尔沃汽车的软件质量专家，他撰写了大量有关软件及系统复杂性的文章，他解释说，截至

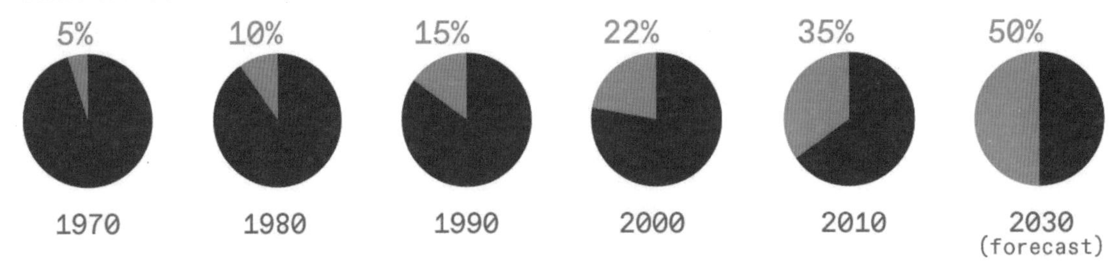

图3 不同时期电子系统占汽车总成本的百分比（图表制作者：MARK MONTGOMERY 资料来源：德勒）

2020年，“沃尔沃拥有大约120种ECU，我们从中选择ECU来创建每辆沃尔沃汽车中的系统架构。这些ECU总共包含1亿行源代码。”Antinyan表示：“这些源代码包含1000万行条件语句以及300万个函数，而源代码中大约有3000万处都调用了这些函数。”

根据ECU的计算能力、ECU控制功能、需要处理的内部与外部信息和通信，以及是否由事件或时间触发，还有强制性的安全和其他监管要求，每个ECU中驻留的软件数量和类型都不相同。在过去的十年中，为了确保操作质量、可靠性和安全性，投入的ECU软件越来越多。

采埃孚（全球最大的汽车零部件供应商之一，以下简称ZF）软件解决方案与全球软件中心副总裁Nico Hartmann表示：“为检测不当行为以确保质量和行驶安全的软件数量正在增加。”Hartmann指出，十年前专门用于确保操作质量的ECU软件只有大约三分之一，而如今通常都会超过一半或更多，尤其是在关键的行驶安全系统中。

沃尔沃车辆中包含哪些ECU和相关软件（如豪华款SUV XC90拥有大约110个ECU），取决于几个因素。与所有汽车制造商一样，沃尔沃针对不同的细分市场提供每种车型的不同版本。Antinyan指出：“即便是相同型号的沃尔沃，在瑞典购买到的车辆也可能会不同于美国地区出售的。”每辆车不仅需要满足区域监管制度，而且每个车主也可以选择不同的发动机、驾驶系统、安全系统或其他功能。而车主选择的标准、各项配置以及法律要求的设备，这些将共同决定嵌入车辆的ECU、软件和相关电子设备的数量和类型，确保能够无缝协同工作。

Antinyan表示，对于一家汽车制造商来说，“车辆的多个版本非常难以管理，因为它涉及每个人。”举个例子，营销部门希望为不同的客户群提供拥有各种功能、多种多样的车型，而设计和工程部门则希望减少变量，从而将系统集成、测试、验证都保持在可控范围内。每增加一项功能就意味着需要增加额外的传感器、执行器、ECU和相应的软件，同时为了确保这些元件正常工作，还需要付出额外的集成工作。

根据德勤的估算，从研发到开始生产，40%的车辆研发费用都消耗在了系统集成、测试、核查和验证上。记录生产和销售的每个车型中所有当前以及遗留的电子产品和软件是一项非常艰巨的任务。因此，有效管理各个变体的复杂性是整个汽车行业都面临的一个重大问题。

毋庸置疑，为了连接整个车辆内所有的ECU、传感器和其他电子设备，并给它们供电，需要耗费大量布线和人工。为了支持车辆定制，汽车需要使用数千种不同的线束，控制经过车辆的信号流也需要多个物理网络总线。

车辆的物理电子架构带来了更多需要应对的网络设计约束。许多ECU需要靠近与其交互的传感器和执行器，如制动系统或发动机控制的ECU。因此，一个连接数千个组件的汽车网络线束将包含1500多根电线，总长度约5000米，重量超过68公斤。随着ECU、传感器和相关电子设备数量的增加，减少线束重量和复杂性已成为汽车制造商的主要目标。

测试挑战

即便花费大量精力、时间和金钱来确保不同电子设备之间的协同工作，也无法确保每种ECU可能出现的组合在投入生产之前接受彻底的测试。虽然涉及车辆安全性的要求很少发生变化，但ECU构建的复杂性更多地体现在消费者可选的舒适性、便利性或性能等功能上。在有些情况下，某种可选特性与功能的特定组合，“可能是第一次出现在从生产线上下线的车辆中，也是第一次经历测试。”采埃孚汽车系统产品规划副总裁Andy Whydell如是说。

有些汽车制造商拥有数十万种车型的构建组合。他说，为了针对某些车型中可能出现的各种电子设备组合进行现场测试，“可能需要使用十亿种不同的测试配置。”然而Whydell表示，在车辆研发过程中，原始设备制造商可以使用“面包板”对多个ECU构建组合进行实验室测试，无须针对每种情况单独造一辆车。

即使是经过严密测试的流行模型，售后也会定期发现错误，并发布软件补丁。有些补丁本身还需要补丁，通用汽车就曾出现过这种情况：畅销款2019年雪佛兰的Silverado以及GMC Sierra轻型卡车和凯迪拉克CT6的召回，都是因为这个原因。

Whydell指出，还有一个因素导致变体管理更具挑战性：“几乎所有ECU设计和软件都外包给供应商，原始设备制造商负责集成ECU”，他们可以根据所需的可定制功能创建统一的系统。Whydell表示，个别供应商往往对原始设备制造商如何集成ECU没有深入了解。同样，原始设备制造商对驻留在ECU中软件的了解也有限，这些软件通常都被当作“黑匣子”，能够支持信息娱乐、车身一致性控制、远程信息处理、动力传动系统或自动驾驶辅助系统等多种功能之一。

2020年，时任大众汽车集团首席执行官、现任董事长的Herbert Diess发表的评论说明，由汽车制造商开发的软件几乎寥寥无几。当时他承认：“几乎没有一行软件代码来自我们。”根据大众汽车可以看出，车辆内的软件之中只有10%由内部开发，其余90%是由数十家供应商提供。据报道，在有些原始设备制造商中，这一数字可以达到50%之多。

如此多的软件供应商，每一家都有自己的开发方法，他们使用了自己的操作系统和语言，这显然又增加了另一层复杂性，尤其是在执行验证和核查方面。最近Strategy Analytics和Aurora Labs对整个汽车供应链中软件开发人员进行的一项调查就突出了这一点。其中有一个问题询问了评测一个ECU中的代码变化对另一个ECU的影响难度，大约37%的人表示很难，31%表示非常困难。

汽车公司及其供应商意识到，他们必须展开更多合作，才能更严格地控制数据配置管理，并防止由于ECU代码突然变更而引发意外后果。但双方都承认还有很长的路要走。

加强信息安全

当然，汽车制造商不仅必须确保软件能保障行驶安全，还要提供信息安全。2015年，安全研究人员远程控制了2014年生产的Jeep Cherokee，为行业敲响了警钟。如今，每个供应商和原始设备制造商都意识到网络安全乏力的威胁。据报道，通用汽车有90名工程师全职开发网络安全对策。

然而，十年前，“车辆软件的设计需要保证行驶安全，而信息安全是次要的。”车辆网络安全专家、美国运输部克莱门森大学互联多式联运中心主任Mashrur Chowdhury说道。我们需要注意这一点，因为大部分软件都是十年或更早以前设计的，在当时信息安全并不是需要优先考虑的大环境下，这些软件仍在现如今的ECU中使用。

此外，在过去十年中，车辆内外的通信呈爆炸式增长。

据估计，2008年，豪华汽车的ECU之间数据信号交换只有2500个。沃尔沃的Antinyan表示，如今沃尔沃汽车中的120个ECU连接了7000多个外部信号，而汽车内部交换的信号数量要高出两个数量级。咨询公司麦肯锡估计，这些信息每小时的数据量可轻松超过25GB 。

Chowdhury表示，随着过去十年间移动应用和基于云的服务爆炸式增长，车辆本身内置的电子设备越来越复杂，“潜在的攻击面几乎每天都在增加。”

各国政府也注意到了这一点，并推出了多项汽车制造商需要贯彻的网络安全义务。其中包括拥有经过认证的网络安全管理系统（Cyber Security Management System，CSMS），该系统要求每个制造商“展示基于风险的管理框架，用于发现、分析和防范相关威胁、漏洞以及网络攻击。”

此外，原始设备制造商还需要通过软件更新管理系统，确保安全地管理无线软件更新。他们鼓励汽车制造商“维护每台车辆的ECU、每辆组装车辆中使用的操作软件组件的数据库，以及整个车辆生命周期内应用的版本更新历史日志。”这份软件清单可以帮助汽车制造商快速确定哪些ECU和特定车辆会受到某个网络漏洞的影响。

软机械师

在汽车内的电子线路不出问题的情况下，相信大多数司机并不会关注到它。不过，随着过去十年间电子线路的增加，驾驶员也会经常关注车辆的电子设备。

根据金融咨询公司Stout Risius Ross编制的《2020年汽车缺陷和召回报告》显示，2019年是创纪录的一年，因电子元件缺陷而被召回的车辆高达1500万辆。其中一半的召回都涉及软件的缺陷，这个比例创下了自2009年以来的新高。另外，近30%的缺陷与软件集成有关，也就是软件与车辆中其他电子组件或系统的接口引发了故障。三菱汽车曾经召回了60000辆SUV，原因是其液压单元ECU中的软件错误干扰了多个安全系统。

最后，超过50%的缺陷都有一个特征：虽然不是由软件缺陷引起的故障，但仍然可以通过软件更新进行补救。福特汽车曾召回了Fusion和Escape车辆的某些型号，原因是冷却液可能会进入发动机气缸孔，并永久损坏发动机。福特的解决方法是，重新编写车辆的动力传动系统控制软件，以减少冷却液进入发动机气缸的可能性。Stout的数据显示，在过去五年中，利用软件修复车辆硬件问题的现象在稳步上升。

Stout总经理Neil Steinkamp表示：“平均召回规模一直在下降，车辆的平均年龄也在下降。制造商可以利用科技更快地发现缺陷”，尤其是一些涉及电子产品的缺陷。与软件相关的缺陷往往出现在新款车辆中，而ECU和其他电子元件的缺陷往往在车辆推出一段时间后才会出现。

Stout总监Robert Levine指出，最近与车辆电子设备相关的组件缺陷有所增加，“不仅限于方便性，关键的行驶安全组件的缺陷也在增加。”例如，自要求2018年5月1日之后制造的所有车辆都必须为驾驶员提供车辆正后方3×6米的可见区域以来，美国就发生了一系列倒车摄像头召回事件。许多原始设备制造商发现，复杂的摄像头软件与其他车辆安全系统的集成非常困难。

此外，其他新的车辆安全系统的运行也并非完全顺利。美国汽车协会（American Automobile Association，AAA）针对可以帮助驾驶员转方向或制动/加速的先进驾驶辅助系统进行的一项研究表明，这些系统往往会在没有任何通知的情况下停止辅助，即刻将控制权交还给驾驶员。测试表明，平均每13公里就会出现某种类型的问题，包括很难让车辆保持在车道中正常行驶，或者不要让车辆太靠近其他车辆或护栏。

维修费用节节攀升

许多车主只有在必须支付维修费用时，才会意识到他们的车辆越来越复杂。在具有高级安全功能的车辆发生碰撞事故后，60%的修理费均来自车辆的电子设备。AAA

于2018年的一项研究表明，一块挡风玻璃的维修成本原本在210～220美元之间，但如果车辆的挡风玻璃上安装了摄像头，用于自动紧急制动、自适应巡航控制和车道偏离警告系统等，那么即便是轻微的损坏，维修费用也会攀升至1650美元。校准这些系统的费用（通常是手动完成的）是高成本驱动的因素。

由于传感器的微小错误校准也会大大降低这些安全功能的有效性，“因此，供应商开发了自动校准系统，可以消除或简化手动操作，”ZF的Whydell说道。这有助于提高校准精度，同时还可以降低维修成本。

Whydell还表示，供应商和原始设备制造商正在研究如何将车辆周围的传感器安装在不太可能在事故中损坏的位置上。AAA报告称，仅修理位于后保险杠的超声波系统（可提供停车辅助功能）这一项的成本就高达1300美元。如果用于盲点监测和交叉路口警报的后方雷达传感器也损坏，则追尾事件可能会产生2050美元的额外费用。

随着电子产品维修成本的攀升，保险公司判定报废的成本可能更低。理赔管理公司Mitchell International最近的一份报告称：受汽车电子设备维修成本的影响，报废车辆的平均车龄一直在下降。报告指出，随着“车辆复杂性的增加”，预计这一趋势将持续下去。

EV+AI=难以管理的复杂性

如今，汽车制造商面临着一个特殊的难题。根据J.D. Power市场信息公司对美国车辆最新可靠性的研究显示，内燃机车辆的可靠性达到了32年以来最高，而且也更加舒适、更安全且污染更少。然而，为了应对政府以及公众对全球气候变化日益增长的担忧，制造商不得不放弃精心制作的内燃机车辆，转向将来能够实现自动驾驶的电动汽车（Electric Vehicle，EV）。

令汽车制造商的处境雪上加霜的是，为了开发电动汽车，他们必须跨越软件的鸿沟。ZF的Whydell观察到，在车辆中，使用当今最新架构的软件管理难度非常大。对此，不少人也非常赞同这种看法。

咨询公司麦肯锡称，车辆软件的复杂性正在迅速超越开发以及维护的能力。过去十年中，软件的复杂性增加了四倍，但供应商和原始设备制造商的软件生产力却几乎没有提高。此外，他们还认为，在未来十年内，软件的复杂性可能还会再增加三倍。汽车制造商和供应商都在努力缩小“开发能力与生产能力之间的鸿沟”。

部分问题在于如何支持稳步增长的代码库。一位汽车公司负责人向麦肯锡公司分享道，按照目前的速度，如果开发与生产的差距不缩小，现有代码库的软件维护将耗尽他们公司所有的软件研发资源。事实上，Whydell观察到，“在有些情况下，汽车行业不再将总代码行数视为复杂性的衡量标准，而是以原始设备制造商或供应商为满足当前及未来的需求而雇用的软件开发者数量。”

如果真如大众汽车董事长Herbert Dies所说，“未来汽车创新的90%皆来自软件”，那么缩小开发能力与生产能力之间的差距是尤为艰巨的任务。而拥有必要的软件专业知识将是成功的关键。麦肯锡公司表示，“虽然为了赢得软件上的优势，各个汽车企业必须在许多层面上都有优异的表现，但吸引和留住顶尖人才可能是最关键的因素。”Whydell承认，聘请到合适且优秀的软件专业人才是“让我夜不能寐”的原因之一。这同时也是其他供应商以及原始设备制造商的高管寝食难安的原因之一。

原始设备制造商认识到，根据特斯拉CEO Elon Musk提出的“软件定义汽车”的概念（以特斯拉为代表），他们目前的做法——将必要的软件和电子设备外包给供应商，然后将它们集成到内燃机车辆的做法，并不适用于电动汽车。

WardsAuto网站引用了一级汽车供应商Continental AG研究及高级工程主管Tamara Snow的一句话：内燃机车辆中使用的分散式ECU架构的功能和复杂性“已达到极限”，尤其是考虑到完全自动驾驶功能需要大约5亿行或更多的代码。

我们需要新的车辆软件和物理架构来管理电池组，而不是内燃机和相关的动力传动系统。这种架构仅包含少量功能强大、速度极快的计算机处理器，它们负责执行微服务驱动的代码，并通过更轻量级的线束甚至是无线的方式在更多传感器之间进行内部通信。外部沟通也将更加重要。ZF的Hartmann指出，这些新架构需要由原始设备制造商和供应商的软件团队来开发，而且要低成本且不断缩短开发周期，所以他们需要学习开发软件以及系统的新方法。

Manfred Broy表示，最大的问题在于，高管层的软件专业知识不足以理解当下所需的转型。虽然车辆中硬件的复杂性非常明显，但Broy观察到，“更重要的是软件的复杂性（这在很大程度上取决于硬件的选择），尤其是软件的成本，原始设备制造商很难认清这一点，但这对于他们的长期发展尤为重要。”他表示，汽车行业的高管大多是“顽固派”，但是他们又手握大权。

克莱门森大学国际汽车研究中心汽车工程系主任Zoran Filipi解释说：“一百多年来，原始设备制造商的精力一直都集中在完善内燃机上，车辆的其余组件都外包给供应商，最后将所有组件集成在一起。随着电子产品和软件在车辆中的普及，他们也采用了相同的方法，即将它们视为集成到车辆中的另一个‘黑匣子’。而如今，原始设备制造商及其供应商需要将工作重心从硬件至上转变为软件至上，同时在未来十年内仍然需要使用现有的方法支持和改进内燃机汽车。”

奥迪AG前研发主管兼董事会成员Peter Mertens最近在接受CleanTechnica采访时表示，“德国汽车工业赋予了他们最关键的新产品，这将决定他们的公司能否在现有结构中生存下去，这些公司成功的关键在于软件，但各位高管在这方面的经验和知识却非常薄弱。”

Mertens表示：“我们需要一种方法来淘汰不能胜任的高管，譬如可以让大众、奥迪、保时捷、宝马和戴姆勒针对所有高层管理人员进行一次评估，并要求他们编写一个小游戏或一个简单但有效的病毒。如果他们做不到，就立即解雇他们，因为他们不适合这份工作。看看这样下来还能剩下多少人？”Mertens说道。

毕竟，历史是血与泪的教训。

Robert N. Charette

IEEE Spectrum特约编辑，关注商业、政治、技术和社会风险等领域。他曾围绕风险管理、项目管理、计划管理、创新和创业等主题撰写过多本书籍与文章，同时也是IEEE的终身高级成员，曾于2008年获得IEEE计算机协会Gold Core Award。

本文已获作者翻译授权，原文地址：

https://spectrum.ieee.org/cars-that-think/transportation/advanced-cars/software-eating-car

软件定义汽车研究：四层架构趋势和产业全景

文｜佐思汽研

软件定义汽车的大幕已启，越来越多的车企正向软件转型，同时，更多的开发者正逐渐进入汽车行业。那么，软件定义汽车究竟为汽车行业带来了哪些变化？汽车软件的研发和互联网开发有哪些异同？本文从总体架构、软件IP等多个维度出发，较为全面地展现了软件定义汽车的真实面貌。

软件定义汽车的总体架构可以分为四层，细节可参见图1。

- 硬件平台，异构分布式硬件架构。
- 系统软件层，包括虚拟机、系统内核、POSIX（可移植操作系统接口）、AUTOSAR（汽车开放系统架构）等。
- 应用中间件和开发框架，包括功能软件、SOA（面向服务的架构）等。
- 应用软件层，包括智能座舱HMI（人机交互）、ADAS/AD（高级辅助驾驶系统/自动驾驶）算法、网联算法、云平台等。

当前，智能汽车软件的商业模式以“IP+解决方案+服务”为主，Tier1软件供应商的收费模式包括：

- 一次性研发费用投入，购买软件包，如ADAS/AD算法包。
- 单车的软件授权费用（License），Royalty收费（按汽车出货量和单价一定比例分成）。
- 一次性研发费用和单车License打包。

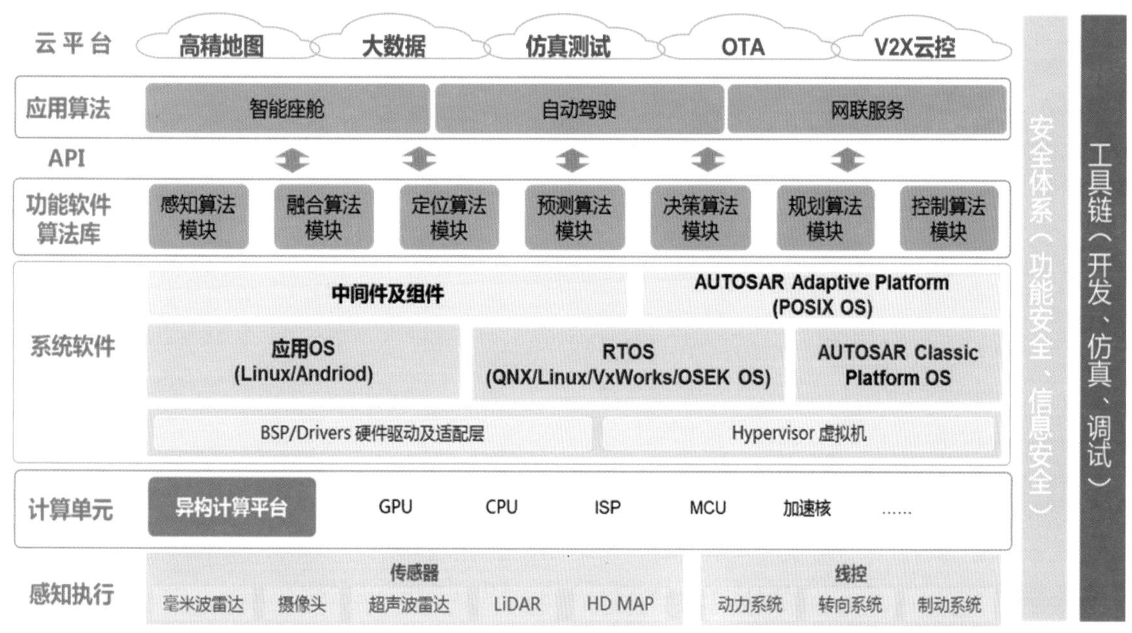

图1 软件定义汽车的总体架构设计（来源：佐思汽研）

以软件IP授权费为例，若不考虑复杂度极高的AD软件，我们估算目前单车软件IP授权费至少是两到三千元。随着智能汽车功能复杂度不断提升，单车软件授权费价格还将持续攀升，如图2所示为不同车载软件的单车IP授权费估算。

同时，主机厂也正在大力扩充内部软件研发团队，以此来降低外部软件供应成本。接下来，主机厂软件研发的主攻方向仍然是能为消费者直接创造价值的软件，如座舱HMI、自动驾驶等。

当然，也可以通过软硬件的解耦，与独立的软件供应商合作研发，如宝马与诚迈科技合资、中科创达与华人运通合资等。但针对通用软件（如环视拼接、语音、DMS），以及共性平台级软件（如操作系统内核、虚拟机、高精度地图、云平台等），主机厂仍优先考虑对外采购。

总体而言，随着软件复杂度的不断提升，单车软件全生命周期价值（ASP）可能高达上万元甚至数万元之多。未来，推动软件将成为整车BOM（物料清单）成本的一大主要成本项。

而随着软件定义汽车的不断演进，汽车行业的商业模式也将随之改变——从长期以来依赖新车制造和销售获取利润，转向规模更大的软件×保有量市场收费。整车厂将通过向C端收取软件授权和OTA更新服务费，来完成商业模式闭环。

以特斯拉为例，2020年底推出的FSD Beta测试版（完全自动驾驶测试版）提价两千至一万美元，面向L3/L4级自动驾驶功能还将继续提价至1.4万美元。特斯拉正积极推动FSD从一次性前装收费转变为订阅服务持续收费的模式，以此来扩大潜在的付费客户群。

2021年7月16日，特斯拉的订阅付费服务率先在美国上线，按月计费、可随时取消。已购买EAP（增强版自动辅助驾驶）的用户月费99美元，若车辆只有随车标配的Autopilot，月费则会增加到199美元。同时，没有HW3.0的老车款也可以付费1500美元升级硬件，以便使用月费制的FSD订阅。

一旦特斯拉商业模式转型完成，则所有特斯拉存量车主均可能成为其FSD的订阅付费用户。假设有1000万特斯

软件IP	单车软件授权费估算/元	附注
操作系统内核优化	100~150	车载控制和信息娱乐两个OS的软件授权费用，两个操作系统中一个负责车载控制系统（高可靠性、高安全性），一个负责信息娱乐系统（应用丰富），按汽车平均单价测算，目前操作系统优化平均100~150元/车
基础软件、中间件	200~300	CP AUTOSAR和AP AUTOSAR、SOA软件平台，以及座舱中间件、自动驾驶中间件、车控中间件等
Hypervisor	100~150	以智能座舱为例，目前主要使用的方案是QNX Hypervisor + QNX仪表 + Kanzi的组合，从入门费、席位费、服务费、授权费到其他开发成本，以及有效的技术支持，从短期来看单台成本降低可能没有想的那么大，但综合来看还是值得的。非开源的Hypervisor可能需要支付从入门费、席位费、服务费、授权费到其他开发成本及有效的技术支持；如黑莓QNX入门费约21万美元
人机交互	50~100	包括UI/UX设计软件授权费用、语音交互（前端声源定位、降噪和识别、语音云端的ASR和自然语义理解）、手势控制授权费等
ADAS/AD算法框架	200~300	核心共性功能模块包括自动驾驶通用框架、网联、云控等，算法的编程框架（如Caffe、TensorFlow、PaddlePaddle等）
车内视觉AI算法软件	50~80	DMS驾驶员疲劳监测、人脸识别、电子后视镜等
环视和泊车软件	200~300	360环视拼接、芯片内置的前视算法（比如Mobileye EyeQ）、泊车软件等，视觉泊车可以额外打成软件包，卖给用户
高精度地图软件	1000	现阶段高精度底图初始授权费500~700元，更新服务费100元/年，整车生命周期单车价值ASP将从过去的电子导航底图的300元/车提升至1000元/车以上
云服务、OTA和安全软件	200~300	SOTA、FOTA、信息安全软件、云服务
网联软件	50~100	4G/5G流量、C-V2X软件栈和授权费、TCU和网关软件

图2 单车软件IP授权费估算列表（来源：佐思汽研）

拉存量车主用户订阅，月定价100美元，则每年将带来120亿美元的FSD订阅服务费（见图3）。特斯拉的软件毛利率高达70%~80%，且存量车主软件收入预期稳定非常强，这就为特斯拉构筑起了强大的护城河。

OEM软件定义汽车转型的三部曲

短期内，系统内核和中间层是重点研发方向，但从长期来看，SOA将带来商业模式变革。OEM主机厂要完成软件定义汽车转型，至少需要实现：

■ 整车E/E架构（汽车电子电气架构）升级。硬件架构上从分布式ECU向域集中式，进一步向中央集中式+区域控制器升级，通信架构上车载网络骨干由LIN/CAN总线向以太网升级。

■ Linux、QNX和其他RTOS等只提供内核，主机厂在此基础上实现硬件抽象化，形成支持应用开发的中间层操作系统，定义开发者交互逻辑，搭建应用层，即所谓OEM自研操作系统，类似于Tesla.OS、大众集团的VW.OS、戴姆勒MB.OS、BMW-OS、丰田Arene。同时，越来越多的主机厂加入这一行列，如上汽零束SOA、理想Li-OS、沃尔沃VolvoCars.OS等。主机厂的最终目的都在于，通过简化车辆软件开发和增加更新频率，向所有人（企业）开放车辆编程，进而掌握开发者生态资源。

■ 进一步利用庞大的用户保有量构建开发者生态，整车厂利润中心由“硬件制造”变为“软件开发”。以特斯拉为例，在不断推动整车硬件降价的同时，FSD软件持续涨价，“一升一降”，推动特斯拉向以软件营收为主导的汽车企业快速发展。

短期来看，大部分OEM主机厂仍处于硬件架构升级的阶段，目前仅有特斯拉、大众完成了定制OS内核的开发构建及规模化应用。汽车软硬件解耦也处于发展初期，现阶段主机厂纷纷将底层基础软件（系统内核、AP AUTOSAR、中间层等）作为发展重点。

就长期而言，SOA将重构汽车生态。汽车行业很可能复制PC和智能手机的“底层硬件、中间层操作系统、上层应用程序”的软件分工模式。同时，将涌现出智能汽车中间件的行业巨头，上层App的开发者可以专注于应用开发而无须关注底层硬件架构。

车企则通过自建或与供应商合作搭建操作系统和SOA平台，引入大量的算法供应商、生态合作伙伴等形成开发者生态圈（见图4）。未来，车企将能够向用户提供全生命周期的软件服务。在这一背景下，主机厂纷纷布局SOA软件架构的开发，未来两至三年将是SOA量产的高峰期，为消费者带来更丰富的智驾体验。

汽车SOA软件平台类似于智能手机领域的苹果iOS、谷歌Android操作系统，不仅是通用化的软件架构，更是开发者生态平台。从智能手机领域来看，iOS和Android基本形成垄断，在全球范围内各自拥有超过2000万的开发者资源，汽车SOA软件平台同样可能由目前的百花齐放，逐渐收敛为寡头竞争市场。

同时，苹果iOS和谷歌Android开发者生态的巨大话语权在中美贸易战的背景下已成为受限的关键技术之一。

OEM	升级包	具体内容	收费标准
特斯拉	FSD付费订阅服务（按月付费，随时可取消）	自动辅助导航驾驶、自动变换车道、自动停车、召唤、交通标志与停车标志控制，未来将新增：在城市街道上自动辅助转向	99美元/月或199美元/月
特斯拉	Acceleration Boost（动力性能加速）	为双引擎版Model3用户提供加速升级，升级后的Model3从0到60mph的时间可由目前的4.4秒提升至3.9秒	2000美元
特斯拉	座椅加热	需要额外支付远程升级费用	2400元
特斯拉	Premium vehicle connectivity（高级连接服务）	车主付费升级后可使用实时路况、卡拉OK、影院模式等	9.9美元/月
特斯拉	Smart summon（智能召唤）	使用户可以“召唤”停在远处（60m外）的车辆，绕过障碍物导航到达用户身边	含在FSD内的
特斯拉	FSD功能包	升级到完全自动驾驶功能，该功能包括定售价为7000美元，2020年内多次涨价，目前已上涨至1万美元	美国1万美元 中国6.4万元

图3 特斯拉的软件服务收费项目（来源：佐思汽研）

厂商	Logo	SOA软件平台进展	量产计划
上汽零束软件	零束 Z-ONE	2021年4月，上汽零束SOA软件开发平台正式发布，将实现“T+0+1+7”的迭代速度，即在新的应用场景可在“T+0”时快速上线；新的轻应用可在“T+1”时快速上线；新的APP则可在“T+7”时快速上线。并且基于标准化的服务接口，开发过程的参与者将不再局限于整车厂，还将包括第三方应用厂商甚至个人开发者，最终旨在构建类似于智能手机上iOS/Android的开发平台	计划2022年量产搭载
小鹏汽车	小鹏汽车	小鹏汽车已实现EE2.0的双脑域架构中央计算，主干网络已经可以实现以太网+CANFD的数据；小鹏汽车采用混合SOA架构，最终形成了三层交互的整车软件架构形态，其中包含车身功能层、交互层、应用层。车身功能层提供少部分的服务接口，实现整车大部分的本地功能，最终被服务接口取代。交互层定义服务接口标准，安全有序地管理车身功能的所有服务。应用层要实现整车少部分本地功能，最终通过调用服务接口实现所有本地功能，实现远程终端应用和云端应用	计划2022年量产搭载
威马汽车	WELTMEISTER 威马汽车	威马汽车在威马W6汽车中应用SOA平台，上线了自定义编程功能，自定义场景超100个，手机端与车辆端同步。为满足用户出行场景的个性化需求，威马W6在复杂的SOA架构中，利用手机端APP“威马智行”首创通俗易懂的自定义场景编程功能（威马快捷）	2021年已量产
合众新能源（哪吒汽车）	HOZON 合众新能源	合众新能源哪吒S计划将基于SOA架构开发整个系统，产品正式上市时间可能在2022年下半年，可能首先搭载在内部代号为EP40的旗舰车型上，续航可达1000公里，采用“下一代AI控制器”“下一代智能驾驶控制器”“基于以太网的SOA架构”等	计划2022年下半年量产

图4 部分OEM车企SOA软件的量产部署（来源：佐思汽研）

尤其是华为被列入了美国实体清单后，谷歌宣布停止GMS服务授权，导致华为手机用户无法正常使用，华为不得不推出HMS服务和HarmonyOS以抗衡。由此可见，汽车基础软件平台也将关系到产业战略安全，已上升为国家战略，迫切需要建设汽车基础软件标准化平台。

在这一背景下，由工信部指导，中国汽车基础软件生态委员会（AUTOSEMO）于2020年7月正式宣告成立，联合二十多家成员单位，包括一汽、上汽、广汽、蔚来、吉利、长城、长安、北汽福田、东风、一汽解放、小鹏汽车、东软睿驰、恒润、拿森、威迈斯、地平线、苏州挚途、万向钱潮、威迈斯、重塑、中汽创智等，共同分享实践创新，构建开放的标准化软件架构、接口规范和应用框架。致力于发展我国自主知识产权的汽车基础软件产业生态体系，促进我国汽车产业向智能化加速转型发展。

Tier1发力重点

车企致力于定义更统一的中间件通信和服务，以降低开发成本和系统复杂度，操作系统和中间件是促进软硬件分离的底层软件组件。即使车企选择自研操作系统，但同时也会依赖于供应商提供标准的中间件产品。基础软件平台的架构极其重要，可大幅提升应用层软件的开发效率。

汽车电子软件标准主要包括AUTOSAR、OSEK/VDX等。其中，AUTOSAR标准发展了十多年，形成了复杂的技术体系和广泛的开发生态，已成为车控操作系统的主流。

AUTOSAR包括Classic和Adaptive两个平台规范，分别面向安全控制类和自动驾驶类。Classic AUTOSAR平台基于OSEK/VDX标准，定义了车控操作系统的技术规范。Adaptive AUTOSAR平台定义采用了基于POSIX标准的操作系统，可以为支持POSIX标准的操作系统及不同的应用需求提供标准化的平台接口和应用服务。目前，全球知名的AUTOSAR解决方案厂商包括ETAS（博世）、EB（Continental）、Mentor Graphics（西门子）、Wind River（TPG Capital），以及Vector、KPIT（美印合资）等。

在国内，Classic AUTOSAR标准下的开发工具链及基础软件海外供应商占据主导地位，包括EB、ETAS、VECTOR等，本土以东软睿驰、华为、经纬恒润等为主；Adaptive AUTOSAR方面，仍处于起步阶段，大陆EB和大众合作将AP AUTOSAR和SOA平台应用于大众MEB平台ID系列纯电动车型上。

此前，国内汽车基础软件架构标准及产业生态整体较为落后。在汽车智能化转型升级的趋势下，国内厂商纷纷将AP AUTOSAR作为发力重点，推出相应的中间件及其工具链产品，抢占市场先机（见图5）。

厂商	中间件产品	产品描述
Neusoft REACH	东软睿驰NeuSAR兼容最新版AUTOSAR标准的软件中间件	NeuSAR中间件能够持续适配不同指令集的硬件平台并对上提供统一封装接口，具备针对不同软件架构平台的抽象能力。跨域中间件主要针对域控制器及中央计算平台的硬件结构及拓扑，融合AUTOSAR AP/CP系统，给应用层提供统一的操作视图
HUAWEI	华为自研的越影操作系统、兼容AUTOSAR标准的软件中间件	• 车控OS（操作系统）：华为自研微内核操作系统-越影OS，越影OS使用华为鸿蒙操作系统微内核，鸿蒙微内核是跟Linux兼容的，也就是在Linux系统下开发的自动驾驶业务可以迁移到MDC软件平台上直接运行 • 自适应软件组件：华为自研的软件中间件，跟AUTOSAR是兼容的，用于软硬件松耦合用的中间件，这个华为自研的中间件也是这个作用。其中AI算子库中包含各种人工智能模型，兼容TensorFlow和Caffe这些比较常见的做深度神经网络学习的中间件
UNTOUCH 未动科技	高安全性能的自动驾驶中间件	未动科技中间件产品可支持满足POSIX标准的多种操作系统，移植到不同架构的处理器平台。经过严格的安全性测试和性能优化，满足ASIL-D等级，车载中间件产品是以Adaptive AUTOSAR基于Rust语言的实现，完全自主知识产权，自主可控。截至2020年底，未动科技已获得10家主机厂、30+款车型项目定点，预计未来5年交付总量150万台
TTTech	自动驾驶软件平台MotionWise	• MotionWise安全软件平台是包含MotionWise服务和第三方软件栈的集成解决方案 • Motion Wise运行在多主机环境中，其中一个Safety Host通常运行Classic AUTOSAR，一个或多个Performance Host运行POSIX操作系统。MotionWise支持的Safety Host安全等级可以达到ASIL-D • 全球搭载TTTech MotionWise产品已有25个以上车型SOP量产

图5 部分供应商的中间件产品（来源：佐思汽研）

SOA、分层解耦大势所趋，OEM、传统Tier1和软件供应商如何应对？

在SOA软件框架下，主机厂、Tier1以及其他被授权的开发者都将融入应用软件的开发生态。**主机厂向软件转型有三种路径模式：**

■ 与软件企业战略合作。OEM一边扩充内部研发队伍，一边与软件企业建立战略联盟。主机厂推进软件生态建设，但执行由软件Tier1来实现，如广汽研究院与东软睿驰、中科创达等组建联合创新中心。

■ 成立软件子公司，实现全栈技术自研布局。OEM逐渐掌握软件、算法、芯片等全技术栈的自主研发能力，一定程度上绕过传统Tier1，与过去二级软件供应商共同开发子系统。如大众软件子公司CARIAD（即Car.I Am Digital）、上汽子公司零束软件、长安汽车软件科技公司等。

■ 成立软件研发部门，通过合作、投资等方案与核心技术厂商直接合作，最大程度实现自主可控。主要在某一项或多项具备战略性差异的领域建立in-house的研发能力，部分共性软件外包，如初创企业蔚来、小鹏等，由于体量较小更加灵活，无须面面俱到，专注于智能座舱、自动驾驶核心应用软件的开发，组建了规模庞大的自研团队。

过去的汽车供应链，一般由实力强劲的Tier1提供软硬件一体化的“黑盒”产品，软硬件解耦难度非常高，特斯拉的进入打破了Tier1的商业模式。在未来，汽车电子零部件也将像过去的传统机械、车身零部件一样加速“白标化”，硬件差异化越来越小，利润也愈发透明。“硬件成本价”售车成为可能性，软件则将成为汽车的灵魂和OEM新的利润中心，车辆的差异化和盈利能力将向技术和相关软件堆栈转移。

在SOA和分层解耦趋势下，Tier1或软件供应商的应对策略：

■ 对于传统Tier1来说，部分系统功能开发权被主机厂收回是大势所趋。因此，传统Tier1迫切需要转型寻求新的出路，避免沦为硬件代工商。目前来看，软硬件全栈能力的打造，是抢占下一个市场份额制高点的关键所在，这一点，传统Tier1巨头深谙其道。更多的Tier1致力于打造“硬件+底层软件+中间件+应用软件算法+系统集成”的全栈技术能力，典型代表如博世、华为、德赛西威等，既能为客户提供硬件、软件，同时也提供软硬一体化的解决方案。

■ 对于软件供应商来说，随着OEM主机厂自主权和软件自研能力的不断加强，OEM主机厂开始寻求与软件供应商的直接合作。例如，OEM厂商将首先寻求将座舱HMI交互系统功能收回，UI/UX设计工具、语音识别模块、音效模块、人脸识别模块等应用软件则直接向软件供应商购买软件授权，从而绕过了传统Tier1，实现自主开发。对软件供应商而言，提供越多的软件IP产品组合，就越可能获取更高的单车价值。同时，软件供应商也正寻求进入传统Tier1把持的硬件设计、制造环节，如域控制器、T-BOX等，以提供多样化的解决方案。

总的来说，虽然目前软件定义汽车处于百花齐放的阶段，但结合软件行业发展的客观规律特征，从长期来看汽车软件行业将呈现两大特征：

■ 汽车软件的进入壁垒将不断提高，集中度越来越高。汽车软件的开发壁垒将使中小厂商难以为继，谁能够实现快速迭代、规模效应，谁就可能脱颖而出，在细分赛道占据较高的市场份额。例如，中科创达旗下的UI设计软件Kanzi已在国内占据80%的市场份额。

■ 汽车软件将呈现资本密集性特征，对资本需求越来越大，外部融资将以亿美元计。最终，汽车软件的各个细分赛道，都将出现数个大型软件供应商，占据主要市场份额（见图6）。

图6 应用层软件类别和部分供应商（来源：佐思汽研）

对话卷积神经网络之父杨立昆：掌握基本原理和保持原创性才能带来突破性创新

文｜罗景文（特约编辑） 译｜王启隆

图灵奖得主、卷积神经网络之父杨立昆（Yann LeCun）认为，即使是一项革命性的创新研究，通常也不会立即发挥巨大影响力，它需要很多时间推动其演变。那么，对于企业而言，该如何在长时间的基础研究与商业应用中取得平衡，保持技术创新的优势？作为开发者又该学习哪些知识和能力保持自身的原创性与独特优势？在本文中，杨立昆给出了他的答案。

回答嘉宾

杨立昆（Yann LeCun）

卷积神经网络创始人、2018年图灵奖得主，现任Facebook人工智能研究部门（FAIR）负责人。为卷积神经网络和图像识别领域做出了重要贡献，以手写字体识别、图像压缩和人工智能硬件等主题发表过190多份论文，拥有14项相关专利，被誉为“深度学习三巨头”之一。

提问嘉宾

邹欣

CSDN副总裁，曾在微软Azure、必应、Office和Windows产品团队担任首席研发经理，并在微软亚洲研究院工作了10年，在软件开发方面有着丰富的经验。著有《编程之美》《构建之法》《智能之门》《移山之道》4本技术书籍。

卷积神经网络（Convolutional Neural Networks，CNN）在最近这些年的深度学习领域可谓锋芒毕露，成为计算机视觉、语音识别等众多人工智能应用底层的基石，图灵奖得主杨立昆（Yann LeCun）便是它的重要奠基者之一。被誉为“卷积神经网络之父”的杨立昆，早在1998年，人工智能发展的第二次冬春交替之际，便创造出卷积神经网络的雏形：LeNet-5，为识别支票、数字之类的人工智能应用带来了突破性的进展。

当今，以机器学习、深度学习等为基础的智能系统逐渐渗入人们的生活，杨立昆认为，人们应当了解这些技术是如何实现和发展的。因此，他决定用通俗易懂的语言来解释人工智能领域的现状与最新进展，希望在科普的同时激发年轻人对于科学和研究的兴趣，《科学之路：人，机器与未来》一书由此诞生。

但与此同时，杨立昆直言人工智能还面临很多的未知，这些未知也影响到了自动驾驶等重要应用在近期的普及。本期《新程序员》，CSDN副总裁邹欣对话“卷积神经网络之父”杨立昆，分享他多年来在人工智能领域取得卓越学术成就和工程突破的经验，以及对行业人才的建议和忠告。

“很多想法是在技术成熟之前就诞生的”

邹欣：关于《科学之路：人，机器与未来》这本书，是

什么激发你写这本书的？你想在这本书中传达的核心思想是什么？

杨立昆：有几个原因。首先，我认为公众对学习人工智能有很大的需求，因为人工智能正在影响我们的生活，人们应该知道这些技术是如何起作用的。我试着站在高中生及大学生的角度上思考，想象他们想要了解哪些关于世界和科技世界的一切。同时，我也一直在寻找能用通俗易懂的语言解释人工智能或其他领域的最新发展的书，所以我认为这是一种需求。我看到很多年轻人对这个领域充满热情，我希望能够激励年轻人对科学和研究的兴趣。尤其是在中国，我看到了这种热潮。每次我去中国总是有很多年轻人对这个话题非常积极和着迷。所以，需要向他们解释AI是如何运作的。

这本书不止是面向年轻人，更是对公众和任何对AI感兴趣的人的科普，他们不需要明白数学原理也可以看懂。书中第一部分是关于历史背景的，里面有一点自传，主要讲述我刚进入这个领域时如何形成自己的思想。中间部分真正解释了关于现代人工智能、深度学习、神经网络等技术。例如，我们一直在使用的底层应用程序是如何运作的，这部分有点技术性；后面的部分是关于未来的，主要讲述AI和相关的应用将如何发展。

邹欣：在你研究生涯的早期，神经网络这个想法遭到很多人的质疑，也没有出现有说服力的应用。但是你仍然坚持研究，这有什么秘诀？

杨立昆：神经网络和深度学习花了很长时间才站到了台前。部分原因是当这些想法出现在20世纪80年代末90年代初时，可获得的数据集并不多、应用程序很难部署、计算机不够强大，很多缺失的技术当时还没有弄清楚，所以只能放弃了。直到2010年初，因为出现新的方法、更大的数据集，深度学习有了最好的神经网络算法，还有了更快的、带有GPU的计算机，深度学习才重新回到人们的视野。

然而在20世纪八九十年代，你必须有一个高端的UNIX工作站才能有更大的内存。但那时候没有摄像头，很难采集图像，也没有便携数码相机，只能拍照、扫描，或者购买非常昂贵的设备。所以当时几乎没有任何图像数据集，有一些字符的图像是因为有扫描仪，基本上只有手写字符图像和语音的大数据集，仅此而已。直到互联网的出现和数码相机的普及，这些数据集才开始出现。

当时我们得到的数据集大约有9000个样本，其中2000个用于测试，7000个用于训练。对我们来说，这是当时见过的最大数据集，已经能够去做训练。后来，我们还得到了一个更大的数据集，有60000个样本。这就是当时能收集到的最大的数据集了。

所以，如果你真的相信一个概念，认为一个想法很有价值，就应该努力追求它，尽管可能要等到看到成绩后，人们才会支持这个想法。所以，很多想法真的是在技术成熟之前就诞生的。

邹欣：詹姆斯·格雷（James Gray，1998年图灵奖得主，著名数据库专家）曾说过："很多伟大的研究论文一开始都被拒绝了。"在这种情况下，他的建议只有"重新给会议或刊物投稿"。你认为除了重新提交论文，研究人员还能做什么？

杨立昆：这让我想到了一个和arXiv有关的例子。arXiv是康奈尔大学运营维护的一个非营利的预印本数据库。业内有个惯例，为了防止自己的项目或想法在论文收录前被剽窃，大家会将预稿上传到arXiv作为预收录，上传的时间戳用于证明论文原创性，然后才会提交给会议或期刊；有时甚至不需要提交到会议或期刊，有些论文的arXiv版本就非常成功。这当中有大量的例子，其中一个例子是大约在两年半前，我的朋友在谷歌发布了一篇和预训练自然语言处理系统有关的BERT的论文，那篇论文仅仅还是arXiv版本就得到了六百多次引用。所以当他正式发布论文时，十几个不同的团队已经复现了相同的结果，他们在自己的版本中甚至还做了改进。

现在的科学界交流已经变得开放和快速，加速了科学的进步，这是一件好事。二三十年前我们没有任何其他传播论文的方式，除非把它们发表在大会或期刊上。在那个时候，如果没能发布在会议上，什么用都没有。所以我认为现在是一个完全不同的世界，我们的科学交流，自己发表就是一个有效的解决办法。

自动驾驶技术仍在发展中，远未成熟

邹欣：如今智能汽车实现自动驾驶过程中也需要用到深度学习等技术，但外界有声音指出“不相信人工智能控制汽车”，你认为自动驾驶技术需要经历哪些阶段的发展？

杨立昆：即使已经取得了不俗的成绩，但我还是得提醒一下，以免信心太过膨胀。2019年汽车的辅助驾驶系统得到了极大的发展，但全自主模型仍在试验中，大多时候仍需要有人坐在副驾驶座位上进行监视。目前科学界有以下两种辩论的声音。

- **“全部学习”的支持者。**相信端到端训练的深度学习系统，为了对系统进行训练，可以将它的输入端插到汽车的摄像头上，将输出端插在踏板和方向盘上，然后让系统长时间地（如几千个小时）观看学习人类驾驶员的行驶。
- **混合方案的支持者。**认为应该将问题分开，将感知环境的深度学习系统与其他事先安装且基本由人工编程的详细地图的线路规划模块相关联。

个人认为，自动驾驶系统将经历以下三个阶段。

- **第一个阶段：**系统的很大一部分功能由人工编程，深度学习仅被用于感知。
- **第二个阶段：**深度学习的重要性逐步提升，并占据重要的地位。
- **第三个阶段：**机器具备足够的常识，驾驶技术比人类更可靠。

邹欣：目前有哪些自治与混合系统的案例可以分享？与卷积神经网络技术有哪些应用关系？

杨立昆：有一家以色列公司Mobileye，是第一批市场化的辅助驾驶功能系统的公司之一，后来该公司被英特尔收购。2015年，Mobileye为特斯拉提供了基于卷积网络的几乎全自动的高速公路驾驶视觉系统，配备在了特斯拉的Model S上。

而当时为了提高自动驾驶系统的可靠性，多家支持“混合”方法的公司利用“作弊”的方式简化了感知和决策问题。他们使用非常详细的路线图，列出所有地面标记和其他预先记录的标志，再结合GPS和高精度的汽车定位评估系统，使得车载系统不止能识别车辆和移动体，还可以识别不可预见的障碍物（如道路设施）。这些系统都利用卷积网络进行感知：定位可穿越区域、检测车道、汽车、行人、自行车、施工和各种障碍物。通过向它们展示成千上万的类似数据，使它们接受到各种道路条件的训练，并学会辨识这些物体，即使物体的某一部分被其他物体掩盖也能识别到。

混合系统方面，Alphabet（字母控股，谷歌母公司）旗下子公司Waymo一直在旧金山地区进行无人驾驶汽车试验。Waymo采用了混合系统，配备了一系列复杂的传感器如毫米波雷达（Radar）、激光雷达（Lidar）、照相机等，以及基于卷积网络的视觉识别和规划的经典方法、人工编程的驾驶规则、精确显示限速标志的详细地图、人行横道、交通信号灯等等，这些技术的结合使汽车能够精确定位自身，识别移动物体并发现不可预见的事件。

邹欣：你认为何时才能实现完全自治的自动驾驶？

杨立昆：研究人员仍然在利用端到端的训练，使系统通过模仿人类驾驶员来学习。虽然系统还没有达到人类驾驶员的水平，但汽车已经可以轻易在乡村道路上行驶半个小时。只是还无法完全自动驾驶，驾驶员仍需要时不时地接管车辆。

如果我们有可以预测汽车周围即将发生的情况及其动

作后果的模型，那么汽车就可以更快更好地训练，但目前的技术还没有到达这个地步。简而言之，辅助驾驶系统已经存在并且发挥了巨大的作用，但自动驾驶汽车技术仍在发展之中，远远没有完善成熟。当然，我们也需要区分半自动驾驶和自动驾驶。在半自动驾驶的过程中，驾驶员即使不做任何事情，也要持续地留意行驶状况，而自动驾驶下，系统可以在没有监督的情况下驾驶汽车，无须人工干预。在我们的私家车能够在城市街头实现自动驾驶之前，这些技术仍需慢慢地进步。

突破性的成就，需要由雄心勃勃的长期研究驱动

邹欣：你对所谓的“创新者困境”有什么看法？很多公司实际上是通过创新走上顶峰的，但之后他们的行动就会非常保守，虽然公司领导依然号称要创新。所以，结合你在Facebook至今的经历，是否考虑过，如果我们成为主导者，会不会重复同样的模式？

杨立昆：有一种现象，就是小公司往往比大公司更渴望和更有创新精神，但缺乏资源来创新。所以，过去在西方尤其是在美国，能让公司在科学技术领域留下印记的（如晶体管的发明、激光等），可能数得上的有贝尔实验室、IBM研究所、施乐帕克研究中心、通用电气等公司。其共同点是这些公司和研究实验室都属于非常大的组织，不需要为生存发愁，只有在这样的条件下，才能负担得起长期的研究、取得真正的突破。反过来说，在没有研究实验室的情况下经营一家公司，也可能会得到技术上的增量改进，但并不会带来突破性的革命。如今问题在于，当公司变得足够大时，却可能会选择不进行基础研究，他们对创新的态度逐渐变得保守。所以，这完全取决于公司的领导层是否有技术创新和进步的愿景。

我认为很多能在硅谷或西海岸获得成功的公司，基本上源自领导对技术创新有一些了解。例如，“什么是可能的，什么是不可能的”“十年后的世界大趋势会是怎样的？”……能看到一些类似的中国大型企业也非常注重创新，如华为在5G技术领域有非常重的分量，且它大规模投资的创新技术远远领先于其他任何5G企业，所以我认为这是领导层的远见使然。但在20世纪80和90年代，一些公司倾向于在管理层招来更多的管理人员和商业人员而非技术人员，这就使事情变得很糟，就像施乐帕克研究中心，因为没有意识到自己掌握了计算机革命的主动权，而以为研究的新成果是在跟自己的成熟产品竞争。所以我觉得，想要获得成功的公司需要由一个对技术的发展有远见的人来掌舵。

邹欣：像施乐帕克研究中心这样的研究机构离总部很远，所以他们有自由去做很多颠覆性的创新。但不知何故，企业领导层就是不能把它和下一个盈利点联系起来。那么对于科学研究来说，这是好事吗？

杨立昆：是的，有时会有“象牙塔现象”：研究实验室有时会完全与主公司隔离，从事着有趣的科学研究，但和主公司却没有直接联系。通常这种情况不会持续很长时间，因为公司会说：“为什么我们要把这些钱用在不可以利用的研究上？”所以要非常小心。我在Facebook尝试做的一件事是，建立一个可以进行非常广泛研究的实验室，可以作一些长远的、偏理论的、有野心的研究。所以没有人问我们这个问题：“为什么我们要把所有的钱投资在这些研究上？”因为很明显，这是科学。

邹欣：你在法国学习，然后搬到加拿大，而后在美国东西海岸之间来回。所以你应该有很多和北美、法国和亚洲的研究人员合作的经验。那么，这些不同的研究团体中各自有什么独特的风格？

杨立昆：有又没有。科学就是科学，它是一个通用的语言。所以你参加任何会议，会看到来自各个国家的人，通常他们在本国完成一部分的学业，去另一个国家进行深造，然后又在第三个国家工作。所以说，科学界是有非常多文化融合的。

某些国家确实有不同风格，不过我没有在中国看到特定的风格，因为中国是如此之大且多样化，你会看到很

多不同的东西。我认为年轻学生的文化已经发生了很大的变化。行事方式会受到成长的文化、就读的学校等因素影响，但随着年龄的增长，大家会有自己的想法。所以，在中国的年轻人身上，可以发现一些相似的文化。同样地，一直在法国、美国、日本、韩国、中东或非洲、东欧接受教育的年轻人也有另外的非常不同的文化。比方说在法国、俄罗斯和以色列，非常注重数学和理论；在美国，人们非常强调创造性，而不需要对理论作太多的研究，因为你可以依赖其他人来作理论。我不能笃定地称之为“普遍现象”，但我的确观察到了。

就像因为美国的研究环境鼓励大胆探索，这使得它容易诞生一些新的想法和行为方式等。我认为，今天在中国看到的，是一个非常快速的进步和从应用到研究的演变。例如，很多计算机视觉会议基本上都是由来自中国的贡献主导的，这是一个新现象。这很好地说明了中国的文化和教育体系的倾向性，以及研究人员的动力。

跨越研发与产品化之间的鸿沟

邹欣：很多创新一开始给人非常惊艳的感觉，但是却不能变成大多数用户能用的产品。怎么跨越创新想法到最终产品之间的鸿沟呢？

杨立昆：是的，这相当于你在研究层面有了一个新想法，企业内部研究人员也凭感觉去做了，做产品的人也凭着感觉去部署它，希望能对服务或销售产品产生影响，但由此产生巨大影响的事从来没有发生过。因为通常一项研究的创新不会立即被认为是有很高影响力的，即便它在某种程度上真的是革命创新性的，但人们根本不知道能用它来做什么。例如，激光被发明出来时，人们根本不知道可以用激光来做什么。可能会认为：“我们可以用它作为一把直尺，用激光照射一个区域或用来引导机器犁地。”但他们当时不会想象到光纤通信、CD、蓝光DVD、切割等我们现在用激光做的所有事情。所以人们在最开始难以去想象和意识到能用一项新技术去做的所有事情。深度学习和人工智能也是如此。现在每天都有新的深度学习应用出现，但25年前我从来没有想过人们会如此深入地使用这些技术，他们解决了那些我们以前从未想过的问题。但一项新的技术一经发明就被立即广泛应用的事情永远不会发生。

为了更好地利用新技术，你需要在进行创新研究的团队之间建立信任，这必须是一个“大家都把自己看作是研究团体的一分子、会发表论文”的团队，还必须有一个团队更专注于作应用研究，而这两个团队之间还必须有一种信任关系。当然，公司也不会希望两者关系太紧密，否则基础研究人员会受影响去作更多面向应用的研究，这样只会得到更多的增量改进而不是革新。最后你还需要在应用研究或高级工程小组和产品团队之间建立一种信任关系，因为产品团队通常是保守的，他们还会认为创新具有破坏性，影响他们接下来的计划，可能不想在有风险的项目中浪费资源。所以这个组织首先需要的是一个有长远眼光的领导，有足够的远见来告诉团队：“虽然这很冒险，但我们想冒这个险。所以你必须在这件事上投入资源，这可能会在两年内改变我们做事的方式。”如果没有这种领导力和魄力，创新基本上只能停留在实验室里，不会被公司利用。在某种程度上，这也是施乐公司总部和施乐帕克研究中心之间的关系。

此外，将研究与应用联系得过于紧密还有另一个危险：研究人员无法松绑来真正发挥创造力。产品技术可能会得到一个良好的、渐进的发展，但没有真正的突破。对于人工智能而言，需要的是突破，目前我们每天使用的人工智能中，有很多东西都是通过应用研究获得的，如机器翻译、图像识别等，但这些进步都是基于长期的基础研究驱动的。

邹欣：如果我们鼓励研究人员自由地尝试所有喜欢的方向，会造成研究方向的混乱吗？公司希望获得确定的预期回报，如何平衡两者？

杨立昆：如果你想从学术研究中获得真正有抱负的东西，它确实会是混乱的，但它是有组织的混乱。

想要得到突破，必须让人们在自己认为有趣的事情上工作，让他们去探索被认为可能太冒险或太长期的途径。

有一部分研究实验室就是这样做的，并且完全是自下而上地由研究人员驱动进行研究。通常这些小组和项目相对较小，比较灵活机动。但有时，研究有初步结果了，组织就会想让更多人参与进来，还会需要工程支持，需要一群工程师和科学家在正确的组织方式里一起工作，这可能会吸引更多的产品团队。所以这是一整个过程，我不认为其中有什么“成功秘诀”。我见过很多失败的案例，但如果要想成功，就需要每天都在有组织的混乱中努力协调，这确实是一种挑战。

构建自己的工具是创新的好方法

邹欣：人工智能系统是建立在软件和硬件之上的，当前流行的AI软件架构是否限制了更多新颖的模型，AI网络结构能否被接纳到系统中。如果是这样的话，人们是否应该研究新的AI软件架构。

杨立昆：在做一个人工智能项目时有一个很大的动机是人工智能规模和复杂度，简化复杂度可以减少能耗。这样我们就能把它应用在移动设备、玩具或者任何东西上。但无论何时，一项技术走向大众化，都需要有一个平台让大家可以用来构建应用，通过这个平台来作假设。现在很多人使用深度学习去作研究、做工程，如TensorFlow、PyTorch或JAX（JAX是谷歌的库，谷歌的很多研究小组使用它）。在Facebook，我们主要专注于PyTorch，但我们也有个别的项目叫Flashlight，它是另一种完全不同的哲学思想。我认为，每种工具都有它自己的风格，当你使用一种工具时，很明显它会驱使你走向某种风格的研究，这种研究方式也会因为这个工具而变得简单容易；而当你有一个别人没有的工具时，它会给你带来“超能力”，会赋予你另一种思维方式，让你做到其他任何人都做不到的事情，从而让你更有原创性。

所以，我认为拥有别人没有的工具，构建自己的工具会给你带来真正的优势。这是我在20世纪80和90年代做的事情，我和朋友用工具建立了我们现在称之为“深度学习框架”的东西，当时叫作SN。然后我们最终开源了它并放入到Lush中。它是现今很多东西的基础，现在看到的TensorFlow、PyTorch和之前的Torch还有更之前的Caffe2，基本上都有继承自这个框架以及Lush的想法。一开始我们用了一年时间来建立这个工具，之后又用了一年时间和Patrice Simard（现微软研究院杰出工程师）一起做。开发这个框架给我们带来了“超能力”，基本上，我们当时是唯一能完成卷积网络训练、构建和测试的人。那时我们还不能以开源的形式发布它，但这却是为什么我们比任何人都更早地产出了一些成果。因此，构建自己的工具是创新的好方法。

邹欣：正如你所提到的，软件和工具有时会帮助你，有时也会限制你，语言也是如此。那么，是否会有一种新的编程语言，能够开启一扇新的大门？

杨立昆：很有可能。现在当你写机器学习的代码时，可能在顶层使用Python，但实际上后面会使用很多不同的语言，因为你知道沿着这条链一直往下，有些他人编写的编译器可以把你的代码变成一个图表，然后根据你的硬件进行编译。所以，你用到了一系列的语言。之前我们用自己的工具开发SN和Lush时，专门写了个Lisp解释器来使用Lush（Patrice Simard为它写了编译器）。我们做出了一个工具用于研究和产品化，可以用Lisp写代码并且将它编译成C语言代码，这样我们就有了类似C语言的底层代码，然后指令就能运行，可以让我们的系统做手写识别和类似的事情。那就是我们曾经创造的东西。

在我进入Facebook时，也希望复制相同类型的框架，开始我们使用Torch，其中的前端语言是Lua，它非常简单也容易编译。一开始Lua没有编译器，但是后来有一个Torch的项目需要一个Lua编译器，所以我在想如果有一个可编译的Lua让我们能够同时进行研究和产品化就好了，但最终没有成功，它失败的主要原因是：人们都喜欢Python，大家不想学习一门新语言，即使这门语言非常简单。工程师讨厌使用新语言，他们只想使用在公司能得到很好支持的语言，而Lua恰恰不是，所以我们最终失败了。这就是PyTorch出现时的故事。

所以PyTorch的设计初衷是为了将Torch作为后端，然后抛弃Lua并用Python替换它。但之后它的发展远不止这些，它有了动态图和自动微分等等，这才是它成功的原因。但是现在，如果你想从PyTorch中产品化一些东西，就需要一种编译它的方法。例如，Onyx是和微软合作的项目，是一种可以用来具体设定神经网络的中间语言。现在我们还有了TorchScript，它允许编译Python代码的一部分。至于未来，我自己理想的语言是Lisp，但我没法说服任何人去使用它，我认为人们最终可能会采用新的更有效的前端语言。

另外，在工业界和学术界已经有人尝试做一些颠覆性的东西，如设计更加适用于科学计算且更加方便的语言。我认为Julia已经很接近了，也许它最终会成为正确的选择（注：2021年7月Julia Computing公司获得2400万美元融资）。

掌握基本方法和原理才是掌握硬核技能

邹欣：最近一些公司想招募编译专家来作基础研究和创新，但是发现很难找到候选人。因为大学生都不学“编译原理”了。你怎么看？

杨立昆：这在美国和欧洲也正在发生。现在人工智能、深度学习已经变得如此普遍。人们在考虑如何实现某种语言编译器和库，可以加速操作一直到硬件层面、到特殊用途的FPGA芯片中。所以你需要能设计芯片的人和能够在FPGA编程的人，也就是真正的硬件设计。然后还要可以写编译器、编程语言设计之类的东西，这样就可以拥有整个技术栈。这么做是因为，就能量消耗而言，让深度学习神经网络和人工智能系统高效运行的压力和动力非常大。我们现在到处都在使用神经网络，它们在计算资源预算中所占的比例也越来越大，所以我们需要付出很大的努力使其合理，同时，试图让这些神经网络在智能手机和AR眼镜上运行。已经有大量这方面的工作，并且创造了对编译专家的需求，对能在非常底层的硬件和专有硬件上编程的需求和对新奇的制造技术的需求，也许它打开了一扇门。这也是芯片行业当前能保持健康发展的原因之一，因为我们有很多技术机会可以运用到硬件上来加速深度学习。

这样一来，我们就需要一些全栈开发工程师，让人们可以真正把想法变成现实。然后在那些可以快速推进的情况下，人们可以不断学习、改进并反馈。

邹欣：如今很多年轻人想要进入人工智能的行业，你的建议是什么？

杨立昆：关于这个我有很多要说的。这个领域确实在快速发展，也许在几年内会完全改变。所以你需要去学习有很长“保质期”的东西，当你去读研究生、进入学术界或研究机构，或者产业界等领域时，你有很扎实的基础。例如，数学、物理和工程中的基本方法和基本原理，要求你必须知道梯度和黏性是什么、必须学习多元微积分、必须知道偏导数是什么、必须学习优化、学习信号处理、知道变换是什么等等。

当你学习的时候，你可能认为一些知识在AI中是没用的，但它们都来自物理学，像是数学中的概率推理都来自热力学一样。如果学过统计物理和热力学，甚至量子力学，你就会有很大的优势。学习这样的基本知识会给你一种思维方式、一种你自己可以使用的方法，这可能是其他人没有的，而你就可以应用到那些具体的情况中。如今的问题是，所有这些课程都来自数学、物理或电气工程（或者更笼统地说来自工程学）而非计算机科学。当然，你还必须学习编程，以及各种计算机科学相关技术、数据结构和算法，但真正应该花时间的是更基本的物理方法、工程学或数学。所以如果你只读了一个标准的软件工程本科课程，本质上你就没有足够的、连续的数学背景来学习机器学习了。

对话英特尔副总裁Erez Dagan：自动驾驶引擎盖下的秘密！

文 | 屠敏

以芯片、摄像头、软件为基石，依托人工智能、大数据等前沿技术，从数据处理、传输、分析到数据安全，纵横于数十年创新经验之上，看半导体巨头英特尔如何布局自动驾驶。

受访嘉宾：

Erez Dagan

英特尔公司副总裁、英特尔子公司Mobileye产品及战略执行副总裁，主要负责Mobileye的业务目标制定、公司产品规划和布局、战略规划，以及高级开发项目。他还负责MobileyeOEM客户的前瞻性沟通。

自动驾驶红海时代已至，除了传统汽车制造商，出行平台、互联网科技公司、初创企业纷纷抢滩自动驾驶赛道，要在这场看不见硝烟的战场率先站上高地。然而，面对道路上拥挤的人群、骑行者、不让分毫的司机等不定因素，路边并排停放车辆、施工、应急车辆行驶等区域，以及隧道、桥梁、陡坡等特殊路段，要达到怎样的水平才能够实现理想状态下的自动驾驶？自动化驾驶技术距离规模化商业化落地还有多远？对于进入该领域的技术人才而言，还有哪些未知的挑战在等待着我们？

今天，《新程序员》对话英特尔公司副总裁、英特尔子公司Mobileye产品及战略执行副总裁Erez Dagan，揭晓全球知名半导体公司英特尔的自动驾驶之路，分享英特尔在以153亿美元（约合1056亿元）收购以色列信息技术公司Mobileye的四年间，基于计算机视觉和机器学习、数据分析、定位和城市路网信息管理等技术赋能高级驾驶辅助系统（ADAS）和自动驾驶智能解决方案落地的实践经验，剖析加速出行即服务（Mobility as a Service，MaaS）发展的种种奥秘。

从半导体到自动驾驶，英特尔正在扩张的版图

据国际数据公司IDC预测，全球自动驾驶市场快速发展，2020—2024年均复合增长率（CAGR）达到18.3%；到2024年，L1~L5级自动驾驶汽车出货量预计将达到约5425万辆，其中L1和L2级自动驾驶在2024年的市场份额预计分别为64.4%和34.0%。

随着人工智能、大数据、云计算的成熟与深度应用，自动驾驶汽车行业进入高速发展期。面向未来，无论是性能还是规模，均呈现指数级上升趋势，对此，有从业者将其生动比喻为“行走的智能手机”。因此，作为全新智能化汽车的幕后推手，半导体公司英特尔进军该领域，也属意料之中。

2017年，英特尔实现自动驾驶布局中的重要一步，宣布以每股63.54美元的价格收购汽车计算机视觉领域的资深玩家Mobileye，在与汽车OEM、一级供应商、半导体厂商建立更深层次合作关系的同时，自研先进的驾驶辅助系统，以及部分自动、全自动的驾驶系统。

2021年7月，一辆车身印有Mobileye标志的测试汽车于美国纽约繁华的街头成功开跑，挑战北美拥有最复杂路况的城市（见图1）。“在纽约市这样路况复杂的城市开展路测，是检验自动驾驶系统能力，推动自动驾驶技术商业化落地的关键一步。”英特尔公司高级副总

裁、英特尔子公司Mobileye总裁兼首席执行官Amnon Shashua教授如是说道。

与此同时，英特尔公司副总裁、英特尔子公司Mobileye产品及战略执行副总裁Erez Dagan在接受采访时表示，“纽约市的驾驶环境十分复杂，路上有很多专业司机，且每位司机都有自己的驾驶习惯，这也成为我们非常重要的压力测试。”

在当前常见的应用场景下，Erez Dagan表示或许很多人认为自动驾驶和驾驶辅助系统之间并没有太大的区别，但回看其从理念到应用，再到现实实践，在剧烈的变化过程中，也经历了重重迭代。

《新程序员》：作为一项只有十几年发展历程的技术，智能驾驶的发展是怎样的？近两年间，该领域有哪些新的变化或进展？

Erez Dagan：我认为Mobileye在其中做出了非常重要的贡献，让市场接受用机器学习技术也可以实现一些汽车产品的落地。

事实上，在传统认知中，汽车产品是基于物理模型的技术，如雷达等。因此，在人工智能技术渗透汽车行业初期，它的发展并不顺利，因为人工智能虽然已验证其自身足够安全，但它还需要证明使用人工智能机器学习可以实现比基于模型的技术更具市场价值和更优越的性能，而这需要不断地落地实践，以便与车厂（OEM）建立良好关系。这一点，我认为是智能驾驶行业发展历程中最重要的一步。

另外智能驾驶还有一大突破就是，OEM从传统的价值链结构转变为更加动态的合作结构，由此他们可以直接接触到很多颠覆性技术。

Mobileye三位一体的战略布局

《新程序员》：从芯片到高精地图、自动驾驶系统，Mobileye如何赋能车企？

Erez Dagan：Mobileye主要采用了三位一体的战略布局：其一，加大对路网信息管理™（REM™）高精地图技术的

图1 Mobileye自动驾驶汽车在纽约市开跑

扩张；其二，加强基于规则的责任敏感安全模型（RSS）驾驶策略；其三，基于全球领先的摄像头、雷达和激光雷达技术打造的两个独立、真正冗余的传感子系统。

这也是英特尔与其他厂商自动驾驶技术解决方案的不同之处。同时，在三位一体的战略布局以及自动驾驶系统研发过程中，还包含以下一些值得注意的重要因素。

■ 众包高精度地图。它是自动驾驶系统中接收数据的一个重要方面。汽车厂商往往希望获得能够覆盖任何地区的高精地图。

■ 系统冗余。Mobileye设计开发了两套独立的感知系统：一套完全基于摄像头；另一套由激光雷达和雷达组成，“至少可以达到超过人类驾驶员三个数量级的关键安全性能”。这是极具挑战性的尝试，用来解决跨越人类范畴的故障，以此带来完全自主的驾驶体验。

■ RSS（Responsibility Sensitive Safety，责任敏感安全模型）。它是一套通过数学公式定义的驾驶决策模型，通过制定一系列逻辑上可行的规则和有关适当应对危险情景的规定，明确了自动驾驶汽车怎样才算真正做到安全驾驶。这对于Mobileye动态驾驭挑战性的环境与道路的能力也非常重要。

《新程序员》：真正冗余（True Redundancy）是将纯视觉、雷达和激光雷达这两个系统分开，那么，它是如何工作的？

Erez Dagan：“真正冗余”指的是感知系统包含多个独立工作的子系统，每个子系统都可以独立支持自动驾驶。当然，可以通过协同融合的方式，用两种方式实现，这意味着你可以使用所有不同传感器的数据，从零开始组合基础信息，以尽可能创建最佳的环境模型。

或者也可以依托于不同的子系统，将纯视觉、雷达和激光雷达两个系统独立使用，而每个环境模型都有独立的故障模型。当发生故障时，因为不同的子系统使用的是独立的传感器，其感知也是相互独立的，基于这一点，可以大大降低故障率。

《新程序员》：也就是说，当一个系统故障时，另一系统将接管所有的事情，以此确保驾驶过程的安全？

Erez Dagan：当我们谈论系统故障时，往往可以分为两种类型：一种是功能故障，指的是电气故障；另一种是软件故障。与之相对应的是，我们可以称之为FuSa（Functional Safety，功能安全）和SOTIF（Safety Of The Intended Functionality，预期功能安全）。其中，FuSa主要涉及电气或硬件类型的故障，SOTIF与FuSa形成互补关系，即功能安全未能考虑到的一些安全问题将由预期功能安全做补充。

《新程序员》：这相当于是结合了摄像头、计算机视觉和雷达、激光雷达等传感器的组合解决方案？

Erez Dagan：是的，这是一套完善的解决方案。在ADAS（Advanced Driver Assistance System，高级驾驶辅助系统）中，Mobileye的EyeQ芯片内嵌了计算机视觉算法，以此建立对外部环境的感知。在基础的ADAS功能之上，结合环视摄像头输出的感知模型，以及定位、驾驶策略和RSS（安全层），共同构建出一套我们称之为SuperVision的L2+ADAS系统，该系统可以实现解放双手且在高速公路驾驶，同时还具备自动泊车功能。这些功能都支持OTA（Over-the-Air Technology，空中下载技术）能力，能够像iPhone一样实时更新。

在SuperVision上就是我们的自动驾驶系统SDS。它增加了雷达和激光雷达感知层，能够实现“真正冗余”。基于SDS，我们规划了VaaS（Vehicle-as-a-Service，汽车即服务），它包括了车辆集成控制、数字车队运营平台以及智慧出行平台等。

为了提升驾驶体验，英特尔去年还收购了一家出行方案提供商Moovit，提供端到端的出行服务，并计划明年在以色列推出自动驾驶网约车试点服务。

《新程序员》：在智能网联汽车时代，各种数据量也呈现井喷式发展，对于采集到的数据，Mobileye是如何处理的？

Erez Dagan：就众包地图而言，搭载了Mobileye EyeQ芯片，在路上行驶的数百辆汽车为我们的AV Map提供了丰富的动态数据。这些数据是在边缘端进行处理的（也就是我们的车里），之后经过压缩上传至云端。我们并不会直接将视频数据上传，因此大幅缩减了通信带宽（平均小于10kb/km）。

《新程序员》：汽车与人的生命息息相关，在研发的过程中，英特尔也提出了“零伤亡”的愿景，带来了责任敏感安全模型（RSS），其如何为安全保驾护航？

Erez Dagan：就像我之前提到的，RSS模型好比一个数字版合同，它通过数学公式将人类安全驾驶的常识进行数字化，提供了在实际驾驶过程中解决可能发生冲突的思路，能够为自动驾驶决策提供安全保障。RSS定义了车辆主体的责任，保证自动驾驶汽车不会成为引起事故的一方。假设并线这个行为有可能导致事故发生，那么在RSS框架下，自动驾驶汽车就不会做出这一驾驶策略。

《新程序员》：RSS会成为新的行业标准吗？

Erez Dagan：RSS对于行业而言，有着巨大的吸引力。我们加入了IEEE委员会，与中国交通运输部下属的标准制定机构“中国智能交通产业联盟”IPS建立合作，截至目前，已经取得了非常好的进展。其中，IEEE委员会中超过25家自动驾驶行业相关公司也正在将RSS框架纳入其决策模型中。未来我们也会共同合作将这套透明、可验证的决策模型标准化。

竞争愈发激烈的自动驾驶赛道，未来还有哪些挑战？

《新程序员》：自动驾驶经过多年的发展，目前我们仅达到了L2级别，你认为是什么阻碍了实现完全的自动驾驶？

Erez Dagan：导致这种现状或许可以从以下几层因素来考虑：

- 一些非汽车行业的玩家，在进入这个行业之前，必须要了解它所涉及的生产汽车产品、自动化产品的资格标准和成本因素。
- 经过深度的调查，我们发现很多车企正在为消费级自动驾驶汽车（AV）消费者制定计划，不仅包含了L2+级别的汽车，还有为终端客户销售L4级别自动驾驶汽车的计划。这些数据告诉我们，很多厂商已经认识到自动驾驶无论从技术还是商业化成本来看，已开始逐渐走向成熟。

当前，我并不认为自动驾驶是令人失望的，但是我相信在未来自动驾驶大规模落地的过程中，只有少数与汽车行业和汽车产品市场关系密切的参与者才能以经济可行的方式达到终点线。

《新程序员》：在中国，越来越多的企业开始从事电动汽车生产，与此同时，也有更多的企业提供自动驾驶的底层技术支持，你如何看待这种情况？

Erez Dagan：中国市场呈现出的这种独特现象给科技的爆发式增长创造了非常棒的土壤。对Mobileye而言，市场参与者越多，市场效率越高，这也有利于我们的产品通过各种不同的渠道实现销量增长。从造车角度来看，造车是一个差异化和效率的游戏。就高级驾驶辅助系统而言，有一点，我们需要保持非常清醒的认识，这是一套复杂且关键的系统。它的复杂性和重要性需要利用已建立的供应商基础，并通过多个进入市场（Go-to-market）的渠道进行验证。

另外，随着该领域的技术参与者越来越多，可以不断完善自动驾驶技术和监管框架，为市场注入能量。如今非传统参与者正在与传统的汽车生态系统合作。我相信，在这个行业中，每个人都会从中受益。

《新程序员》：当前，自动驾驶还存在怎样的挑战？

Erez Dagan：其实，自动驾驶要实现规模化量产还面临几个方面的挑战：

- 提高自动驾驶系统的计算密度。

■ 在一致性方面，需要深度神经网络的加持与飞跃性发展。

■ 关于驾驶的地理可扩展性的问题上，即使依赖高精度地图，也需要开发众包地图功能。

■ 自动驾驶的安全概念及其安全性在得到不断验证的同时，也需要与社会的发展实现共存，而这是一个持续性过程。

《新程序员》：Mobileye在CES 2021上曾透露，2025年将实现消费级别的自动驾驶，那么当前的挑战是什么？

Erez Dagan： 监管框架（Regulatory Framework）是亟须解决的最大问题之一。目前中国和德国在自动驾驶相应法规的起草和执行上走在其他国家前列，为其他地区的政策落实起到了良好的示范作用。

第二个需要克服的重要挑战是，无人驾驶或自动驾驶的地理可扩展性（Geographic Scalability），能够在任何地方实现自动驾驶，我们看到，欧洲和中国正在朝着正确的方向迈出非常重要的一步。

第三个要素是自动驾驶系统的验证。在正式投放市场之前，需要对自动驾驶系统进行测试与验证。无论是极高还是极低的故障可能性，都需要测试生成一种适合此特定问题的验证技术。其中包含了对系统架构的考虑，需要确保整套系统从设计之初就考虑了验证测试需求。

对当代开发者的建议

《新程序员》：你希望未来在汽车领域看到什么样的人才？

Erez Dagan： 自动驾驶是机器学习的领域。但我也非常期待看到更多的统计信号处理、控制系统、物理等方面的人才。在未来的激光雷达解决方案中，射频级模拟技术、射频、材料物理和光电都是不可或缺的技术。

《新程序员》：你对于想要进入汽车行业的开发者有什么样的建议？

Erez Dagan： 首先，如果开发者想要进入汽车行业，毫无疑问，这是一个很好的选择，因为汽车行业是一个非常有前景的市场。一定程度上，可以将自动驾驶的车辆看作是机器人，或者称之为第一批商业化制造的大型机器人，其内部蕴藏着巨大的奥秘与机会。

从技术维度来看，机器学习必然是开发者学习的主要方向，但并不是唯一方向。统计信号处理、控制系统、围绕新传感设备的物理学等领域也为想要进入该行业的开发者们提供了一个非常丰富的技能库。

扫码观看完整版视频

Erez Dagan访谈录

让汽车软件进入iPhone时代！

文 | 屠敏

从燃油版到新能源到自动驾驶，汽车行业迎来快速发展期。然而面对全新的数字化赛道，汽车制造商打破传统枷锁的契机何在？在此，本期《新程序员》采访了镁佳科技CEO庄莉，邀请她分享汽车创新软件的筑造之路。

数字化时代已至。随着华为、百度、腾讯、苹果等科技巨头纷纷下场入局造车，过往成千上万个硬件零件通过集成一套软件代码的运行机制，让软件成为重新定义汽车的核心创新点之一，也由此让碎片化的汽车技术逐渐向"大一统"迈进。

不过，对于浸润在互联网生态中的传统汽车制造业而言，常用的互联网软件开发方式是否同样适用于智能网联汽车领域？面对匮乏的工具层，汽车行业又该如何拥抱数字化转型，带来更好的用户体验？在大数据上云的趋势下，我们该如何保障汽车更深层次的安全？我们不妨从镁佳科技CEO庄莉的观点中窥探一二。

庄莉，96级清华大学计算机专业毕业，这一届从清华走出来的除了搜狗公司CEO王小川、易信CEO胡琛等人之外，还有与庄莉组合成互联网圈中有名的神仙眷侣的网易有道CEO周枫。彼时，以第一名成绩在清华大学计算机系取得硕士学位之后，庄莉进入美国加州伯克利大学并获得博士学位，期间她参与了网易有道的创建。毕业后先后在微软研究院、雅虎北京研究院、猎豹移动、蔚来汽车任职。

在互联网领域摸爬二十载，庄莉一直在寻找以程序员为发动机的创新领域。在她看来，现在还处于智能手机黑莓时代的汽车领域，未来的整个走向还有很多不确定性，而覆盖车端、云端、用户端等全新的软件研发方式，正是她想要的以技术为驱动且可以收获满满成就感的领域。在此之下，2019年，庄莉决定加入镁佳科技，怀着以"软件改变世界"的梦想，旨在变革汽车的软件开发方式，让车里没有难写的软件！

选择计算机只是偶然事件，但成为程序员何其幸运！

《新程序员》：你是从什么时候开始编程的？

庄莉：我最早接触编程是在成都七中上高中的时候，这是一所培养学生多样性发展的学校。还记得那时成都七中专门设立了一个信息学小组，面向所有学生开放，主要教BASIC、Pascal等基础语言方面的内容。我当时觉得比较有意思，就加入了这个小组并参加了几节兴趣课，不过，后来在参加各种竞赛时，我并没有朝着信息学这个方向走，反而经常参加一些数学、物理竞赛，这些竞赛中或多或少也会接触到部分编程，这是我编程的启蒙阶段。

要论及真正开始编写大量的程序则是在高中毕业进入

庄莉 镁佳科技CEO

清华大学后，从大学二年级起，我开始编写更多的程序，并用程序实现更多的东西。

《新程序员》：从成都七中到清华，你和许多同学/校友（如网易有道CEO周枫、搜狗CEO王小川）都走上了互联网的道路，是什么促使你们做出了相同的选择？

庄莉：事实上，我曾经想学的专业是建筑，因为我的父亲是土木工程专业出身，受其影响，我一直对力学建筑方面感兴趣。不过，在一次全国物理竞赛得奖后，清华大学的老师让我开始选择专业，当我将想要选择建筑系的想法分享给老师时，他说不行，因为建筑系需要美术特招生，而我不符合这一点。

因此，我直接问道："还有哪个专业是高考招生考分最高的？"老师回答道："那只有计算机和电子专业。"

在我看来，计算机与我喜欢的数学之间的关系更为紧密，所以我当时仅花了十几分钟的时间就做了一个非常临时的决定，挑了一个招生时性价比最高的专业——计算机。这一点，和周枫完全不同，他是从小就喜欢计算机，而我是在机缘巧合之下，开启了计算机之路。

《新程序员》：数学对编程有怎样的影响？

庄莉：我觉得数学是这个世界上最重要的基础工具之一，因为它培养的其实是一种思维方式。曾有人说过，数学是一种锻炼思维的体操，它会培养你从题面上找到线索，然后有理有据地分析出不同的方法，进而逐个尝试去将线索打开，因此数学特别像是一种解密游戏。

数学的思维方式与编程非常像，编程的本质也是首先设立一个目标，再去思考如何去构建整个程序架构，并通过较为高效的方式将其实现。

《新程序员》：从一个程序员成长为企业高层，再到创业者，这一路走来最快乐的时刻是什么？

庄莉：我觉得我每天都挺快乐的，我有一个观点就是：最快乐的时候一定是今天。其实人这一辈子总是有好的时光和不好的时光，但它们都会过去。英国前首相劳合·乔治曾说过："当你关门时，也会将过去的一切留在后面，不管是美好的成就，还是让人懊恼的失误，然后，你又可以重新开始。"

《新程序员》：当程序员的身份转变为创业者时，需要补齐哪些不足？

庄莉：如果能够安心地做一辈子程序员，我会觉得很幸福，但生活有时由不得自己。我在互联网行业从事多年，转行进入汽车行业，其中一个重要原因是我认为很多场景下互联网产品中的技术占比已经没有那么重要，更为重要的是模式创新。举例说明，做一款优秀的社交类产品，后续是否能支持百万或是千万量级的用户，属于一个技术问题，但这款社交产品能否成功，很大程度上取决于其中填充的内容，而这属于运营工作，所以在这款产品中，它的发动机不是程序员，而是其他。

因此，我想追求一种能够以技术为核心驱动的环境，由此进入了汽车软件行业，开始构建汽车中软件基础设施和功能模块，旨在让汽车里没有难写的软件，并帮助别人写好软件，实现理想产品。朝着这个方向，我坚信"Best engineer can change the world"。为了实现这一梦想，我从毕业后进入很多公司工作到自己出来创业，期间除了编码之外，也承担了更多的责任，如肩负公司运转所需的融资、组织架构管理、运营等工作。

我觉得人这一辈子是一个没有选择的过程，当时代浪潮推着你要承担更多责任的时候，别认怂也别躲。

让车里没有难写的软件

《新程序员》：在汽车行业和互联网行业做软件，有哪些不一样的地方？开发体系和开发难度有怎样的差别？

庄莉：回顾过往，在互联网发展历程中，PC互联网时代属于硬科技，而后出现的移动互联网属于模式创新驱动，这对程序员其实并不友好，因为此时更多开发者需要考虑的应该是在资本催促下如何让自己的产品量级更大，并通过运营建立行业壁垒。这个过程中，程序员真的没有那么重要。

而汽车行业在我的理解中，只要技术做得好，体验就可以做上去，正因此，我特别想要进入汽车行业，但当时我并不是太懂汽车机械部分的结构及原理，于是我就进入了蔚来，从事与汽车软件、汽车电子架构相关的一些事情。

当打开汽车领域的大门后，我发现这里写软件与在互联网行业写软件的方式有以下几点不同。

■ 缺乏底层工具的支持。互联网行业经过了多年发展，已经沉淀出很多标准的模块、开源项目等等。与之形成对比的是，在汽车行业中开发并没有太多的工具可用。因此我创业的核心想法就是要去做汽车行业的软件基础设施建设，让每一个想要在汽车中实现创新用户体验的开发都有支撑。

■ 碎片化问题较为严重。互联网行业基本硬件设施的碎片化不严重。例如，服务器端会有一些标准的服务器体系构架，手机端也有标准，但是汽车行业各自为营，并没有统一标准。

■ 更多的兼容、安全要素需要考虑。汽车安全与生命息息相关，其内部的很多安全零部件历史非常悠久，因此在做开发时，需要考虑的是在兼容历史安全功能的情况下，如何带来创新的用户体验。其中，最难的地方首先是要懂得汽车原有的电子电气架构（EEA），了解原来供应链体系中其他零部件是如何与它进行工作的。

正因此，我认为整个汽车行业开源生态和土壤相对而言还没有那么成熟，它的软硬件基础设施发展还需要一定的时间。

《新程序员》：在基础设施方面，现在镁佳科技进展如何？

庄莉：镁佳科技现在几乎完成了汽车上半车身中所有智能化零部件，另外也正在逐步覆盖智能驾驶领域。

我们当前的想法是先完成行业中需求量最大的部分，即域控制器、车联网云端、数字座舱等。如果我们把上述的技术问题解决好，可以大幅提升用户在用车时的体验。因此在过去两年间，我们首先覆盖车辆的基础设施部分，从最初十几个基础设施模块到现在几百个车端、云端PaaS接口。值得注意的是，最基础的部分一定要把整个软件的技术架构和汽车里的体系结构做好，只有将它们做好，才可以持续迭代和增加这样的基础设施。

《新程序员》：镁佳科技在车联网云端这一块是怎么做的？

庄莉：如果从云端看，其实也是分层的，它包含了IaaS、PaaS、SaaS等。因为我们没有办法确认车企最终会选择哪种云平台，因此我们主要是站在了第三方为车企服务的角度来设计产品。镁佳科技提供的架构方便在所有的云边端部署，也提供了各种云边端部署的基础设施的版本。

《新程序员》：在汽车智能化时代，随着汽车软件越来越多，如何确保它们的可靠性和安全性；另外随着汽车智能化功能的增多，如何解决算力成本、芯片等问题？

庄莉：汽车安全翻译为英文可分为两种，一种是safety；一种是cyber security。

■ safety指的是传统车的功能安全，如通过很多保障机制，保障汽车在最极端的情况下油门、刹车等硬件正常运转。

■ cyber security指的是在计算机中的安全，即当设备联网之后，在为自己提供便利的同时，防止他人通过这道门进来也是一件很重要的事情。

首先，在车里解决软件质量的最根本办法是运用标准化基础设施，因为标准的模块和基础设施是经过不断地打磨和验证出来的，后续在此基础上搭建或开发新功能时，基础设施出现问题的概率非常小。

其次，提高测试效率。在汽车领域中，如果使用手工测试远远赶不上开发的速度，亟需一款自动化工具。2021年，我们也会有相应的一些标准化产品提供给车企，以解决他们测不过来的问题，也可以帮助车企将测试效率提升100倍。

《新程序员》：基于镁佳科技的服务，车企在做数字化转型时，是否需要自己去补足软件能力？

庄莉：事实上，车企最后与互联网公司一样，其核心发动机还是产品设计和用户运营，因为这些产品最终是面向用户的，因此需要设计出好用的车出来，但这该如何实现？

这需要好的“斧头”等工具来完成。镁佳科技本质上是一家帮助车企完成效率工具的公司，通过镁佳科技的服务，车企可以完全把自己的重心放在终端消费者用户体验上，当他们有一个好的体验和商业模式时，可以运用工具快速实现它。这是一种互惠互利、共赢的合作模式。

《新程序员》：Wintel联盟（Windows和Intel）和AA联盟（ARM和Android）分别定义了PC和智能手机的行业生态，你认为在智能网联汽车的时代，会有什么样的联盟？

庄莉：从个人角度来看，PC互联网、移动互联网与现在的汽车行业发展有很大不同：

- 汽车并不是今天才被发明出来的新产品，但曾经无论是PC还是手机都属于当时时代的新鲜事物，因此现有的汽车逐渐成为智能网汽车的发展路径与从零起步的PC、手机发展路径有所不同。
- 不同汽车之间的设计和硬件碎片化问题很严重。就汽车市场种类而言，汽车公司数量远超手机、PC公司。在这样的竞争环境下，汽车除了需要具备智能化属性之外，还要具备设计属性，即在汽车拥有智能化之后，用户还是会综合续航、各种用车场景与体验来考量，此时，我们要非常合理地看待智能化在整个汽车中所占的比重。当然如果能够把智能化任务细无声地融入其中，这也很重要。

因此，智能网汽车时代究竟会不会形成像Windows和Intel的联盟，或者是ARM和Android这样的联盟，我的答案是：不一定。

现在汽车行业还处于智能手机的黑莓时代，未来的整个走向其实还有很多不确定性。

《新程序员》：你觉得距离迎来iPhone的时代还有多远？

庄莉：我认为现在的智能网汽车还属于启蒙时代。所谓的启蒙时代，是指不管是消费者还是制造商都已经认识到汽车需要关注用户体验，其背后也需要有很好的软件体验。

但是现在面向好的用户体验，每家都有很多不同的解题方法。例如，曾经辉煌一时的黑莓、诺基亚手机的解决方法是全链条，其将设备中的硬件或软件都由自己团队去完成，但后来包括iPhone、Android等应用平台其实都是分层的，并不是所有层面都由自己来实现。例如，研发一款游戏时，大家可以通过使用Unity引擎来实现游戏开发底层一些技术能力。不过，现在汽车行业还没有发展到这种阶段，我们公司就是想要成为汽车领域中做基础建设的公司。

未来三年，汽车会走向一个什么样的终局？我觉得各种可能性都有，但是我相信智能化这道题不止一个解题方法，其中一个解决方法是现在我们看到全链条软件团队，即车企的全自研之路。同时，我们还看到一条不同路径、同样优秀甚至更优的解题方法，这就是当下我们研发的软件基础设施和车企自研的控制应用软件联合开发的合作模式。

汽车行业需要什么样的开发者？

《新程序员》：汽车行业招聘工程师是以什么专业为主？

庄莉：我经常开玩笑说道，“进入了汽车行业并开始接触招聘之后，我才发现国内原来有这么多所大学和专业都是我之前没有听过的。”侧面来看，在一个行业发展的过程中，它会吸纳各种各样背景的人才。

不过，我认为最会写程序的程序员大多集中在了互联网行业，这一点有些可惜，因为现在很多程序员有些被眼前所看到的东西给圈住了。其实，世界上还有很多非互联网行业，不仅是汽车领域，也有其他可以写出很有意思程序的行业。

《新程序员》：在汽车行业发展迅猛的今天，对于想要进入汽车行业的互联网开发者你有什么样的建议？

庄莉：汽车领域中软件跨度非常大，如底层在板级上的驱动、内核，以及在单片机上的嵌入式编程，通常要求程序员学会C/C++；往上层是自动驾驶、AI技术应用、车联网云端和数字座舱上的应用开发，这一层与互联网之间的联系更为紧密，原来负责服务器后台开发的程序员，同样可以轻松上手车联网后台开发工作；如果涉及汽车的域控制器及更为底层的产品时，移动互联网人才在跨行业时或面临一定的挑战。

相较而言，我认为AI程序员进入汽车软件行业跨度不大，但是AI与部署方向是非常有跨度的，因为当跨行业时，需要针对一个特定的硬件，特别是SoC芯片进行优化，这需要开发者既要懂CPU架构，又要懂计算机体系结构和AI算法。

《新程序员》：你认为优秀的汽车软件开发者应该具备哪些素质？你会用哪些点去吸引他们来加入汽车行业？

庄莉： 程序员其实是一群心思单纯、内心敏感的人。他们很纯粹，喜欢用代码去实现各种各样的东西。我们公司是做工具类的，又与现在蓬勃发展的行业密切相关，作为一家技术驱动型的公司，以程序员、技术人员为发动机，在这里如果想要专心去做一些帮助别人提升开发效率、适配效率的事情，会收获满满的成就感。

对于很多技术人员而言，如果是喜欢做开发工具性质的，喜欢做这种基础模块性质的，我们公司有特别好的环境和土壤。

《新程序员》：镁佳科技的宗旨是让车里没有难写的软件，最终是否是以低代码的方式为车企提供服务？

庄莉： 本质上，我们是将一些共性的东西统一为标准模块，然后让车企通过少量的代码即可实现理想中的用户体验。从思想和方法论上来看，我们的服务与低代码非常接近。但是，我们不追求那种一行代码都不写的模式，因为如果追求这个会牺牲掉很多（如运行效率）东西。

《新程序员》：在这样的一套工具下，对于车企而言，需要配备什么样的工程师？

庄莉： 我觉得配备能够很好地理解产品体验的工程师已足够，因为只有这些工程师很好地理解车企自己的产品人员所设计出来的交互逻辑和用户体验，包括车里通信等体验逻辑、业务逻辑，才能够带来更好的体验。

《新程序员》：你平常会看什么书？对于想要从事汽车行业的开发者，有什么样的建议？

庄莉： 我在毕业之后就不太爱看与编程相关的书，因为现实中，需要解决的都是实际的问题，而这类问题的解决方案，往往可以通过一些技术社区如国外的Stack Overflow、国内的CSDN来寻找技术资料，在这里，也可以和很多技术专家进行交流与讨论。同时，计算机领域是一个发展迅速的行业，相较而言，书籍跟不上行业最新的技术迭代，正如现在还未出现一本专门讲解汽车软件开发的书，我倒是非常希望有这样的一本书出现。不过，通过网络上的技术资料来学习也是一种比较好的方法。

当然，近期我在公司内部也推荐了一本书——《代码整洁之道》。正如其名，代码的整洁度、质量对于做基础设施的我们而言非常重要，而且对代码存在“龟毛精神”，并不是所有团队都能坚持的，因此，我们在团队内必须要从理念、价值观上进行推崇与发扬，因此我推荐了这本书。

《新程序员》：为什么会说日后如果退休了，就去写开源项目？

庄莉： 我很喜欢写程序这件事情，因此我想等没有那么多一定要做的事情时，就去把没有写够的代码写够了，之所以说等到退休之后想做开源项目，其实也是我想把写程序这件事情继续走下去，让自己写代码写到够。

扫码观看视频

了解女程序员的成长之路

小鹏汽车副总裁纪宇：坚持智能化技术自研，打造最深的护城河

文 | 邓晓娟　徐威龙

电动汽车行业正经历着快速的技术变革，小鹏汽车在研发中投入大量资源，坚持智能化技术自研，期望在引领技术进步的同时保持在市场上的竞争力。同时，以车为中心的生态网络正在形成。作为造车新势力的小鹏，与传统车企、互联网企业有何不同？智能汽车应用与互联网产品的打造过程又有哪些本质的差异？

受访嘉宾：

纪宇

小鹏汽车集团副总裁。全面负责小鹏汽车互联网中心产品和技术的规划，从0到1搭建了小鹏汽车互联网中心核心团队并持续带领团队不断发展壮大。作为公司智能网联化产品的主要设计者，主导规划互联网中心技术战略及集团全场景智能化和创新服务的设计、研发和应用。纪宇先生此前曾任职于腾讯集团，先后负责手机QQ研发、QQ浏览器等项目、负责腾讯研究院项目管理及质量管理。后任职于阿里巴巴，负责移动创新产品设计和研发工作。

近年来，智能电动汽车领域呈现出“三分天下”的趋势：传统车企、新势力造车、互联网造车三股势力纷纷入局。一方面，传统车企智能化加速：奔驰、宝马、奥迪、沃尔沃、大众、长城、吉利纷纷上马高级别自动驾驶项目，加速智能驾驶的研发进程。另一方面，华为、Apple、小米、大疆等科技公司跨界跑步入场。此外，造车“新势力”如“蔚小理”等也快速涌现。汽车这个万亿市场正在被多方势力搅动着，同时也正在被软件化、智能化重新定义。

据麦肯锡“2021麦肯锡汽车消费者洞察”——《趋势引路破浪前行：加速全面转型，领跑后疫情时代》报告显示：中国消费者对汽车智能化的呼声日益高涨，十分愿意为新颖的功能支付一定程度的溢价。其中，80%的消费者将自动驾驶功能纳入选购下一台车时的重要考量。同时，70%的客户认可云端OTA升级模式，60%以上愿意为此付费。

尽管如此，小鹏汽车副总裁纪宇却认为，带有互联网基因的造车企业，并不能简单地将互联网的一套做法搬到汽车上，未来的汽车行业差异，需要靠“文化”和“组织模式”来拉开。

“互联网造车不能照搬互联网的套路”

在加入小鹏汽车前，纪宇有着接近20年的互联网和移动互联网的从业经验。2016年1月，纪宇正式加入还处于初创阶段的小鹏汽车。从互联网“产品经理”一步迈入了汽车领域。直到今天，他还坦言作为产品经理“增加功能的冲动一直都有，但要十分克制。所以互联网造车企业并非把互联网那一套生搬硬套过来。对于车载智能系统而言，一定应该是极简的，而非像互联网产品一样不断堆叠。”

在纪宇看来，当前市面上很多汽车的智能化还处在1.0阶段，与传统汽车唯一的区别就是车上多了个大屏。以往汽车内的交互通常以实体按键为主，现在把实体按键换成了大屏，功能也多了很多。但想要用户一个个地去找、一个个点击，是不现实的。“这仅仅是完成了从0到1的过程，还不能称之为‘好用’。”

而通过语音将这些功能唤醒，则可以看作是2.0。语音也

是当前各大厂商主要的发力点之一，在这方面小鹏也投入了相当大的精力。如今Xmart OS 2.0版本可以支持全语音交互。而在我们实际的体验中，语音识别的精准度也比较高，甚至还可以完成连续对话。语音正逐渐成为车载系统的重要入口。

此外，纪宇还认为，互联网基因对于车企来说最大的价值在于企业文化和企业组织方式的融合。如何让先进的科技与传统的造车行业相融合是每个拥有互联网背景的车企需要思考的事情，而一旦完成这种融合，就会带来新的做事方法。“无论是智能汽车企业还是整个行业，都需要这种文化融合，其结果是它既不会与互联网行业相同，也不会与汽车行业相同，而是会催生出一种全新的做事方法。”

小鹏的智能化布局

从创立之初，小鹏汽车就坚持智能化技术自研之路，目的是打造差异化的产品和服务。在研发方面，小鹏投入了大量的资金、招揽了大量人才进行自主研发，截至2021年第一季度，在小鹏汽车公司6100多名员工中，有近40%是研发人员，专注于汽车设计与工程、自动驾驶、智能操作系统等研发工作。在今年小鹏汽车的赴香港IPO招股书中显示，2018年、2019 年、2020 年小鹏汽车的研发费用分别为 10.51 亿、20.7 亿、17.26 亿。

谈及小鹏的智能化之路，纪宇表示分为三个部分：

■ 车内智能。核心是智能座舱，它是智能汽车的“火车头”。

■ 车身智能。指自动驾驶，核心是由“人开车”到“车开车”。

■ 车外智能。指车与其他设备的连接，如车与充电站、停车场、手机、飞行汽车等。

不过，在纪宇所负责的车内智能方面，他也坦言小鹏在研发中往往只聚焦在核心技术，并非所有技术都自研。例如，语音功能涉及三个技术：ASR（自动语音识别）、NLU（自然语言理解）、TTS（从文本到语音），小鹏主要负责NLU的部分，其他两项均是与技术供应商合作开发的。如此一来，小鹏可以将语音作为一种系统级的能力，而非仅在App之间交互，从而实现“全场景语音系统”的构想。

在车外智能方面，小鹏也有很多尝试，与其他智能硬件相打通。例如，小鹏P5与大疆无人机打通后，无人机可以自动实现跟车、环绕、多角度拍摄等任务，而通过汽车直接操作无人机，这大大减小了跟拍难度。

而在智能驾驶方面，除了领航辅助等功能外，小鹏也针对国内道路经常修整和改变的情况，与高精地图厂商合作，通过SR的三维图，更准确地在驾驶过程中提醒驾驶员路况信息和动态（见图1）。除此之外，如何更好地规划行程，找到充电站，以及更智能地提醒车主电量情况，也早已成为各家厂商的研发投入标配项目。

图1 小鹏汽车车载导航页面

以汽车为中心的生态正在形成

正如上文提到，如果语音是汽车智能化的2.0，那么车内与车外的连接将成为汽车智能化的3.0。届时，一个以汽车为中心，覆盖车内外全场景的生态将来临。即使今天我们离这个愿景还有一段距离，但围绕汽车智能化的新生态的萌芽之势已清晰可见。

在纪宇看来，汽车智能化生态的发展应分为两个阶段：完全自动驾驶的“实现前”与“实现后”。

■ 完全自动驾驶实现前：更多是连接辅助型的应用。因为在车主开车时注意力多数会放在驾驶汽车上，这种情况下的生态核心是帮助其更好地驾驶，如充电信息、洗车、听歌、导航等辅助及简单的娱乐需求。还有许多车主喜欢停车后在车上坐一坐再离开，这时需要满足他看电影、听歌、K歌等娱乐放松的需求，这些都是比较典型的场景。

■ 完全自动驾驶实现后：这时的应用生态将更多以主动性的服务为主。例如，通勤时间为2个小时，当驾驶任务完全交由汽车后，车主将会有一大段时间可以在车上支配，这时候便需要满足用户大量的信息和娱乐需求。

如今，除了听书、音乐、看剧等常见的应用外，小鹏还尝试性地与其他厂商合作，推出了超跑声浪（即一踩油门就播放超跑的轰鸣声）等以驾驶为场景的应用。同时还推出了麦克风，让用户可以在上车时或下车前在车上高歌一会。据纪宇透露，这款麦克风的售卖量达到了购车人群的30%。

正因如此，作为资深互联网人的纪宇，也认为当前汽车应用与移动互联网还存在一些差异，汽车应用最主要的是要把功能做到最好。以车载麦克风为例，需要考虑到用户使用的效果是否能达到基本需求，在车里那么多音响设备的情况下，如何让效果达到最好、如何消除回声，以及耳返的处理应该用什么样的芯片等等。这些都需要将软硬件结合起来去思考。

但无论如何，未来将会有更多的第三方开发者参与到汽车应用开发中，更多脑洞大开的应用被开发出来指日可待。

跨界复合型人才成行业首选

值得一提的是，汽车应用开发与互联网产品开发有非常本质的区别。如上文所说，汽车车载应用功能关键在于"极简"而非功能的堆叠，这对于开发者而言也是一种挑战。在智能化汽车得到市场认可后，汽车产业对数字化人才的需求日趋强烈，纪宇认为，当前智能汽车行业最紧缺的是科技向的"复合型人才"，既要掌握软件技能，也要懂汽车行业，如自动驾驶算法工程师、语音算法工程师、Android开发工程师等。

而在人才综合素质方面，足够开放、学习能力强的人才更受行业欢迎。智能汽车行业是传统汽车行业和互联网行业的融合，足够开放才能够快速吸收行业的知识和课题。对此纪宇还表示，小鹏汽车产品经理有四分之一的工作时间都在车上度过，通过全闭环的用户体验去不断优化，而非"闭门造车"。

智能汽车尚处于蓄势阶段，未来几年它会朝什么样的方向去发展我们拭目以待。

长沙智能驾驶研究院马潍：智能驾驶之城的“技术+工程+市场”闭环路径

文 | 杨阳

去年底，湖南（长沙）获批创建国家级车联网先导区。“以路先行，快速闭环”，是具有长沙特色的智能驾驶实践。作为优选，“主动式优先”公交系统在去年得以落地，两千多辆智能网联公交车上路，覆盖七十多条公交线路。作为全程参与规划布局和技术落地的长沙智能驾驶研究院，究竟是如何推动这一进程的？

受访嘉宾：

马潍

长沙智能驾驶研究院联合创始人、CEO。西安电子科技大学学士、硕士，英国萨里大学博士，拥有超20年在硅谷进行技术研发及运营管理的经验。2017年，回国联合创办了长沙智能驾驶研究院有限公司。作为全球领先商用车自动驾驶技术和产品提供商，公司先后获得“2020福布斯中国高增长瞪羚企业榜”等20余项国内外荣誉，马潍博士也被长沙市认定为国家级领军人才。

20世纪80年代出国留学，马潍在英国获得语声信号处理博士学位，之后到美国硅谷做手机芯片、汽车电子及解决方案，期间负责DSP的专用处理器架构设计和工具链。在美国国家半导体到德州仪器期间，马潍供职于中央研究院，负责孵化新技术和新产品。

从美国回到中国后，他没有选择北上广深等产业和人才更为集聚的一线城市，而是来到了革命火种发源地——长沙。他说“特别喜欢长沙人的‘霸得蛮、耐得烦、吃得苦’，正是这样的精神才能将智能驾驶这个需要超过十年技术沉淀期的‘持久战’攻克”。

然而，精神助长事业的理念固然重要，但却是必要非充分条件。最终撬动马潍下定决心选择长沙的支点，是他和李泽湘教授的谈话。因为与这样一位新技术创业孵化领军人的相知相熟，马潍在归国前已经在和他的多次思想交锋中构想出了智能驾驶的未来蓝图。

当蓝图落地为实践，长沙建成了最大的无人车试车场，四辆智能驾驶公交车在7.8公里的试车场里进行着循环技术验证，“双百”——100公里高速+100公里城市智慧交通也得以完成。正在打造的市场闭环中，“主动式优先”公交系统也得以落地。

精神、蓝图和实践——对于长沙建设“智能驾驶之城”一个都不能少。马潍与长沙和智能驾驶的不解之缘，也终于孕育出了长沙智能驾驶研究院。

天翻地覆之前，首先要“耐得烦”

要说21世纪前十年最成功的技术，非互联网莫属。三个年轻人在大洋彼岸“信息高速公路”的触动下，成就了日后的互联网三巨头。但在浪潮之下，暗流也在涌动。

1999年，刘庆峰在中科大创立了科大讯飞。数年后，在祖国南部边陲，汪涛在香港科技大学读书期间遇到李泽湘，基于恩师的鼓励和支持，他在深圳创办了大疆。

之后，李泽湘教授带领他的创投团队继续在硬科技创业和智能制造产业输血，孵化出李群自动化、逸动科技、云鲸智能等被寄予独角兽厚望的创业公司。

看着李教授在新技术孵化中结出的累累硕果，马潍感受到国内产业发展已进入无人区和深水区，山寨模式已被崭新的创新理念取代。“李泽湘教授一直和我强调很多初创概念都进入了无人区，一场大的革命正在发生，会引发产业链剧变，天翻地覆。我们不要做旁观者，应该投身进来，做出完全不一样的东西，改变世界。”马潍如是说道。

在为什么选址长沙这个问题上，他认为首先在于湖湘文化敢为人先的特质，要做到这一点需要“霸得蛮、耐得烦、吃得苦”。在这三个品质中，“耐得烦”尤其重要：“创业有很多不确定性，有的人可能两年就成功了，有的人二十年都不成。‘耐得烦’很多人做不到，一开始很有激情，但能不能持续，是创业能否成功的关键。”

除了精神考量，智能驾驶创业所需的客观环境也非常严苛。事实上，相较于配套更完善、汽车产业更发达的一线城市，长沙在整体上处于劣势。但在智能驾驶领域，长沙走在了前面。自2016年长沙市规划建设湖南湘江新区智能系统测试区，首期就建成了14.9公里测试道路和1230亩的封闭测试场地，为智能驾驶产业发展打下坚实基础。

此外，从人才来看，尽管大部分人的首选仍然是北上广深，但在最新调研报告中，长沙成功入选最受毕业生欢迎的前十城市。据CSDN用户数据统计，长沙本地在人工智能（AI）应用开发人才储备上位居前列。作为“十大中国最具幸福感城市”，长沙具备良好的硬件环境和软件条件。

在马潍看来，能够受到毕业生青睐，长沙的低房价也功不可没，生活的焦虑感相对较小：“‘无恒产而有恒心者,惟士为能’。对于大多数人来说，能够沉下心来做事的首要保障就是生活安定。我刚去硅谷的时候房子非常便宜，这几十年来硅谷能够发展成为世界科技之巅，良好的居住环境是留住人才的重要保障。”

在教育配套方面，长沙本地在人才输出方面十分强劲。包括中南大学、湖南大学，以及国防科技大学和湖南师范大学在内的985和211，都在为产业界持续输送技术人才。

“所以，就是长沙人的精神、产业配套，再加上人才供给，让我们最终决定在长沙扎根。”马潍说道。

长沙经验：以路先行，快速闭环

在人工智能技术成熟度曲线上，无人驾驶和通用人工智能并列为超过十年才能获得主流接受的技术，但因为汽车产业体量庞大，加上一直以来坚持核心技术自主化的路径，为一众软件及传统车企进入这一领域提供了巨大契机。

“自动驾驶技术可以解决很多产业的痛点，加上人工智能、深度学习取得了革命性的进步，这让我们敢于再次尝试之前不敢做、不能做的事情。”在为什么选择创立长沙智能驾驶研究院的问题上，马潍如是表示。

除了大环境和技术上的突破，还有一个非常重要的原因，就是李泽湘教授正在推动的“新工科教育”。具体来说，是要培养“理工结合、工工交叉、工文渗透”的新型人才。

“在各类考试和高考的应试竞争下，把很多人的兴趣都磨灭了。如何打造出让年轻人充分发挥创意的环境，也是我们创办长沙智能驾驶研究院的初衷之一。”

自研究院2017年成立至今，长沙在近四年间走过了“1.0技术闭环、2.0工程闭环以及3.0市场闭环”三个阶段。

事实上，尽管“车路协同”是研究院创立时就定下的策略，但是产品，尤其是“爆品”却是一步步在动态中探索出来的。究竟是何种产品能率先落地，先发展车联网还是单车智能，这不仅是国内面临的难题，较早尝试的美、日也同样有此困扰。在经历了二十余年车联网不太成功的尝试后，美国的智能驾驶公司纷纷以单车智能作为落地的主要方向。

如何制定“我们”的发展方向？在长沙市政府以及新区的统一安排部署，长沙智能驾驶研究院和一众长沙本地智能驾驶企业的共同努力下，最终制定出“以路先行、快速闭环”的落地策略。其中，“闭环反馈”可以说是长沙特色。

首先，最为重要的是技术验证。在各类车路协同的场景中，如何通过可控的环境迅速闭环，找到存在的风险点，这是第一年解决的问题。2018年，长沙建成了最大的无人车试车场，四辆高等级智能驾驶公交车在7.8公里的试车场里进行着循环技术验证。

在小范围内得到技术验证后，第二步从交通的角度切入。主要包括两个方面，也称为“双百”——100公里高速

+100公里城市智慧交通，这个环节称为工程闭环，包括施工、安装、验收，以及车与路之间的协同等等。

在技术验证和工程达到闭环的基础上，就进入了市场闭环。不比技术的线性求证，市场验证需要更多维度，包括如何切入更具有市场价值的领域，产生有经济价值的产品和方案。其中，“主动式优先”的公交系统在去年得以落地，两千多辆智能网联公交车上路，覆盖了七十多条公交线路（见图1）。

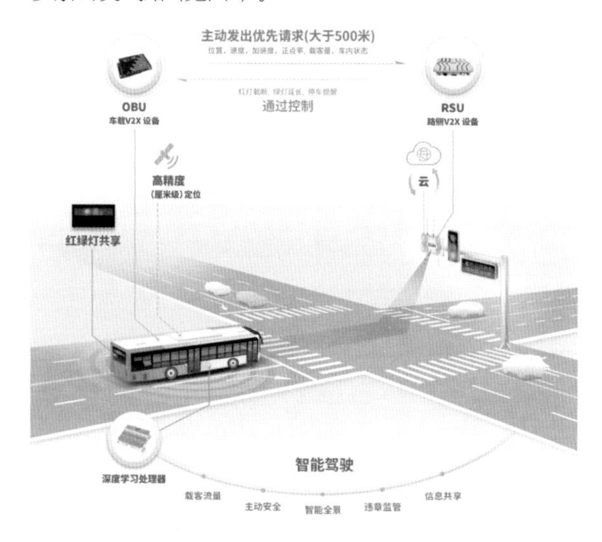

图1 长沙智能驾驶研究院自研主动式公交优先系统

闭环反馈究竟起到怎样的作用？马潍认为是抽丝剥茧地找到问题的本质，从而确认痛点：“公交车的信息化、物联网不是新鲜业态，很多都安装了各式各样的设备，但作用主要在监测或监管方面，对驾驶的引导远远不够。同时考虑到在智能化应用场景中的普惠性，我们就从公交车入手，在单点、完成性和优化性能的闭环动态过程中，发现了一阶、二阶，以及三阶痛点。最后，挖掘出‘优先’是其中的关键。”

基于此，长沙智能驾驶研究院采用最新国标，通过车路协同在5.9G频率上和红绿灯互联通信，让信号灯对公交车动态地优先放行。最后的效果是显而易见的，不仅避免了建设公交专道的大规模投入，公交车的运营效率也极大提升。

去年底，湖南（长沙）获批创建国家级车联网先导区。至于哪些经验可以推及全国，马潍认为有两个关键点：首先，“快速闭环”已经得到初步验证，各地可以结合本地区实际情况落地实践。第二点是“以路先行”，车、路谁先谁后是鸡生蛋还是蛋生鸡的问题，美国选择车先行的很大原因在于路基老损、修整困难，而我们的道路都很新，而且预埋了光纤，改造成本低。最后，还要坚持鼓励孵化创业型公司，提供更多解决刚需的新产品和新思维。

既不能唯技术论，也不能只谈场景

目前困扰智能驾驶的三大难题：第一个问题是技术成熟度，也是首要的问题。

“人脸识别、新闻推送类的技术应用成熟度即便达不到100%，但能有个95%或者97%”，可能会少抓一个人或者少推送一条信息，但都是可以补救的。智能驾驶则完全不一样，因为关乎到生命安全，技术容错率无限趋近于0。目前我们行业内达成的一致标准是99.9999%，需要6个9，也就是百万分之一。”

为了减少错误率，以数据驱动作为发展路线的公司一般会采用大量实际路测和模拟仿真来获得各种场景数据，Waymo在山景城、凤凰城等地已经完成了数千万英里的路测，模拟则高达数百亿英里。随着数据量的增加会不断收敛，但究竟在什么时候达成真正意义上的合规安全，还有很大的不确定性。

“从我们实践得出的体会是，当然希望用最顶尖的技术解决最困难的问题，但需要确定这最后1%的坑有多大。如果这个不确定性大概率在短期内解决不了，有没有托底方案？我们给无人车做了两套托底方案：当安装了视觉的汽车可能仍然“看不清”，首先，在道路上安装摄像头和传感器，这样就做到了车路协同；其次是人工接管，作为自动驾驶的托底方案，一台远程接管设备可以管理多至十台自动驾驶车辆，当出现自动驾驶无法处理的状况，能够进行远程人工接管。”

第二个问题是法规的容忍度，我国的智能驾驶立法工作启动较晚，但在2021年7月底，工业和信息化部、公安部、交通运输部三部委发布关于印发《智能网联汽车道路测试与示范应用管理规范（试行）》的通知。

第三个问题是成本的接受度，如何达到供应端和需求端的平衡。既不能陷入“唯技术论”，也不能只谈场景。唯技术论会导致不能落地、纸上谈兵，只谈场景又容易陷入完全市场驱动的陷阱，靠补贴掩盖价值的缺失。“像共享单车，确实是很好的应用场景，但技术门槛太低，市场进入者过多，反而陷入到无序和混乱的竞争中。”

具体到技术细节，长沙智能驾驶研究院近年做出的核心突破集中在感知层和重卡的控制层。在深度学习算法基础上，实现了立体视觉的三维场景重构和小目标检测。

如何实现整体感知（见图2）。

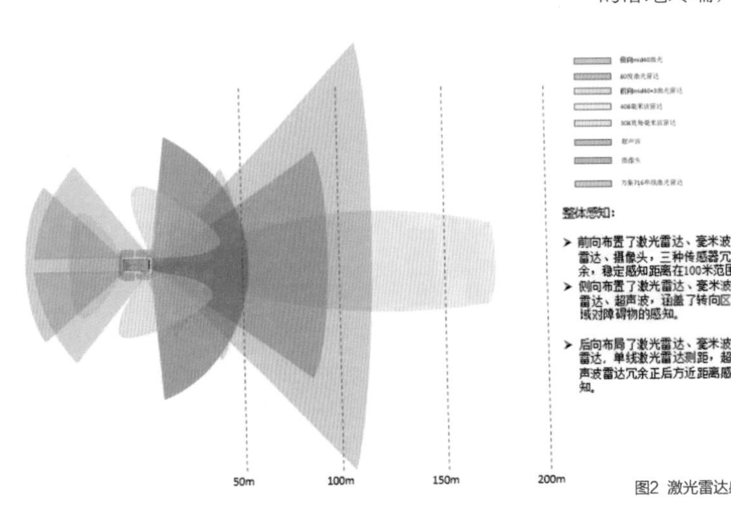

图2 激光雷达感知

■ 由激光雷达、毫米波雷达、超声波雷达和摄像头支持的多传感器融合感知算法，可实现矿卡周边360度、前方150米、两侧50米、后方30米范围内的物体全覆盖识别。

■ 激光雷达和GPS的融合定位方案，通过对各定位算法质量评价和动态融合，在卫星定位系统受到干扰，信号丢失的情况下，实现厘米级定位。

“城市道路无人驾驶检测的标的物是人或车，但我们的主要应用场景之一是矿区。有小石头之类的障碍物就可能造成翻车、爆胎的严重后果。基于小目标检测，就可以避免这个问题。”马潍继续表示说，相较而言，“控制”是商用车技术落地的老大难，车身很大很重，载重可能不平衡，即使这次控制好，能够顺利换车道，下次可能尾巴就转不过来。为了解决这个难题，长沙智能驾驶研究院在算法仿真上做了很多工作，也希望和业界进行更多的交流。

对于如何解决技术难题和坚定产业信心，马潍表达了对开发者的建议和期许：

■ 就像通信和互联网都曾做过技术落地的主战场，未来50年的主战场是智能化，最大的应用端除了手机和PC，目前尚待爆发的就是汽车。大家要有信心，坚信“软件赋能汽车”的未来前景。

■ 前景可期，但切忌盲目乐观。作为智能技术最具挑战的落地终端，对于新人来说非常考验学习能力，对新的工具能否迅速掌握，对新的库能不能深入理解都决定了能否真正做好这项工作。

■ 产业界要求效率和优化，程序开发出来之后能否迅速部署到车规级算力平台？嵌入式算力平台的计算体系和架构非常复杂，多达几百个内核，很多工具自动编译利用率又不够高，我们能不能做出来真正有竞争力的算法？这些技术难题都是做智能驾驶的开发者需要直面的问题。

“当然，软件领域也非常多，开源也是一个很好的方向。现在正值毕业季，非常希望优秀的年轻人加入到我们公司，加入到这个行业，这是个非常好的行业。”马潍最后表示。

“不变”与“变”：新能源与智能化“岚图”

文 | 杨阳

“历史总在重演，科技永远向前”，中国百年来汽车产业的繁复发展史，终于在如今走出了技术自主化的发展道路。作为见证了新世纪汽车产业蓬勃发展的“技术老人”，卢放用亲身经历为你讲述汽车人的“不变”与“变”。

受访嘉宾：

卢放

岚图汽车CEO，拥有22年汽车开发经验，曾先后任一汽-大众产品设计师、主管、经理，负责大众、奥迪、奔腾、红旗、马自达等品牌车型的研发工作。后赴东风集团任战略规划部专项技术总监。曾获得中国汽车工业科技进步奖二等奖，曾任车身分标委、碰撞分标委委员，在汽车工业技术领域成就突出。

“载重量1.82吨，六缸水冷汽油发动机，65马力，前后轮距4.7米，最高车速40公里/小时，464种自制零件。”

看到以上数据，你第一时间想到什么？如果没有什么感觉的话，我们再来看一组：

“载重16.57吨，直列六缸，450马力，车长11.98米，最高车速90公里/小时。”

下面这组数据是东风天龙重卡车型的配置参数。从载重不到2吨，数十马力，5米车长，到载重16.57吨，数百马力，12米车长……倍数的差距背后，是中国自主品牌汽车近百年的发展历程。

1931年5月，“民生牌75型载货车”作为我国第一台自主设计汽车在沈阳诞生。此后近二十年间，尽管各地方政府和爱国企业家纷纷尝试研制自主品牌汽车，期间诞生过山西牌、中国牌、飞鹰牌等，但在历史车轮的碾压之下，中国人的“造车梦”无从做起。

直到1949年，自主生产汽车成为新中国成立后的当务之急。九年之后，我国第一辆一汽国产轿车“东风CA71”问世。此后，历经技术引进和合作开发，直到2000年前后，中国自主化品牌开始进入人们视野。

从合作研发到自主开发，卢放正是在这一时期进入了汽车产业，先在一汽参与捷达、宝来、奔腾等车型的研发工作，之后在自主板块带领团队完成红旗H5、奔腾X40等车型的自主开发。

2018年，卢放南下到“东风”，从战略规划部技术专项总监，到岚图汽车CEO，他完成了从传统汽车人向新能源和智能化赋能汽车人的转身。

然而，此时此刻他的面前并非大道通途，曾经集国家之力搞自主研发，新能源、智能化潮流下却不乏“市场派”，蔚来、理想、小鹏，似乎正在形成三足鼎立的格局……传统汽车能否真正做好新能源和智能化？传统汽车人如何在新的挑战下开拓出一片新天地？卢放的答案是，既要“不变”，也要“变”。

从合作研发到自主开发

1999年，卢放从同济大学汽车工程系毕业，彼时正逢汽车工业进入全面发展时期。面对浪潮之巅，卢放没有犹豫，随即加入一汽成为产品设计师：“我个人背景比较单纯，大学毕业之后就一直在搞汽车研发。”

回想二十多年的“汽车人”生涯，卢放认为让他在技术领域打下扎实基础的正是在一汽的那些年。捷达、宝来、速腾、奥迪、迈腾、奔腾等品牌车型，他都曾主导或参与研发设计。

“我们很熟悉大众体系和奥迪体系的研发流程和控制标准。这对我们后来搞自主品牌是非常有帮助的。在一汽大众的架构体系下，内化了很多的能力，同时也创造了很多东西。尤其是在马自达CX-4的研发上，作为马自达唯一一款和国外团队联合开发的汽车，在合作过程中，我们对流程要求、规范性这些潜在差距有了更深的认知，在学习中也加深了理解。”

后来，因为业绩优秀，卢放被选拔为年轻干部，负责本部奔腾和红旗系列研发体系建设。基于国产化和合作研发期间的不断学习，加上带领团队沉淀的经验，卢放完成了红旗H5的开发。此外，奔腾X40、X80、T77、T99这些受众颇广的车型也是在这一时期奠定了初始基因。

对于这些经历，卢放总结道：“我个人非常喜欢挑战，能够在一个大企业中，从国产化、合作，到现在自主研发的浪潮下开发出不同车型，是我们这代汽车人的使命。”

汽车人的“不变”与“变”

“我看得远，是因为站在巨人的肩上。”这句话虽然是牛顿对自身成就的谦逊，但也说明，在高瞻远瞩之前，要先确定脚下地基的高度。

作为资深技术人，卢放也非常强调这一点。在他看来，这一地基仍然是对车的本质理解：“就我个人而言，对行业目前在自动驾驶上的过度宣传比较担忧。一方面，出身于传统车企，我们所学到的，基于对车的本质理解，我认为这点还是很重要。另一方面，也需要加上智能化、新能源、用户思维，以及用户导向的翅膀。”

抓住本质，同时迭代更新。这就要求我们时刻把握“不变”和“变”。

不变：车还是车

什么是车的本质？

就是“车还是车”。

无论我们给车赋予多少愉悦身心的感官功能，但车作为交通工具的本质属性不会改变。当开车或坐车去一个地方，根本目的还是要到达目的地，即便是享受过程，也在于欣赏沿途的风景或者是体验不断前进的美好感受。

“驾驶过程中，用户坐在座椅上，手握方向盘，脚踏踏板，不停操作设备，这些都是用户体验，是交互中的重要部分。”卢放强调说，车的底层性能很大程度上决定了用户感受。驾驶一辆车是否舒适、安全、可靠，这些看似原始的需求实际上还是核心。在他看来，很多核心技术还没有得到很好解决：“比如减震，NVH”。

对于“车还是车”这个不变的本质，卢放希望新晋汽车人无论做硬件还是软件，不管是传统还是新兴领域都不要忘记，毕竟“新旧之间没有怨讼，唯有真与伪是大敌”。

如何区分“真”与“伪”，也是他作为过来人一直在极尽思考的。科学的立命之本是能够证伪，汽车技术作为科学应用中的高精尖，区分真伪就更加重要。多年实战经验让他深知，想要真正把核心技术做好，没有捷径可走。

“我在汽车行业这么多年，学习能力、分析解决问题的能力，以及执行力都是不断磨砺出来的。可以说，我们的研发体系、质量管控体系、供应商体系的搭建都基于团队每一位成员的能力提升。这是树木和森林的关系。”卢放表示。

变：新消费下的五点应对

除了不变之外，每位汽车人还应该思考什么需要变。

事实上，中国加入WTO的二十年来，最大的变化在于市场逐渐从生产者转向了消费者。20世纪90年代的深层次国产化，到加入WTO之后的产业规模爆发，卢放先是经历了价格战：“当时我们生产车，卖得比别人便宜点，或者同样的价格比别人功能多一点，就会有市场。”

从消费者市场开启的“性价比”心理直到今天还在深刻影响着消费者行为。但与此同时，挖掘用户的深层需求，满足不同人群的偏好，成为近十年来各行各业对消费者的主体画像。

在如何满足用户上，卢放提出了五点应对。

首先是产品和服务端：

其一，通过新兴技术和创新产品承载消费者需求，包括新能源、智能化、网联化、高级辅助驾驶等。

其二，做到企业和用户直联，直面终端市场，减少中间环节产生的信息不对称和效率低下的问题。

其三，走高端化战略，真正把汽车原本的技术根基扎牢后，要想在竞争中胜出还是需要推出高端产品。

其次是管理端，包括体制与机制的变革。

其一，国有体制如何应对市场化，当国有体制不符合当下市场和用户所需时，另立门户或许是更好的选择，延续原有扎实的技术基因，同时又不受过多约束，可以适时创新，“岚图就是这样催生出来的”。

其二，打造更加高效的机制。体制创新让原本不能做的事情得以执行，机制则决定了执行的效率。在“用户导向”主旨下，通过OKR体系建设，形成团队协同，让组织在信息透明、公开的机制下高效运转。

智能化、新能源、车联网

提及“智能化”，卢放再次强调切勿盲从自动驾驶：“我们很少说岚图目前能够达到什么级别的自动驾驶，因为很容易造成误导。”在与业界的沟通交流中，卢放更喜欢用智能网联、互联，包括车机、IVI（In-Vehicle Infotainment，车载信息娱乐系统）、OTA（Over-the-Air Technology，空中下载技术）、高级驾驶辅助（ADAS）等具体技术来说明目前这一领域取得的进展和成果。

除了智能化之外，新能源也是当下的主流趋势，虽然不属于软件，但因为新能源汽车结构更简单、更易操控，成为与智能化合流的一大趋势。

然而，锂电池也存在不少待解技术难题，尤其是所谓的“里程焦虑”，是很多人选择电车的最大顾虑。但在卢放看来，更为合适的形容应该叫“补能焦虑”。从里程焦虑到补能焦虑，视角转化的背后，是从消费者的困境心理转向了企业该如何应对。

“车里不应该背一个100度、150度，甚至更大的电池。电池对于用户来说是成本，对于车来说是重量，太重不利于降低整体能耗。我们更注重未来补能的便利性。这需要更多技术研发，从而保证设想能够落地产品化。”卢放表示。

如何实现这一目标？他认为行之有效的方式是通过提供纯电动与增程电动来达成，既不会牺牲电动汽车的起步优势（百公里加速可达4.5秒），也能实现NEDC（新欧洲驾驶循环周期）续航达到860公里。这样一来，就不用担心找不到充电桩的问题，大大缓解了补能焦虑。另外，充电时间将大大缩短，在未来实现充电10分钟行驶400公里，从而彻底消除补能焦虑。

对于软件改变传统汽车的最后一个维度，卢放认为应该在于车联网。作为物联网在汽车领域的应用，车联网表现在车与人的互动上。

SOA（Service-Oriented Architecture，面向服务的架构）在通信和计算机行业中的应用已经成熟，但在智能汽车领域仍是新兴生态。构建整车软件架构，做到软硬件解耦是所有智能驾驶厂商都在追求的目标，但目前行业可以做到部分或者大部分解耦，难以完全解耦。

“我们基本是完全解耦。把生态开放出来，让更多用户和朋友参与到软件开发中来，这是我们一直在做的。”卢放表示。

在机械结构方面，岚图开发了ESSA架构（见图1）。

图1 ESSA原生智能电动架构

“Electric+Smart+Secure+Architecture”，对于这个架构的优越性，卢放介绍说主要在于零件之间的模块化通用，通过整体架构衍生出不同的平台，可以高端，也可以讲究性价比：“平台能够实现大车和小车通用，演化出不同车型，包括MPV、SUV、轿车。轴系可以变长变短、车可以变宽变窄、车高可以变高变低等。我们研究模块化架构实际是为未来的用户节约成本，同时保证高端驾驶体验。”

从“不变”到“变”，需要认识到汽车的本质，不要寄希望于绕过底层的复杂技术，仅通过软件赋能。在新的消费趋势下，也要从产品和服务，以及体制和机制上寻求转变。在此基础上，再向智能化、新能源和车联网进发。

未来：开放生态、高端定制

畅想智能驾驶的未来，卢放认为可以用八个字来概括：“开放生态、高端定制”。

“我们希望通过建立共享生态，把车里不涉及安全的功能开放出来。像一些能够带给用户良好的交互体验，或者能让用户玩起来的功能。”

真正实现“千车千面”，需要根据每个用户的不同需求进行定制。对于车企来说，即便有成百上千的研发人员，也难以发现和解决客户的所有需求。这就要求开发全域SOA架构，通过服务定义硬件，通过车云一体的生态实现软件的快速迭代和升级。开放生态后，将一些功能的实现给到数千万开发者。届时，用户也可以像下载手机App一样，在汽车App Store中下载各类应用。

2021年3月，岚图FREE正式开启预售，定位于高端。

“以往人们一想到高端车就是BBA（奔驰、宝马、奥迪）。如何让国内市场注意到国产汽车的价值，各大厂商都在角逐。除了新能源化、电动化、智能化、网联化，我想给它再加上‘轻量化’。未来的高端汽车，它的附加价值能有多大，就体现在这五个赛道上的竞技。”

最后，卢放还想强调：我们谈自主化，不是百分之百都自己做，而是在掌握核心技术的同时，与友商竞合。岚图在开发FREE车型上也与博世进行了合作，但主要借鉴博世在数据量、底盘控制等技术上的经验，而核心技术，包括未来升级迭代的能力都掌握在自己手上。

扫码观看视频

听卢放分享精彩观点

专访零跑汽车创始人朱江明

非汽车人的造车之路

文｜邓晓娟　徐威龙

汽车行业正在进入变革的快车道，随着电动化与智能化不断渗透这个行业，许多非传统汽车行业的技术人也纷纷入局，无互联网背景、无造车背景，如何在竞争如此激烈的汽车市场中占领一席之地？

受访嘉宾：

朱江明

零跑汽车创始人、董事长。毕业于浙江大学，曾任杭州摩托罗拉科技有限公司业务运营总监、总经理；现为大华股份主要创始人，大华股份副董事长，CTO；零跑科技创始人、董事长兼CEO。拥有近30年的研发制造经验，擅长嵌入式算法及计算机底层的芯片级软硬结合领域。

随着近几年对新能源汽车生产资质管理力度的加大，能够拿到生产资质并非易事，众多造车新势力为了可以快速量产纷纷选择代工生产。然而长远来看，对于车企而言拥有生产资质和自建工厂意味着可以对生产质量与生产成本进行严格把控，这也是新势力都在铆足劲儿获得“准生证”的原因。

2021年4月30日，工信部发布了第343批《道路机动车辆生产企业及产品公告》，零跑汽车（以下简称“零跑”）作为被许可的整车生产企业在该批公告中予以发布，这标志着零跑通过核准，获得新能源汽车生产资质，其车辆生产的企业名称也由此前的“长江汽车”变更为“零跑汽车”。

而作为技术人出身的零跑科技创始人、董事长兼CEO朱江明，更是放出了“三年内在自动驾驶技术领域赶超特斯拉”的豪言。与其他造车品牌不同，零跑是少数布局完整汽车研发链路的厂商，从三电、芯片到工业配件。

对于这样的布局，朱江明的底气来源于过去的技术积累。1992年，朱江明创办了大华股份，经过几十年的发展，逐渐成长为安防领域的头部企业。产品从最初的通信调度，逐渐扩大到远程图像监控、嵌入式硬盘录像机等。这些产品涉及的技术领域，如前端传感器、摄像头、后台服务器等，在汽车中也可以复用。朱江明坦言：“虽说汽车包括控制器、仪表、车灯、BMS（电池管理系统）等，但加起来不过就十来个东西，并没有想象中的那么多。”另外，朱江明也表示，对一些传统汽车领域的东西，如悬架、内饰、座椅等，不会去碰，他们自研的更多是与电子领域相关的部分。

从传统安防业务转战“造车”，朱江明给出了三个理由：

- 汽车行业是目前国内制造业里较差的行业，缺乏自主品牌，存在较大的机会。
- 无论是传统三电还是新三电都属于汽车成本的大头，在政策和行业的大力推动下，新能源汽车可以让过去的技术积累有用武之地。
- 个人兴趣，希望设计出极致性价比、体验非常好的电动车。

那么，原本非汽车行业的技术人跨界到汽车行业走了一条怎样的路？全栈自研的背后又有哪些思考？自动驾驶技术的未来又该去往何方?

非互联网人造车

在造车新势力行列中，创始人的属性决定了品牌的整体属性。如果说垂直媒体出身的创始人可以把营销玩得风生水起，那么技术型创始人在技术上就有一定的“执念”。这一点在朱江明身上体现得尤为明显。

从20世纪90年代就开始技术创业，在仅有的四个工厂中，完成了从工业、民用到商业等领域安防设备的研发。这一经历让他对技术自研有着近乎偏执的自信。不仅自研了电池、芯片等底层设施，同时也对智能驾驶解决方案、智能座舱等进行研究。如今即使是在T03这种微型汽车上，也能实现人脸识别、驾驶功能自适应、语音交互等功能，这在传统汽车中是很难想象的。

谈到入局汽车的初衷，朱江明表示主要是看准了当前新能源汽车发展的两个方向:

- 超高性价比。购买成本低，使用成本低（如免费充电等）。
- 个性化追求。追求与众不同、高端先进。

正因如此，零跑的造车战略一开始就与其他造车新势力不同。其他厂商大部分只聚焦在同一类车型。例如，小鹏聚焦紧凑型SUV和轿跑、蔚来专注于中大型SUV、理想则专注于家庭用车。零跑的定位则不然，它一开始就希望覆盖所有车型，不仅如此，还要做到每种车型的高配。从2019年推出第一款轿跑车型S01开始，零跑又推出了迷你汽车C11。未来三至五年，还要陆续推出轿车C01、紧凑型SUV A11，以及中大型MPV等车型。同时部分车型除了纯电版，还会推出油电混动的增程版。

聊到这儿，我不禁认为这样的战略是否显得过于“野心勃勃”了，直言这样的布局，是否有点不够聚焦?要知道即使是特斯拉从成立之初到现在，也只推出过Roadster、Model S、Model X、Model 3、Model Y几款主打车型。

面对这样的质疑，朱江明坦言之所以这样布局主要原因在于零跑的定位与其他新势力不同。其他新势力更像互联网公司，而零跑则更希望像丰田、大众那样做个覆盖全系车型的“大制造商”。另外，他也认为车型和混动模式，并不是一成不变的。在推出后也要根据市场的真实反省来及时调整。

“我对芯片是非常热爱的”

朱江明对自研的执着从芯片和电池两个部分就能管中窥豹。

早在2014年，朱江明就开始了芯片的研发，从最开始就聚焦在SoC系统级的芯片。他们推出的第一款车载芯片是凌芯01。这是一款28纳米高集成的SoC，算力为4T。在设计之初，朱江明给它的定位就是实现L2~L3级别的自动驾驶。

至于为什么要自己研发芯片，朱江明表示，在2017年、2018年前后，车载芯片比较成熟的品牌只有Mobileye，但Mobileye是打包式销售，把算力和算法进行打包，然后将一个结果输出给你。这一模式造成的结果就是，“对国内汽车厂商来说，Mobileye的水平就代表了你的水平，没有任何更改的可能”。因此，朱江明带领团队用两年的时间完成了这款芯片的研发。对于它的评价，朱江明表示:“相比于英伟达还有一定的差距，但特色市场还是有一定的优势。”

对于芯片的发展，朱江明的态度十分积极。今天中国也出现了一批非常优秀的芯片企业，如华为、地平线、黑芝麻等。但对于国内芯片企业来说，自研之路仍然面临很多挑战。主要包括以下几个方面:

- 产能消耗大。一款新能源汽车需要5辆传统车的产能消耗（也就是芯片的数量），目前全球新能源汽车的客观数量约400万辆，相当于2000万辆传统汽车的产能被消耗了。
- 安全要求高。由于车规级芯片的安全认证等各个方面周期较长，暂时很难用其他芯片取代，加上国内芯片制造商产能跟不上，所以至少在2～3年的时间里，汽车行业都会处于缺芯片的状态。

■ 与行业仍存在差距。高通、英伟达两家芯片厂商足够强大，有专门做ADAS（高级驾驶辅助系统）的团队，将算力拉高，且他们已经可以生产满足高端自动驾驶的芯片，再往L2过渡，所以目前留给中国企业的空间非常有限。

尽管面对挑战，朱江明仍直言："我对芯片是非常热爱的。"正是因为对芯片热爱的人越来越多，中国芯片产业才会一步步与国外缩小差距，最终彻底摆脱"卡脖子"的现状。

再说说电池，与其他厂商电池与车身分离的结构不同，零跑设计了将底盘、车身、电池和电芯一体化安装的技术（CBC：Cell Body Chassis，电芯-车身-底盘），这一设计的好处是，可以让汽车在计算汽车强度时将电池包的下箱体和车身底盘一起计算，提升了整车的安全性。此外，用整块钢板冲压出来的整体结构在工艺上也优于过去用一块块铝合金的焊接，同时也节省了很多成本。

除了芯片和电池，汽车外围的传感器、摄像头、毫米波雷达等硬件，也在逐渐实现全部国产化。"我希望可以在ADAS领域的传感器和控制器方面，采用芯片级的全国产。目前，在C11上包含的11个摄像头、5个毫米波雷达和4个角雷达加一个前雷达，已经实现全部国产化了。"

视觉为主的自动驾驶将成为主流

在当下的自动驾驶技术中，多传感器融合和机器视觉是主流的解决方案，但自动驾驶想要往L3级别迈进，两者需要先具备以下先决条件：

■ 多传感器融合。需要配合更好的高精地图、更高精度的激光雷达或毫米波雷达。

■ 机器视觉。以机器视觉为基础、以其他功能为辅助，打配合战。

朱江明认为，相较于多传感器融合，基于机器视觉的自动驾驶解决方案更优。目前毫米波传感器误判率较高，还不足以作为自动驾驶的基准。即使灵敏度不断优化，也存在"宁可不动作也不能误动作"的问题。除非能让激光雷达永远保证无误，否则很难向前推进。但如果激光雷达永远无误，就不需要机器视觉和毫米波雷达，所以多传感器融合的解决方案存在一定的悖论。

如今城市道路非常复杂，在高清地图画不过来的情况下，只能依赖视觉系统、传感系统做辅助。同时，由于使用纯视觉的方案对算力的要求也会更高，这就会促进计算平台快步向前。并且，基于视觉的解决方案需要有足够的案例进行训练，才能让其精度无限逼近真实的安全。

想要实现这些技术需要依靠行业的共同努力，那么，哪些人才是当前最紧缺的？

对此，朱江明认为，如今整个行业的人才结构还没有完全成型，但一定是综合型人才，而非只做软硬件或传统汽车的人才具有更多优势。并且企业里一定要有"灵魂人物"。例如，最高级的产品架构师，而后是车机联网、智能驾驶、整车控制方面的核心小组领头人，最后才是细化的分工。朱江明还补充道，如今无论是造车新势力或传统车企都不是主流的玩家，产品和人才结构方面都在更新完善阶段，至少到2025年以后才会相对成型，这时候人才才可以在新能源汽车企业流动。

扫码观看视频

听朱江明分享精彩观点

从技术人视角看当前汽车产业的发展
——专访蔚来汽车数字发展部应用发展总监鲁阳

文 | 徐威龙

当下，“软件定义汽车”的趋势愈加明显，在这一背景下鲁阳却有着冷静的思考，他认为：由于无法将底层系统和硬件开放，汽车应用仍将以轻娱乐为主，生态并没有想象的那么大。但作为大硬件生态，汽车的发展将会极大地带动基础科学的发展，以往不受重视的学科将重新走向台前。

受访嘉宾：

鲁阳

蔚来汽车数字发展部门应用发展总监。蔚来汽项目管理、影响力，以及价值观培训师。英国励讯集团本土化创新产品负责人。曾任职智联招聘系统架构师，拥有极其丰富的互联网开发及产品经验。

作为技术人，鲁阳的成长路线是一条典型的技术之路，做过架构师和创业者。在移动互联网大潮兴起时还做过App，这款应用后来还拿到了一个全球创新奖。2016年，鲁阳加入蔚来汽车（以下简称“蔚来”），负责数字化系统。“当时团队只有两个人，后来又加入了很多前端、后端、测试和产品经理，最多的时候团队有150多人（包括三方驻场员工）。”

作为一个技术人，初入汽车行业，鲁阳直言被汽车的数字化系统“震惊了”。互联网数字化系统往往以“信息”为核心，实现路径也较为轻量化。而汽车制造属于工业范畴，里面涉及成百上千个系统，如会员系统、售后服务系统、交付系统等，此外，还包括制造、供应链、采购等方面的整合。

这也让鲁阳直言：“以往那些不被重视的基础科学，如嵌入式开发、数据科学等，未来可能会重新吃香。”

那么，汽车的数字化技术现状是怎样的？中西在汽车研发上的差异有哪些？玩转互联网应用是否意味着同样能够玩转汽车应用？带着这些问题，我们与鲁阳进行了深入交流。

“当时还以为汽车与传统企业是一样的”

在2016年刚加入蔚来时，鲁阳在企业数字化方面已经有了不少的积累。加入蔚来后，鲁阳就开始负责数字化运营的业务。当时他还以为“蔚来的业务跟传统企业数字化一样”，“来了之后才发现不一样”。汽车涉及成百上千个系统，包括会员系统、售后服务系统、交付系统等等。如何保证各系统的信息打通，成为了最大的挑战：

- 要跟制造商的数据打通。与传统行业不同，新能源汽车有多种配置，每个配置都可以让用户自行选择，在这种情况下，每台车都是独一无二的。如何让这些数据与制造商打通是挑战之一。
- 新老数据的升级。在鲁阳加入团队之前，蔚来运营了两年多，这期间已经产生了一些数据。到了2017年随着下设销售实体的增加，过去的老数据无法满足新业务，如何打通新老数据成为了挑战之二。

面对这些挑战，蔚来的技术团队一是引入了敏捷开发模式；二是重新构建一套工作流系统，并采用了“开源项目+前端自研”的开发模式，使系统快速落地。

此外，“当时也用到了一些开源项目，如底层工作流系统和全链路监控工具等。还有微服务架构方面的一些项目。”鲁阳说道。

汽车软件研发不同于IoT

根据Strategy Analytics的报告，互联、共享、智能已成为消费者选购汽车时的重点考虑因素。除了驾驶能力之外，智能化能力和应用生态成为了“下半场”的核心竞争力。面对汽车智能化体验（如智能座舱、应用软件等），很多人认为这就是一个“放大”的IoT系统，以往在IoT领域和互联网软件研发中的实践可以直接套用。

针对这种观点，鲁阳直言汽车跟传统的IoT并不一样。主要体现在汽车对于应用的整体安全性——无论是车还是人——要求更高。另外，汽车又是一个大的硬件集成，需要在一个基于整体协同的应用管理体系中开发，而不是像传统互联网应用“开发出来一个就提交一个”的模式，这对整车的项目管理要求相当高。此外，互联网应用可以敏捷开发、快速迭代，但汽车的应用迭代需要协同好几千个零部件才能实现，所以对应用的完善度的要求也远远高于传统互联网平台或IoT平台。

这一点体现在应用生态中也类似，尽管近两年以汽车为中心的软件生态崛起的观点不绝于耳。但鲁阳却认为“汽车应用生态仍会以娱乐等轻量级的应用为主，更深层的应用不会太多，也没有意义”。鲁阳直言：“2019年我在一次峰会上，就有车企提出过要打造汽车的应用生态，吸引开发者来开发。但我认为这个意义不是特别大。”原因在于，汽车不像手机等智能设备，开发手机应用往往需要调用很多底层的功能，包括摄像头、存储、GPS、录音等，这些功能放到汽车上，等于要把一些与安全和操控相关的底层能力开放出来，这无疑存在着不小的安全隐患。即使是娱乐类应用，用户的需求也没有想象中那么大，所以我们看到有些汽车厂商在车上提供一些重度的游戏（如吃鸡），最终也更多成为了一种“噱头”。

此外，手机应用对底层能力的调用实现起来相对简单，汽车则更为复杂。哪怕一个简单的音乐播放器，也需要调用多个音响。这就决定了移动应用无法简单地移植到车内，而需要为汽车定制化开发。

正是因为这两个原因，在鲁阳看来，车载应用生态并不会有想象中的那么大，毕竟车内的使用场景有限。“你只能做娱乐类的应用，而娱乐无外乎就是听听东西，因为在车上看东西有危险。听东西的话，有一两款应用就足够了，要那么多干吗。”

但是，鲁阳也认为开发者无须悲观，汽车行业的洗牌与改变，还是能够带来不少新机遇的。现在的大数据、人工智能等技术仍然很缺应用场景，而汽车是一个大生态，可以让这些技术同时在上面落地。无论是应用、大数据分析、AI，还是底层算法，都可以与汽车相结合，这无疑会带来不少新机遇。“只要看看现在招聘网站上对汽车相关职位的需求有多大就知道了。”鲁阳说道。

中国造车弯道超车

说起新能源汽车是否是中国汽车产业弯道超车的机会，鲁阳表示认同。他说：“内燃机时代我们超不过去，是因为人家的造车工艺领先了我们一百年，而且核心技术都有专利保护。我们合资帮别人造车，大头都被别人抽走了，我们只是赚点‘辛苦钱’。”但新能源汽车打破了这一现状，核心技术从过去的发动机、变速箱、底盘，变成了今天的电池、电机、电控（三电系统），把大家拉回到了同一起跑线。同时，中国政府在新能源汽车的扶持力度上和基建的能力上是独一无二的。

不仅如此，由于中国的新能源汽车企业的互联网背景占比较高，也逐渐摸索出了一套本地化的商业模式。以蔚来为例，蔚来汽车以服务见长，在传统的“汽车买卖”模式之外，还提供了电池租赁、换电、车友活动空间

（NIO House）、线下聚会（NIO Day）、日常活动（足球赛、茶话会、桌游、夏日派对、亲子活动）等服务模式。在用车方面也同样还有上门补胎、事故处理、上门取送车、代步车等服务。

这与传统汽车行业经销商模式的服务天差地别，有些服务已经催生出了新的商业模式，如足球赛，现在已经有人愿意为参赛而付费，同时，胸前广告、服装也都初步具备了变现能力。“归根结底，现在的汽车是要下一盘大棋，在一些方面（如换电）可能不赚钱，但新的商业模式可能会在其他地方出现，这需要企业具备更长远的战略眼光。”但这些模式并非没有边界，所有的玩法都有一个底层逻辑，就是“你是不是在持续地为用户创造价值”，鲁阳总结道。

而对于国内市场来说，目前竞争非常激烈，这种竞争未来会持续下去。汽车不像互联网平台出现“大鱼吃小鱼”的情况，汽车产业会多强并存，百花齐放。究其原因就在于，汽车行业的定位多样，只要你的方向没问题，用户定位精准，是不会轻易被吞并的。另外，汽车的成本高于其他互联网产品，用户一旦使用了某一品牌，更换的频率要远远低于互联网产品。“不要忘了，汽车终归是个工业化的产品，大家都是有机会的。”

汽车带动基础科学的发展

最后，谈到汽车行业需要的人才时，鲁阳直言目前基础科学方面的人才较为紧缺。这也是中国与美国汽车产业仍有差距的原因，尤其在自动驾驶技术方面。鲁阳介绍道：“在过去的教育中，我们没有把基础科学看得特别重，大家都是在应用层上面去划分，而对于底层算法、数学的基础逻辑则没有美国教育体系那么严谨，所以导致我们在这一块的人才储备不足。”

因此，在鲁阳看来从业者或学生，应该好好学习基础科学，包括以前可能不太受重视的专业，如数据科学，这些才是未来会兴起的。只有学好这些专业，开发者才能真正地去做算法和 AI，否则就只能被困在应用层。

此外，还有底层嵌入式开发（如C++），早年在互联网风生水起的时候都觉得没什么用，嵌入式工程师的工资也很低。但随着汽车产业在研发方面的投入逐渐增加，嵌入式工程师也将会变得越来越吃香。

“汽车把这些基础科学又给带动起来了。”鲁阳说道，“虽然基础科学这一块我们赶超仍需要时间，但随着国内对这块重视度的提升，以及如鸿蒙这种新的底层平台的出现，我认为我们是有很大机会去赶超的。”

论智能汽车系统发展趋势：相见恨晚的SOA

文 | 张航

"软件定义汽车"最关键的环节是SOA（Service-Oriented Architecture，面向服务的架构）。基于硬件算力提升、车载以太网的发展，以及汽车网联化带来的影响，SOA在二十年后将被重新召唤。在本文作者看来，SOA带来的组件化使OTA（Over-the-Air Technology，空中下载技术）升级成为可能，也让独立第三方软件开发商进入的门槛大大降低。

软件定义汽车不是口号

"软件定义汽车"是近来很火的概念。2016年，前百度高级副总裁王劲提出"软件定义汽车（Software Defined Vehicle，SDV）"。在2019年达沃斯论坛上，大众CEO Dr. Herbert Diess宣布，大众要转型成为一家软件驱动的公司，并且发布《软件定义汽车》的文章。此后整个2020年，SDV这个词一直萦绕在汽车行业的各种会议和论坛上。但事实上，整个行业对于软件定义汽车的认识是不太一致的。

首先，在未来的汽车中，软件部分的价值会逐渐提升，这在行业内已基本达成共识。根据普华永道的预测，到2030年，汽车软件占汽车总价值的比例将会达到60%以上，开发成本增加83%以上。在智能座舱、自动驾驶、ADAS（Advanced Driving Assistance System，高级辅助驾驶系统）、能源管理等方面，软件部分的创新将占整体的90%以上。因此，整个2021年上半年，汽车行业内呈现着软件人才紧缺的现象，各个整车厂和零部件厂商都在大力筹建自己的软件研发团队。

然而，并非所有人都赞同"软件定义汽车"，有一种意见就认为，这不过是IT行业进入汽车领域的宣传，硬件和制造仍然是汽车行业赖以生存的基础，或者认为软件必须要基于电子电气架构的算力才能充分发挥作用，所谓软件定义汽车才能实现。

那么，到底谁对谁错？其实刨除"屁股决定脑袋"的言论，"软件定义汽车"这件事情正在发生。华为智能汽车解决方案BU CTO蔡建永曾说："软件定义汽车，即软件将深度参与到汽车的定义、开发、验证、销售、服务等过程中，并不断改变和优化各个过程。实现体验持续优化、过程持续优化、价值持续创造。"应该说这个解释是目前为止比较客观、中肯和实际的。

换句话说，软件并不会取代硬件和制造环节，但软件会成为其他环节改进、发展和演进的方向标，包括电子电气架构（EEA）、汽车研发过程等都在发生着的变化。例如，EEA的演进方向从分布式ECU（Electronic Control Unit，电子控制单元）阶段，到域控制器融合，再到中央计算平台阶段。这个演进过程，一方面是为了提升电子电器元件的集成度，降低成本的同时节约空间；另一方面也是为了提升硬件的标准化程度，方便软件更新迭代，加快汽车驾乘体验的改进和迭代。因此，软件只是"定义"了汽车，但并不会"实现"汽车。

另外，"软件定义汽车"不仅仅对于汽车的定义和开发阶段有影响，也会延伸到销售和服务阶段，甚至改变汽车的商业模式，如特斯拉的辅助驾驶包和自动驾驶包付费升级模式。同时，越来越多的车厂计划把收费模式延伸到销售以后，如资讯订阅、车主团购服务等。再比如，如果可以通过OTA升级软件就能实现召回，成本可以降低90%以上，整车厂就能承受更多的试错成本，从而改进用户体验。

汽车系统的发展趋势

在“软件定义汽车”的推动下，汽车电子电气系统的演进呈现两大新趋势：一方面是用户体验上的提升，包括对用户行为的感知能力提升和交互能力的智能化改进，如DMS（Driver Monitor System，驾驶员监测系统）、语音交互、炫酷的HMI（Human Machine Interface，人机界面）等（见图1）；另一方面是整车异构系统趋向标准化、虚拟化和服务化，如EEA架构的集中化和软件架构的SOA化。大量ECU将被集成到中央计算平台上，变成一个独立的Service加子板上的一个外设。

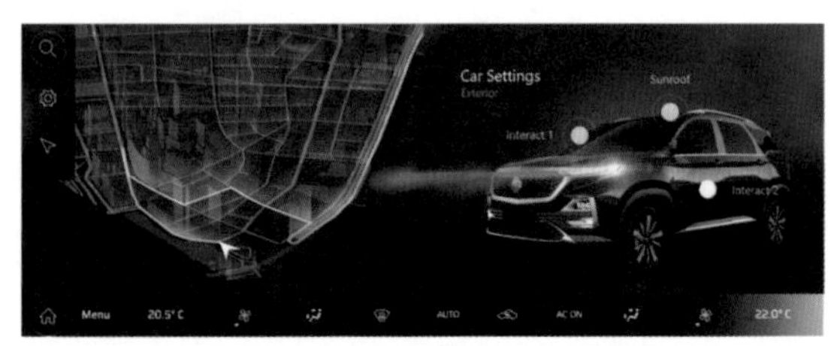

图1 基于Kanzi引擎的HMI交互场景（来源：中科创达）

总体来说，前者更类似于消费类电子的发展趋势，尤其像手机。这也是为什么Android在智能座舱中的占有率逐年上升，大有一统江湖的趋势。而后者更像边缘计算乃至云端系统的技术演进趋势，如虚拟化、容器、SOA。两个趋势有共同的路线，如对于大算力、虚拟化、高吞吐量总线的要求，以及信息安全和网络安全的要求。但其中也有一些差异点，如对于功能安全、低延时、界面响应速度的要求等。

由于这些差异性，到目前为止整车系统的融合没法做到彻底，这也是为什么大部分车厂的EEA、架构要分三步走，因为智能座舱域和其他要求功能安全或实时性要求高的域控制器还无法完美融合。而比较激进的特斯拉，将这些异构系统整合到AutoPilot系统中，导致了其系统安全性、实时性等均受到影响。目前，绝大部分整车厂下一代车型的EEA虽然选择了中央计算平台的架构，但智能座舱部分要么是以外设子板的形式存在，要么还是独立的域控制器。

相对于硬件架构，软件，尤其是操作系统的集中化趋势比较明显。在中控娱乐系统领域，Android的优势愈加明显，除了国内几乎全线使用Android外，欧美的几大车厂都开始放弃原来的自有系统或GENIVI系统，转向Android。国内的斑马OS背靠少数几家车厂和阿里的生态，维持着一定的份额，丰田还在坚守自己发起的AGL（Automotive Grade Linux，面向整个汽车行业的开源平台）联盟，Windows、QNX等系统则基本退出这个领域了。不得不说，Android依靠手机市场培育出来的开发者生态，基本可以碾压其他OS，尤以中国市场为最。试想一下，某互联网企业开发出一款Android版的手机App，通过简单适配就可以移植到车机上，这个性价比可以接受。但假如需要投入大量人力、物力，去重新开发一个Linux版，却只能获得最多几十万用户，这个账肯定不划算。AGL就面临这个问题，它的生态环境不足以支撑OS继续下去，也许学学Windows和鸿蒙，兼容Android应用是条活下去的路。

座舱以外的系统我们一般会从内核和中间件层来分析。这些域用的都是实时操作系统（RTOS），如BlackBerry的QNX，Green Hills Software的INTEGRITY、RTLinux等。出于功能安全的要求，这些系统中大部分设计和实现都是“久经考验”的商业操作系统。例如，QNX就通过了ISO26262的ASIL-D级别认证（D级为最高等级要求）。当然RTLinux不属于“大部分”，因为Linux的数百万行代码，如果都按照ISO26262的要求过一遍，合格的最后剩不了几行，单就内存静态分配这一条就过不去。

而中间件层，针对自动驾驶域，目前有ROS2（Robot Operating System，机器人操作系统）、Autoware、Apollo等架构。由于自动驾驶对于大数据量（图像数据和雷达数据）的传输和低延时（10ms级）的要求，这些架构都专注于数据传输和实时性上，使自动驾驶域的感知、决策和控制部分能够更好地协作。

对于传统车身控制这部分，仍然是AUTOSAR（汽车开放系统架构）的天下，只不过慢慢从AUTOSAR Classic

Platform（AUTOSAR CP）演变为AUTOSAR Adaptive Platform（AUTOSAR AP）。说起AUTOSAR，可以算是“软件定义汽车”的原始版本，研发人员用开发工具把汽车信号、硬件环境等配置写到配置文件，通过AUTOSAR的编译器，生成一堆代码和中间件模块，再自动编译成MCAL（Microcontroler Abstraction Layer，中间件模块），与BSW（Basic Software，硬件支持模块）RTE（Runtime environment，运行环境）和App一起链接成ECU的固件（Firmware），可以说研发人员就是通过一堆参数，“定义”了一个汽车的部件——ECU。

然而，这个理念跟我们提到的“软件定义汽车”是背道而驰的。AUTOSAR体现的是软件决定论，也就是研发人员决定了定义，定义决定了汽车，这背后是工业时代技术人员的傲慢。而“软件定义汽车”是适者生存论，所谓的“定义”是动态的，会根据外部的反馈不断调整、改进，达到更优的状态，这背后是信息时代的新思维。

AUTOSAR AP也没有从根本上改变AUTOSAR，因此我个人的观点是：在目前域控制器融合阶段，智能驾驶和车身控制分开的情况下，自动驾驶系统和AUTOSAR系统会各司其职。到中央计算平台阶段，AUTOSAR的地位会逐渐不保，有可能会被SOA取代。

为什么是SOA?

既然提到了SOA，我们就展开来说说汽车系统中的SOA。SOA并非新概念，在2000年左右IT界就已经存在，那为什么在时隔20年之后又被提出来了？综合内外部因素，有以下几个原因。

硬件算力提升，使得SOA成为可能

因为传统ECU一般都是MCU（Microcontroller Unit，微控制单元）主控，算力不足，甚至都没有操作系统，不足以支撑SOA这种沉重的架构。随着汽车智能化和网联化，汽车芯片的算力大大提升，新的域控制器或中央计算平台都是基于SoC（System on a Chip，系统级芯片）的，算力已经超过手机，直逼PC，因此能够支撑SOA架构。

车载以太网的发展是个催化剂

原本大量ECU分布式的系统，通过不同的总线CAN（Controller Area Network，控制器局域网）、LIN（Local Interconnect Network，区域互联网络）、Flexray等和特定的通信协议栈连接到一起，连接复杂度随着ECU数量增加呈指数级上升。一方面，通过减少ECU的数量，集中到域控制器和中央计算器，这是一个方法；另一方面，车载以太网相关的技术，如TSN（Time Sensitive Network，时间敏感网络）/AVB（Audio Video Bridging，数字音频传输网络）等技术，使得原本以太网上车的问题（延时高、丢包率高等）得到一定程度的解决，基于IP的通信会取代原有大部分的CAN、LIN总线，减少线束成本和空间。相应地，软件上需要配合这个变化，将这些ECU的功能集成到系统中，这就是SOA起到的作用。

在智能座舱概念刚刚兴起时，可以看到整个座舱域里充斥着各种RPC（Remote Procedure Call，远程过程调用）的方法，每个原本的ECU都在按照自己的方式搭建与其他ECU的连接。SOA的优势在于，它可以用统一的方式将原本ECU的功能定义成一个个Service，并且通过注册、发现的方式集成到系统中，让其他的组件可以调用。

汽车网联化带来的影响

随着车云连接，呈现的车、云、路、人一体化的趋势，对系统架构提出了新的要求，原本只是汽车内部的架构已经无法解决这个问题。例如，在车上播放音乐，以前只有CD、U盘时比较简单，本地实现两个播放器引擎就可以。但现在加入了大量的在线音乐服务提供商，还可以通过手机播、车机放，这样情况就会复杂很多，如果每一种音乐源都要重新开发一套软件，开发维护成本会倍增。前面提到过，传统车厂和供应商还在用RPC解决问题。但既然车云一体了，为什么不试着用云的方式解决问题？干脆把云端的SOA拿到终端来，大家一致搞服务化。这样，前面音乐源的问题，就可以按照如下方式来解决：

- 先定义好音乐源的服务接口，本地或在线音乐，均按

照同样的方式来实现服务。

- 每个车型根据需求和定义，将需要的音乐源服务注册到系统中。
- 现在只需要一个统一的播放器，就可以自由切换音乐源和对应的服务。这样，音乐源管理的问题就被简单化了。

当然，实际的使用场景要复杂得多，但越复杂的场景，越需要简单，因此SOA的用武之地会越来越多。

事实上，SOA的思想在很多OS内部已经深入渗透。例如，Android的核心就由几十个原生服务和Java服务构成，Android的Binder和Service Manager其实也实现了SOA的大部分功能。早期Windows上的COM和DCOM，甚至可以实现远程服务架构。那么，它们和SOA的区别到底在哪里？

首先，我们看两者的相同点。Binder、COM的本质是RPC，而SOA的内核是基于RPC的（对于云端而言是ProtoBuf、RESTful、HTTPS等，对于车端而言是SOME/IP、DDS等）。两者的核心和关注点都是服务接口定义，因此不论是SOA、Binder还是COM，都定义了自己的服务/接口描述语言。一个东西需要单独定义和开发一套语言来描述，足以说明它的重要性了，SOA架构及工具链如图2所示。

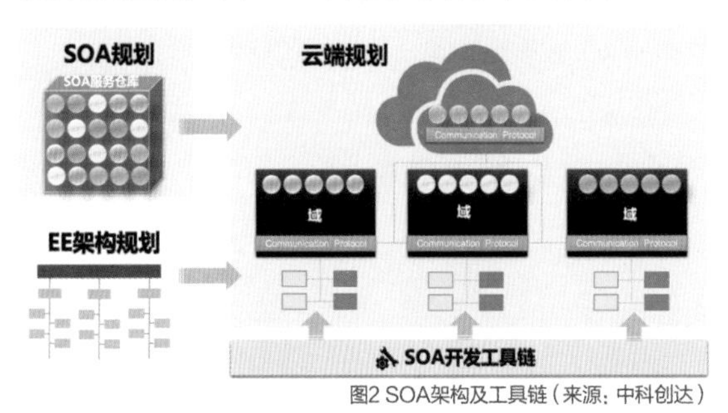

图2 SOA架构及工具链（来源：中科创达）

那么，不同点在哪里？RPC的核心问题是要解决跨进程乃至跨系统通信的问题，通信的可达性、稳定性和传输效率是关键点。而且RPC是点对点的，这是基于传统C/S模式衍生出来的，这使很多服务在设计时，仅考虑特定的Client情况，也就是说Client和Server对应于需要解决的问题，解决一个问题就需要一对C/S，两者相互依存。

而SOA虽然基于RPC，但它往前走了一步，对整个系统业务进行分析整理后，根据业务逻辑的分工划分出各个服务的定义，分别实现后，组合成一个系统。这就不再是两点之间的连接，而是一个网状架构。理论上，每个服务可以由不同的供应商来实现，也可以被不同供应商提供的组件来调用，这符合汽车行业的大分工原则，即每个部件都可能由不同的供应商来提供。理论上基于SOA的架构，不同的组件都是独立的服务，只要满足服务定义，经过严格测试，组件就可以无缝地集成到系统中。在这个前提下，服务定义的完备性、接口的稳定性、兼容性，都直接影响各个组件是否能无缝集成到系统中，性能和效率的优先级就得往后靠了。

SOA带来的组件化，使基于组件的OTA升级成为可能。这样在理论上，一次汽车的软件升级只需对必要的组件进行升级，既不需要升级整个ECU或域控制器，也无须重启整车系统，就不再需要停车一个多小时来升级了。有了SOA，加上OTA的加持，软件快速迭代就成为可能，因此SOA是软件定义汽车的重要一环。

此外，SOA使得独立第三方软件开发商的进入门槛大大降低。相信很多开车的读者也注意到了，目前中控娱乐系统上虽然用到很多Android的功能，但绝大多数没有应用商店，这点跟手机完全不同。如果哪个手机上没有应用商店，这款手机是卖不出去的。汽车之所以会出现这样的现象，主要是由于汽车软件行业传统的封闭性，导致软件在不同车型上的适配成本居高不下，甚至于同一车厂的不同车型之间的软件都不能通用，这对于第三方软件供应商而言是非常不划算的。

一款应用只能在一两个车型上使用，用户群太分散，不存在推广基础，因此车机上就没有应用商店。而SOA出现以后，部分整车厂已经看到SOA背后的标准化和跨平台的特点，这两个特点让开放平台成为可能，也就使得第三方软件开发商甚至个人开发者进入汽车软件开发领域的门槛大大降低，更有利于构建汽车开发生态。

更多的参与者加入进来，也可以更好地发挥聪明才智，进一步提升用户体验。目前有相当一部分车厂愿意向公众开放自己的SOA服务接口，希望形成开发者社区。但单个车厂的力量是不够的，相信未来会有一些标准化组织来主导这些接口的标准化，形成更大的生态。例如，可能会出现几个大的服务商店和公开标准，可以让车厂、开发者和消费者形成交易圈。这样车厂和开发者才能从中受益，让这个模式运转下去。

当然，这还只是理论上的，实际上想做到这点要复杂得多，技术上还需解决很多实际问题，如SOA固有的性能问题、各个组件之间的耦合程度、某些组件的特殊时序给系统带来的“蝴蝶效应”、部分服务升级期间系统如何正常运行和恢复、升级失败后的回滚机制等。

要解决这些问题，除了汽车业界在SOA的推进中不断完善服务定义，改进架构设计外，也需要SOA本身继续往前走，如进化到微服务架构、去中心化等更完善的服务化架构。当然这也需要更多的技术，如虚拟化、容器化、硬件标准化、网络标准化等的支持。因此，我的判断是：会有更多的云端技术下沉到车端，推进车端系统的演进，要想定义汽车，SOA只是一个开头。

我们的工程实践

前面说了很多概念，对于实际汽车系统的开发究竟有什么影响？我所在的公司是以操作系统技术著称的国内软件企业，我们目前正在开发的智能座舱系统也面临着“软件定义汽车”的冲击，这也直接导致我们的系统架构不得不做一些大的变化。如图3所示为目前基于高通SA8155平台的Android IVI系统架构设计。

可以看到，整个系统被分成了三层，分别为BSP（Board Support Package，板级支持包）、Platform和HMI，这是一种按照从硬到软、迭代速度从慢到快进行分层的方式。最下层的硬件和BSP一旦出厂就不太可能更新了，因此这部分属于迭代最慢的，一般整车厂会交给硬件一级供应商去设计开发。

中间平台层是操作系统的主要核心，这部分是目前大部分整车厂都希望把控的核心部分。它的升级类似于手机固件，因为涉及整个系统的性能和稳定性，更新相对保守一些，一般更新周期为1~6个月，常见的是3个月。

最上层是应用，深度影响用户体验的软件大部分集中在这一层，既包括车厂自己开发的软件，也包括集成的第三方软件。按道理，这部分应用更新速度应该是最快的，类似于手机上的应用更新一样，可以做到一日数更。但由于目前车机开发环境的封闭，以及车厂缺少自己的App分发渠道（应用商店等），这些软件的开发和升级还是走FOTA渠道，以跟随系统一起更新为主，更新速度并没有

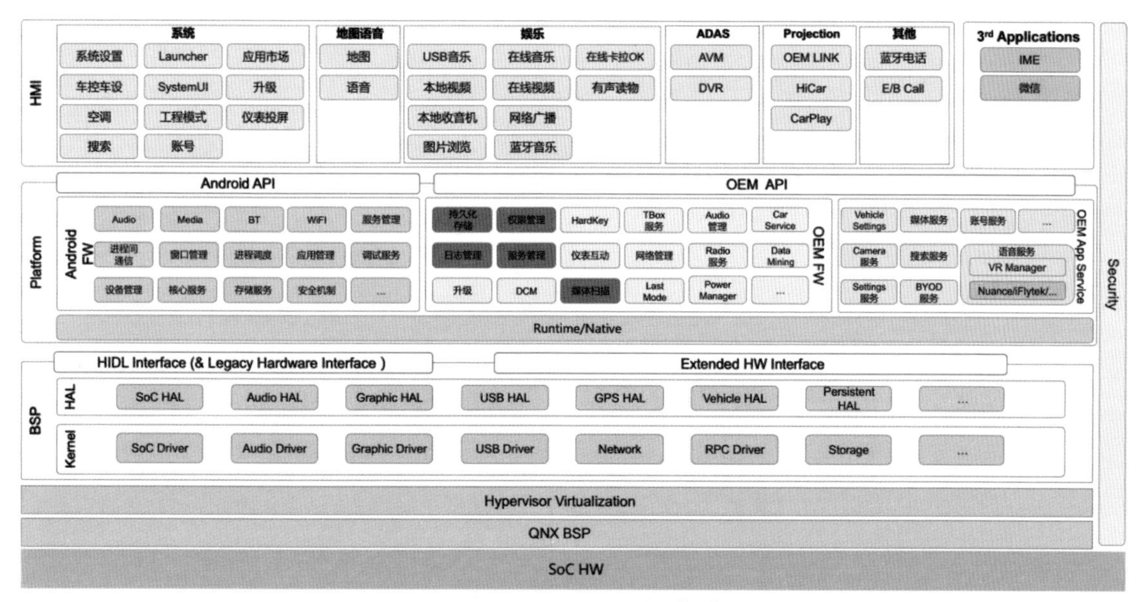

图3 基于高通SA8155平台的Android IVI系统架构设计（来源：中科创达）

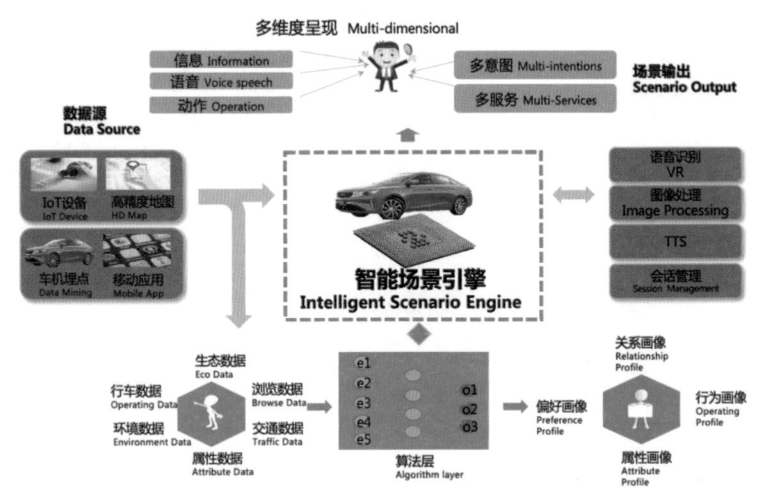

图4 基于SOA的场景引擎（来源：中科创达）

达到预期。这就是目前大部分主机厂推崇的软硬分离模式，希望把软件的核心部分把握在自己手上，而将硬件设计和制造交给硬件供应商去做。

我们现在正在做的事情，就是利用组件化、服务化的方式，将整个系统的软件部分拆分整合，使之更容易快速迭代。例如，我们将平台层的部分核心服务打包成数个微服务，针对这几个微服务，从服务定义、服务实现、服务验证到服务部署形成DevOps闭环，能够支持服务级升级，不需要重启系统（需要OS支持）。如果OTA系统支持部件级升级的话，这些服务就可以在不停机的情况下实现无感更新。

另外，我们在服务接口定义上作了版本和兼容性定义，也使得更新后的兼容性得到一定程度的保护和确认，避免了接口不兼容或数据不兼容导致的问题。另外对于HMI层的一部分应用，我们结合了SOA和云原生的开发理念，在设计时按照云原生的要求，将服务设计为云端可运行的模式，这样应用可以透明地在云和车端的执行引擎上切换，充分利用云和车端的算力和存储能力。

一个具体的案例是场景引擎（见图4）。通过将汽车的各种开放能力定义成各项服务，允许场景引擎可以访问到其他车端服务（感知、地图、车身数据等），并通过SOA使得场景引擎能同时跑在车端和云端，可以实时根据配置向车主下发新的场景配置，来控制相关的车辆行为（如灯光、音乐、语音提示等）。

这里需要特别指出的是，要想快速迭代，除了软件架构的变化，软件开发流程的改革也必不可少。目前很多车厂都在尝试构建敏捷开发流程，来适应“软件定义汽车”的趋势。但受限于整个行业对于“敏捷”的理解水平不够，再加上汽车行业原本的流程限制，很多时候变成了所谓的“大瀑布、小敏捷”这样的夹生饭，或者仅仅是引入Scrum Meeting、Backlog这些概念的“伪敏捷”。

而我认为，敏捷的核心是解决从需求到实现再到反馈的延迟问题，就目前汽车系统开发过程而言，主要的瓶颈在于需求、设计、编码、发布和部署的流转时间太长。因此，我们的敏捷转型中心集中在这几个环节的衔接上，采用工具链、架构调整、自动化测试等手段，争取达到单个组件1天内、全系统3天内完成从定义到发布的全迭代过程（目前我们还只能做到单个组件3天、全系统2周的迭代速度，还有不小的改进空间）。

总结

不管怎样，“软件定义汽车”这个概念正在重新定义汽车行业，同时在原本封闭的汽车行业里打开了几扇门，如新的软件架构、操作系统和软件开发方法，这些都意味着新的机会。因此，作为具有超过35年编程经验的资深程序员和汽车行业的从业人员，我衷心希望能有更多人加入到汽车软件这个行列中来，一起为了让汽车更智能、更好玩而努力。

张航

中科创达智能汽车事业群首席架构师兼工程VP。2003年获得武汉大学计算机专业硕士，曾经就职于IBM、NEC等国际知名企业。2008年加入中科创达至今，参与了多款智能手机、智能平板、IoT设备的研发项目，历任研发总监、架构师等职务。2015年加入智能汽车部门，专注于智能汽车操作系统的研发和技术预研。

扫码观看视频

听张航分享精彩观点

智能汽车的开源操作系统

文 | Michael Yuan

智能汽车正在被软件定义，而以软件为中心的新架构也对下一代汽车的基础软件，包括其核心操作系统，提出了新的要求。未来整车厂的核心能力将发生怎样的变化？本文将从未来汽车的新定义出发，探索下一代智能汽车的操作系统发展趋势。

今天一辆普通汽车上有1.5亿行代码，是波音787飞机代码量的10倍。汽车已经成为软件工程的一个重要方向。由于汽车对安全性、可靠性、实时性，和传感器带宽、AI算力的高要求，及其复杂的软件供应链生态，智能汽车会催生下一代计算操作系统。从基础软件过去30年的发展历程来看，我们认为汽车软件生态一定会开源，会给程序员带来更广阔的机会。

软件定义的汽车

与20年前的数据中心类似，传统汽车是经典的“硬件隔离软件”架构。每一辆量产车有50+软件供应商，要让这么多软件模块安全可靠地在同一辆车上运行，传统的方法是让每一个供应商把软件封装在自己的计算机硬件里面。这些供应商封装提供的计算机叫作ECU。每个ECU里面有一套完整的芯片、存储、操作系统与应用软件，ECU之间只通过简单的实时网络传输信息，从而达成隔离不同供应商软件的目的。今天每一辆汽车有100~150个ECU，其软件的复杂性已经很难管理。

因而，以Tesla为代表的“造车新势力”开始采用以软件为中心的架构，新一代智能汽车也不再有100+ECU，而是拥有一台到几台通用计算机。供应商的软件作为模块运行在这些计算机上，隔离不同供应商模块的不再是硬件与网络，而是软件容器，这就是“软件定义的汽车”。而以软件为中心的新架构对下一代汽车的基础软件，包括其核心操作系统，提出了新的要求。

智能汽车操作系统之争

目前，智能汽车正在从ECU向“软件定义”过渡，车企不能一步到位，走到每辆车只有一台超级计算机的架构，只能过渡到每辆车3~4个“域计算机”（也称“域控制器”），其中有两个很重要的域：ADAS域与座舱域。

- ADAS域计算机管理着汽车自动驾驶的传感器、AI推理、决策与控制。
- 座舱域计算机管理着汽车座舱的控制与用户交互体验。

这两个域的操作系统并不相同。在座舱域中，车企一般使用的是Android系统，或者是剪裁版的Linux，以保证大量应用程序的兼容性。座舱里的Linux与Android系统使用开源的底层操作系统，有巨大的开发者社区。其上层的应用App可以是开源或闭源的。

在ADAS域中，车企一般使用商业的实时操作系统，如QNX与VxWorks等。ADAS的底层操作系统一般不开源，而应用虽然有开源的，如Autoware与百度的Apollo，但是绝大部分算法、传感器集成以及推理应用都是不开源的。

当然，这两个域的操作系统也有重叠的地方。例如，座舱域中显示驾驶数据的屏幕（车速、自动驾驶信息）一般是用QNX，以保证实时的数据读写。在座舱内，对Android、Linux与QNX的需求还产生了专门的Hypervisor虚拟化解决方案，如OpenSynergy，能让几个操作系统用虚拟化的方式运行在同一个硬件计算机上。

因而，未来“软件定义的汽车”有很大几率会从几个域进一步进化为一个超级计算机。这个计算机需要一整套操作系统与中间件服务，去为座舱、自动驾驶等各种车内应用服务。想要实现这个操作系统，主要有以下两条路径。

■ 以目前座舱使用的Linux为基础改造。一方面是把Linux继续剪裁；另一方面是在Linux上增加对实时任务的支持。尽管Linux本身不是一个实时操作系统，也不是为嵌入式设备设计的，这条路径有相当大的难度，但Linux已经有了庞大的开发者社区与应用生态。这里比较有代表性的是Linux基金会旗下的Automotive Grade Linux (AGL)。AGL有近百个成员公司，包含了世界上主要的主机厂商与一级供应商。

■ 开发崭新的下一代实时操作系统。一个有力的竞争者是Linux基金会旗下的seL4。seL4是一个基于微内核的实时操作系统，它的一个主要特点是经过形式化验证，能保证内核的安全稳定性。但seL4目前只有内核，中间件与应用生态建设仍然有很长的路。好消息是汽车行业的地平线、蔚来汽车、理想汽车、Second State最近都加入了seL4基金会，共建生态。

我们注意到，未来汽车操作系统的明显趋势是开源的。这意味着开发者试验与进入汽车生态的门槛会越来越低。

在智能汽车火热的中国市场中，有技术实力的汽车软件公司也都在向自研操作系统努力。它们都是从基于Linux的座舱系统（如前述的AGL）往实时车控操作系统演进。其中比较有代表性的是以下几家。

■ 阿里与上汽合资的斑马智行于2021年7月获得30亿元的增资，主要用于基于开源的AliOS的汽车操作系统开发。

■ 华为于2021年发布了开源微内核的鸿蒙操作系统，业界普遍认为是可以用在未来汽车上的。

■ 镁佳在2021年5月融资一亿美元，用于汽车操作系统与应用商店的研发。

■ 中科创达是国内领先的汽车软件应用开发商，其高层在最近的访谈中反复强调了公司要做操作系统的决心。

加之前面提到的seL4基金会成员地平线、蔚来、理想、Second State，中国厂商目前在汽车操作系统的两个主要方向都有布局，正走在世界智能汽车操作系统领域的前列。

软件生态与容器

放眼智能汽车的生态圈，今天的座舱与ADAS两个域计算机都是以整体解决方案的方式售卖给整车厂。对于整车厂来说，这两个重要域计算机是黑盒。域计算机的供应商，而不是整车厂，正在掌控着这两个域的相关软硬件生态。例如，ADAS激光雷达的选型、座舱语音识别的算法选择都是由域计算机供应商决定的。这与今天的汽车生态格格不入，也不是整车厂能够长期接受的方案。而未来，如果软件定义的汽车发展到每辆车只有一台超级计算机，对这台计算机的操作系统与软件生态的控制权，更是整车厂不能放弃的。

这里的挑战是，整车厂或者域供应商，如何在一个开放的计算平台上安全高效地集成多个下游供应商与开发者写的软件？其实，这个问题在“软件定义的数据中心”已经有了很好的解决方向：使用软件容器隔离各个供应商写的模块。

云原生数据中心用Docker这类软件容器实现隔离。汽车厂商也一直在试图使用Docker这样的软件容器。

■ 丰田汽车以及多个整车厂都已经试验过在车上的Linux系统上运行Docker。

■ 实时操作系统VxWorks在2019年正式推出了Docker与Kubernetes（以下简称K8s）的支持。

■ QNX也在多个技术会议上表达了支持Docker的意愿。

但是，在云原生数据中心大量使用的Docker与K8s并不能从根本上满足汽车上软件容器的需求。它们太慢，太重，也不能满足实时性的需求。市场上急需一个更好的解决方案。

新一代的轻量级软件沙盒/容器技术，如支持多种编程语言与多种操作系统/硬件的WebAssembly Runtime，是在汽车这种边缘设备上实现软件隔离的很好选择。WebAssembly直接从操作系统的线程启动，并不需要模拟一个自己的操作系统环境，在启动时间上可以比Docker这类解决方案快100倍以上。

基于WebAssembly的软件容器也需要自己的管理与编排工具。这里主要有两个思路。

- 利用K8s在云原生成熟的生态，将K8s改造为能编排边缘设备上WebAssembly容器的工具。轻量级的K8s工具，如KubeEdge、SuperEdge与OpenYurt，已经在边缘设备上应用。
- 用数据流处理框架，在传感器的数据流之中实时启动容器与第三方应用。目前基于ROS的自动驾驶解决方案，如ERDOS与Autoware，都可以走这个方案。工业应用的实时流处理框架，如YoMo，也可以用来调度WebAssembly容器。云原生计算基金会（CNCF）的正式托管项目WasmEdge也已经实现了与YoMo和ERDOS的适配。

WebAssembly Runtime抽象了底层的硬件与操作系统，开发者就能用现代的编程语言与框架，如Rust，写出高性能、可移植的汽车应用。

开发者的机会

软件定义的数据中心产生了“云原生”的使用场景，赋能了大量开发者。软件定义的汽车也会让第三方开发者更容易进入汽车。对于广大开发者来说，软件定义的汽车的意义在于把汽车变成一个开放的计算平台。标准化的硬件、开源的操作系统、开源的容器与运行沙盒，都会大大降低开发者参与汽车应用开发的门槛。

未来整车厂的核心能力将不再是引擎与变速箱，也不再是整合几个一级供应商的部件，而是像今天的公有云或者手机厂一样，整合软件开发者的生态，为用户提供最好的软件体验。

新程序员们，软件定义的汽车时代已经来临了，你们准备好了吗？

Michael Yuan

Second State创始人、CEO，毕业于德克萨斯大学奥斯汀分校，获得博士学位。在开发和商业化开源软件方面拥有丰富的经验。他是JBoss的早期员工，被Red Hat收购之后，见证了世界上第一个成功的开源商业模式。著有5本技术书籍。

“路侧境况”感知与多维融合下实现车路协同

文 | 李延峰

对于复杂的交通问题，是不是完全没有单一的解决之道？本文作者认为，虽然没有一招制敌的产品或技术，但可以提炼出一个万变不离其宗的分析方法——场景化。此外，在车路协同的“车-路-况-信-策”中，“境况感知系统”是数字交通的基座。

时间进入到2021年，在经过“聪明的车”和“智慧的路”不同技术路线的多轮审视后，行业对于国内自动驾驶的技术路线基本趋同在“车路协同”。对此，我也认同“车路协同”是解决国内自动驾驶的最可行路径，但当前大家基本上还在探讨采用何种通信技术，以及（相对）固定的高精地图获取与计算、车辆自身避障和控制等技术上。

同时，这里还缺少了更为重要的一环——具有动态特性的实时道路境况的精确感知，更多的行业参与者似乎认为这是理所当然的，但这却是“车路协同”能否真正落地实现的根本条件。

数字交通是对传统智能交通的升级

纵观近几年智能交通行业的发展，基本都是通过技术驱动升级。视频传感器获取视频的像素数量由200万、300万逐步升级为700万、900万，补光方案从气体闪光、LED补光，到低照微光、黑光，摄像机成像却更加清晰，计算芯片从DSP到ARM，再到GPU，AI智能也从模式识别升级至深度学习，这些都使车辆特征识别更加丰富，车辆行为判定更为多样和准确……

虽然技术推动产业升级固然能解决一定的现实问题，但很容易陷入“唯技术和唯产品”的陷阱，即在探讨问题时更多的是罗列指标、宣讲技术优势。而这些指标、优势到底能够解决什么实际问题，却无从谈起，这种远离业务的技术竞赛是我们做企业应该努力避免的。

反观自动驾驶或车路协同，是比较明确的业务层面的需求。这种稳定的需求促使高校、研究所、企业研究院都在努力寻求各类技术（如感知、计算、通信等）的不断迭代升级，从而以更丰富准确的感知、更快速的计算决策，逐步促使更高层级的辅助驾驶及自动驾驶进入我们的生活、改善出行方式。

尽管都是通过技术手段感知道路交通，但路侧感知系统相对原有智能交通（ITS）系统在时域、空域，以及感知能力上都提出了更高的要求。例如，智能交通以路口和道路断面作为关键获取节点，数字交通从断面延伸至线性道路乃至区域交通网路的全空域覆盖；数字交通对交通状况的感知从日间、全天逐步提升到7×24小时乃至365×24小时的可靠稳定运行；以交通对象特征、违法交通行为为主的智能识别也将向更丰富的交通参数构建和交通状况描述，完成交通指导与决策的数字化业务方向发展。

数字交通的场景化特性

交通问题是复杂的系统问题，这已经是行业共识，无论是高速发展的智能交通业务，当前如火如荼的车联网或车路协同，包括数字交通，都不是单一产品或单一技术能够覆盖或解决的。那么，对于复杂的交通问题，是不是就没有单一的解决之道？根据我们十余年在智能交通领域的项目落地经验，虽然没有一招制敌的产品或技术，但可以提炼出一个万变不离其宗的分析方法——场景化。

首先，视频是构建交通场景感知的重要技术和方法，却不存在一款能够适应全部环境的摄像机产品，也不存在能认知所有目标行为的泛智能。然而，针对细分场景进行业务目标和环境模型的提炼是完全可以做到的，辅以合适的产品以及智能建模，就能达成预期目标，但与此同时也必须放弃非目标的智能或业务。

其次，交通的复杂性在于环境构成的复杂性，以及交通参与者和可预期交通行为的不确定性。对交通场景进行多层次的细分与归类，能够成功地抽象出环境相对确定，以及交通参与者和预期行为均可以固化的模型。

我们将目前有待数字化建设的交通场景按照城市道路、城市停车、桥隧、公路共四个大类（初步）细分出十三类场景及45个模型（非完备集）。针对每个场景模型，以全时、全域、全要素感知为建设目标，以必要、有效、集约为建设原则，分析对应场景模型下的交通问题，构建交通评价指标体系（见图1）。

“路侧境况”感知与多维感知构建数字交通基座

车路协同系统的构成

车路协同系统中的几个构成要素包括智能车辆、高精地图、路侧感知，同时辅以V2X通信，边缘计算及云计算决策共同协作完成业务落地。我将其抽象为“车-路-况-信-策”五字诀。

■ 车：智能车辆本身具有动力控制系统以及环境感知系统，车辆行驶运行中自身的位置、速度、动力参数等称之为“车态”，而车载传感及AI完成车辆所处环境的组织构建，如前后车位置、障碍物、交通标识、信号灯状态灯称为“车辆所处情景”，简称“车景”。

■ 路：简单而言，就是高精地图，与我们日常交流中的路相对应，是一段时间内固化的交通通行基础，而数字化的路是车路协调系统呈现与决策的基础。

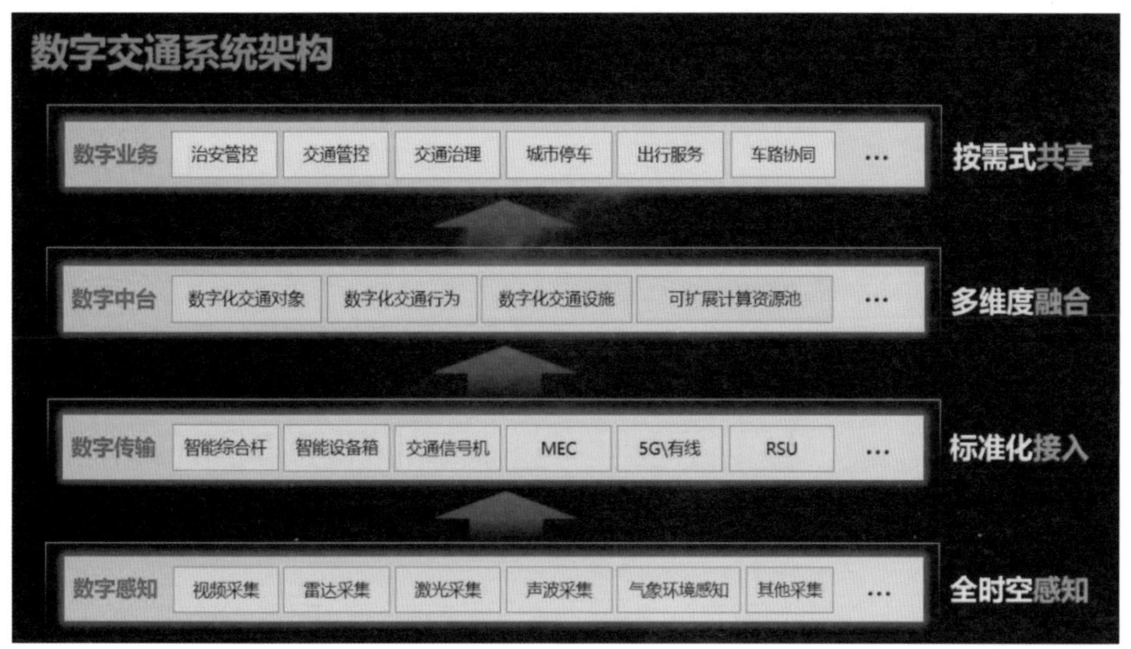

图1 数字交通系统架构设计图

■ 况：单一时刻、场景的路侧感知系统获取到的交通参与者信息及整体交通状况描述，是实际交通过程中瞬时情况的数字映射。同一时刻不同空域场景境况的整体综合描述，构成全域交通资源的利用程度。同一场景在延续时域的境况序列中可以动态呈现周期内的交通效率。

■ 信：通信技术，完成V2V、V2I、V2X之间必要数据的传输。

■ 策：云端系统可以收集全时、全域的各类信息，综合整理，用于交通态势评估，边缘系统可以半实时决策并推送交通指令。

这五个要素都是车路协同的重要组成部分，当前业内更多的关注点集中在“路”和“信”，我们结合自己的业务经验和技术优势，重点投注在“况”，即路侧境况感知方面。

“路侧境况”感知是系统运行的基础

可能大家对“路侧境况”这个词比较生疏，这是我自己针对业务理解创造的词。“路侧”比较简单，就是设备的架设位置，这个感知系统最终的目标就是全路覆盖（实体数据或者上下文数据拟合）。“境况”需要拆解为两个独立的字：“境”就是前文所讲到的“场景”，是交通基础、交通目标、交通行为等的元素集，是需要使用不同技术和产品达成一定业务目标的点位抽象。“况”是一个场景点位（即境）在特定时刻对交通参与者、交通行为、交通事件等情况感知的一个描述。

为了便于理解“路侧境况感知”，我们从车的角度来类比，任一车辆在不同时刻、不同位置都有通过传感系统获取车辆自身所处环境的感知能力，我将其定义为车辆所处的情景。同理，任一场景点位下的路侧感知系统都有这一时刻的情况描述。车辆及其所处的场景位置，都构成自动驾驶或车路协同的一个景况案例——我们称之为“一车一景，一境一况”。

在车路协同系统中，系统的决策依据来自路侧感知系统提供的各类（境况）数据，即与场景强相关的各类交通特性、行为的数据描述。经过运算后会将其经通信系统传递给智能车辆，智能车辆在获取“境况”的同时，结合车辆自身“车态”与“车景”，作出驾驶行为的保持或调整的决策，从而继续参与整个交通过程。

路侧境况感知系统收集多个传感器获取的数据，包括但不限于视频流、智能分析研判结果、微波获取车辆速度、车队排队长度、特殊车辆、多类交通参与者的实时状态，按一定时间顺序持续上报车路协同系统。多空域全场景下的路侧境况感知系统亦按既定规律，周期上报境况信息，以构建跨空域的全域交通境况。

通信系统完成车路协同系统与多车之间的相关车景与境况信息的传输交互，以期达成车辆与系统之间对当前境况的一致认知，为后续行为决策构建基础语义体系；车路协同系统根据点、线、域各类层级境况信息分析决策，针对信号系统、信息系统、导航系统、车辆驾驶系统发出交通指令。

车辆自动驾驶系统汇总自身车辆境况（车载传感）以及相关车辆境况（V2V）、辅助驾驶系统传递的当前境况、前瞻（时域）境况、前径（空域）境况（V2X），根据自车行程目的，综合决策车辆控制策略或路径调节。此外，在技术与资源可行的前提下，可将行程目的地及路径规划选择上报车路协同系统，以作前瞻规划数据或申请特情保障。

车路协同系统可以根据时间域以及空间域中的路侧感知系统获取的持续境况序列，不断校验前期决策指令的有效性，以期作出较优策略调整。

地图系统在车路协同系统与辅助驾驶系统中都是重要基础，需要将实时车景或境况信息叠加于高精地图，车辆用以决策后续车辆行为，车路协同系统用以判断综合资源使用情况以及作出后续交通引导行为。

在这一过程中，境况感知是车路协同系统的第一输入，也是唯一实时动态数据，其数据的实时性、完备性、准确性将影响最终车路协同系统决策结果输出的准确性，因此，我们称境况感知系统为数字交通的基座。

多维融合提升系统运行的有效性

为实现最大化的数字交通系统效用，路侧境况感知系统的建设原则必然是要求“全要素、全空域、全时段”的。

任一场景点位的路侧境况感知系统的构成，可能包含视频、微波、毫米波、激光、RFID、气象环境等多种传感器。其中视频相机、毫米波雷达、激光雷达应该是构建交通境况的主要感知设备：视频可以进行交通参与者特征的识别判定，尤其是对色彩类信息的感知，但视频的作用距离有限，且容易受到光线条件的干扰；毫米波雷达可以判定主要交通参与目标，且能够在较广阔的区域内进行测速、测距，判定交通行为；激光雷达可实现对更精确（厘米级）目标的感知，但是造价较高。

毫米波雷达与激光雷达技术都无法实现对车辆身份特性的识别，多种感知技术在目标检测、运动跟踪、身份识别与标定等方面就具有互补或相斥的情况。对于空域内相邻场景点位的多个路侧境况感知系统，为避免交通对象的跟踪丢失，建设时需要一定的重叠感知覆盖。

这里遇到的问题是：在单一点位上，多种技术之间会独立地检测目标，在自己的体系内完成自洽的描述和跟踪，但不可避免地产生单一目标的多次判定，或不同目标被误判为一个目标的情况。在多个协同点位之间，如何能够延续性地跟踪同一目标也是迫切要解决的问题。在历史项目中，如果要解决这个问题，需要前端将所有数据推送至平台侧，借助平台的强大算力进行计算，这就需要消耗极大的通信资源，数据延时或网络的不可靠还可能造成系统的不可靠，从而无法达成系统设计目标。

随着近几年边缘计算和边缘智能的主芯片能力越来越强，当前的边缘融合系统已经能够满足多感知技术、多空域感知的融合分析。

首先，这一技术极大地提升了决策效率，在“云-边-端”的架构中，“边缘”起到一定汇总和计算作用，极大缩短了前端数据的获取时间，也极大提升了空间区域内的决策效率。

其次，边缘计算与智能能够解决多技术的融合统一问题，例如将同一场景内视频检测域、微波视域进行匹配对齐，从而更有效地将不同技术检测出来的目标融合为同一目标；将超出某一技术检测域的目标通过另一检测技术（范围更广阔）按同一目标接续跟踪；对刚刚进行了身份识别的目标，做历史轨迹的身份补充叠加；对某一目标经过无感知设备覆盖区域的行为进行拟合数据计算；将场景内的实时境况与静态告警地图的融合展示以及潜在行为碰撞分析等。

总结

以上，数字交通在对传统智能交通升级的基础上，通过场景化的分析方法进行路侧境况感知和多维感知，共同构建数字交通基座。

车无限，境无界。只有在尽可能广泛的范围内实现更为精确的交通境况感知，才能为车路协同系统构建更为准确的数字孪生数据。也只有充分认识不同场景交通参与者交通行为的目的差异，才能对自动驾驶车辆提供更为合理的辅助决策。

李延峰

浙江宇视科技有限公司数字交通产品线总工程师，宇视科技智能交通团队创始人，自2010年开始带领团队开发以视频技术为基础的智能交通产品和智慧交管业务。在图像传感、光学、微波、AI、通信技术、大数据、嵌入式开发等领域都有持续深入研究。目前负责数字交通产品线整体技术路线选择和产品方向规划等工作。

面向弱势道路使用者的车载多目标跟踪和运动轨迹预测方法

文 | 熊风云　张放

现有的车载感知系统或先进驾驶辅助系统，极少关注行人保护系统、前向碰撞预警系统和紧急制动系统。本文从面向弱势道路使用者的车载多目标跟踪和运动轨迹预测方面入手，对自动驾驶感知系统中常见的多目标跟踪和运动轨迹预测方法进行了深入剖析。

概述

行人和骑行者作为弱势道路使用者（Vulnerable Road User，VRU），在交通道路上是普遍存在的。其中，骑行者又包括骑着自行车、两轮电动车（电动自行车、电动踏板车）、摩托车和三轮车等小型交通工具的道路使用者，见图1。

图1 弱势道路使用者类别

相比于车辆类交通工具，VRU是弱势群体，受到的关注不够，相应的安全保护措施较少。据2018年世界卫生组织报告，全球约有135万人死于道路交通事故，超过一半的交通事故死亡者为VRU。可见，在交通道路安全保护中，保护VRU刻不容缓。

如今，随着汽车先进驾驶辅助技术和自动驾驶技术的迅速发展，借助于视觉、激光雷达、毫米波雷达和超声波雷达等车载传感器，车辆自身的环境感知能力得到了加强。自主车辆（ego vehicle）通过车载传感器能感知车辆周围的行人等目标，让驾驶员可以实时掌握周围障碍物的信息，并在危险时，预警驾驶员或主动干预车辆运动，避免碰撞等交通事故的发生，从而也保障了VRU安全。

但是，现有的车载感知系统或先进驾驶辅助系统（ADAS）中，更多的是关注行人目标，如行人保护系统（PPS）、前向碰撞预警系统（FCW）和紧急制动系统（AEBS）。因此，在交通道路安全保护中，为了让自主车辆更智能地决策，以便更好地保护他们，除了行人目标外，还需要进一步区分各个类别的VRU。展开来讲，多类别VRU具有下述特点：

- 不同类别VRU在交通事故中的死亡比例不一。其中，骑电动车/摩托车者的比例高于行人和骑车人。
- VRU的外观和运动特征多变。不同类型的VRU外观特征不同，运动行为也不尽相同，如骑行者相比于行人，其运动速度较大，运动随机性较小，而运动朝向相对固定，骑行工具可以近似为刚性物体。
- 不同骑行者速度也不尽相同。如骑两轮电动车者、骑两轮摩托车者和骑三轮车者的最高时速和运动姿态存在差异。

视觉传感器因输出信息丰富、可扩展性高和性价比高等优势，广泛应用于目标检测、目标跟踪和轨迹预测等计算机视觉领域和图像感知领域。近十年来，以行人和骑车人为代表的VRU保护，特别是基于视觉的行人检测得到了广泛的研究，国际性的公开数据库和比赛较多，而专门研究区分行人和骑车人的相关研究较少，且缺少面向行人和不同骑行者等各类VRU的研究。单帧图像的目标检测任务没有考虑连续图像帧间目标的时空信息，不能对每个个体进行历史轨迹的跟踪和未来轨迹的预测，对他们的保护有限。

因此，为了在实际交通道路场景中保护各类VRU，在单帧图像中定位并分类他们只是保护的前提。还需要进一步在连续帧间跟踪每个个体的历史运动轨迹，进而预测每个VRU目标未来的运动轨迹，实现目标检测、目标跟踪和运动预测（简称为"检测-跟踪-预测"）的一体化感知（见图2），即输入图像序列，输出各个VRU未来的轨迹信息。

图2 检测-跟踪-预测

具体来说，"检测-跟踪-预测"的感知任务如下：

■ 目标检测。如图3所示，从静态单帧图像中搜索出所有关注的目标对象，实现准确的定位和分类，解决目标的定位和分类问题，为目标跟踪服务。

■ 目标跟踪。从历史多帧图像中将连续时间内的同一目标对象匹配起来，获得准确的跟踪ID，解决目标具体是谁的问题，形成每个目标个体的历史轨迹（见图4）。

■ 轨迹预测。基于多目标跟踪模块提供的序列中各个个体轨迹位置、外观特征的历史信息，预测输出未来运动轨迹，解决未来可能出现的位置问题（见图5）。

真实的道路行驶环境下，上述各个感知任务面临的困难有（见图6）：

■ 外观变化。由VRU目标的遮挡、聚集、姿态/尺度变化和光照变化带来的外观变化。

■ 运动变化。由VRU目标的运动方向和运动模糊带来的运动变化。

图3 目标检测

图4 目标跟踪

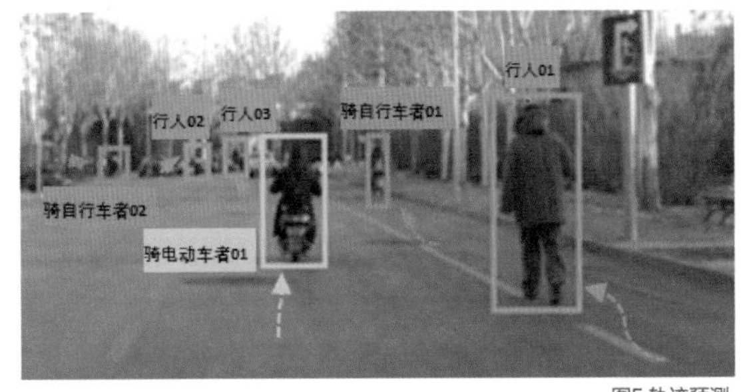

图5 轨迹预测

■ 交互变化。各种交通场景（路段交互、中间路口交互和十字路口交互）下各类交通参与者之间的交互变化。

综上所述，面向VRU的多目标跟踪和运动轨迹预测，对自动驾驶感知系统起着重要作用。本文将从上述提到的几个方面，对感知系统中常见的多目标跟踪和运动轨迹预测方法进行介绍。

多目标跟踪方法

多目标跟踪（Multiple Object Tracking，MOT）用于结合当前时刻 t 和历史时刻 $1:t-1$ 的检测结果，将连续时间 $1:t$ 内的同一目标对象匹配起来，赋予跟踪ID来区分不同个体，以此解决前文指出的目标具体是谁和轨迹是

图6 真实行驶环境下的感知挑战

什么的问题，同时提高目标检测结果的稳定性，形成每个目标个体的历史轨迹，为后续的未来运动轨迹预测任务提供包含当前时刻的各个VRU目标的历史信息。

通过综合对比和分析不同文献中提及的跟踪方法可知，多目标跟踪方法可以根据其任务的处理过程分为以下三类：

■ 按照不同的初始化手段。可以分为基于检测结果的多目标跟踪（Tracking-by-Detection，TBD或Detection-Based-Tracking，DBT）和与检测无关的多目标跟踪（Detection/Category Free Tracking，DFT或CFT）两种方法或框架。

■ 按照对未来数据不同的处理模式。可以分为在线多目标跟踪方法（Online MOT）、离线多目标跟踪方法（Offline MOT）和介于两者之间利用部分未来帧信息的近在线多目标跟踪方法（Near-Online MOT）三种方法。

■ 按照不同的输出类型。可以分为确定性的输出（Deterministic Output）和概率性或不确定性的输出（Probabilistic Output）两种方法，相比于确定性输出的方法，不确定性输出的方法可以输出多条可能的轨迹信息。

这三种分类方法是基于多目标跟踪系统的一整套处理过程定义的，涉及如何初始化、如何优化和如何输出，对比汇总见表1。

面向智能车辆环境感知领域的多目标跟踪系统属于在线的感知系统，其对未来帧的信息不可知，对实时性能要求较高，同时每一帧中目标的数量不确定，是动态变化的，因此常用的多目标跟踪方法是基于Tracking-by-Detection框架下的在线多目标跟踪方法，简称Online Tracking-by-Detection。接下来，首先重点介绍多目标跟踪依赖的目标检测方法现状。

分类依据		描述
初始化方式的不同	基于检测的多目标跟踪方法	依赖于目标检测性能，能够自动处理每帧中数量动态变化的目标
	与检测无关的多目标跟踪方法	不需要单独的检测器，人工标定初始图像帧中的需要关注的各类目标，对动态变化场景适应性差
优化过程中是否使用未来的信息	在线多目标跟踪	在处理当前帧时，只需逐步地处理历史的信息，适合在线的实时性任务，缺点是观测量会比较少
	近在线多目标跟踪	介于在线和离线两者之间，利用未来部分帧进行跟踪结果的优化
	离线多目标跟踪	需考虑所有帧的信息，输出存在时延，理论上能获得全局最优解
输出的结果是否存在随机性	基于确定性优化的多目标跟踪	求解最大后验概率，每次输出固定的跟踪结果
	基于概率推理的多目标跟踪	概率性推断，输出结果存在随机性

表1 分类方法定义及描述

通过目标检测的发展历程可知，目标检测方法可分为基于传统机器学习的目标检测方法和基于深度学习的目标检测方法，如图7所示。

传统机器学习方法一般包括前处理或预处理，候选区域选择、特征提取、目标分类和后处理五部分，如图8所示。其中，前处理部分用于对原始图像数据进行预处理，常整合在候选区域选择部分，而后处理部分用于目

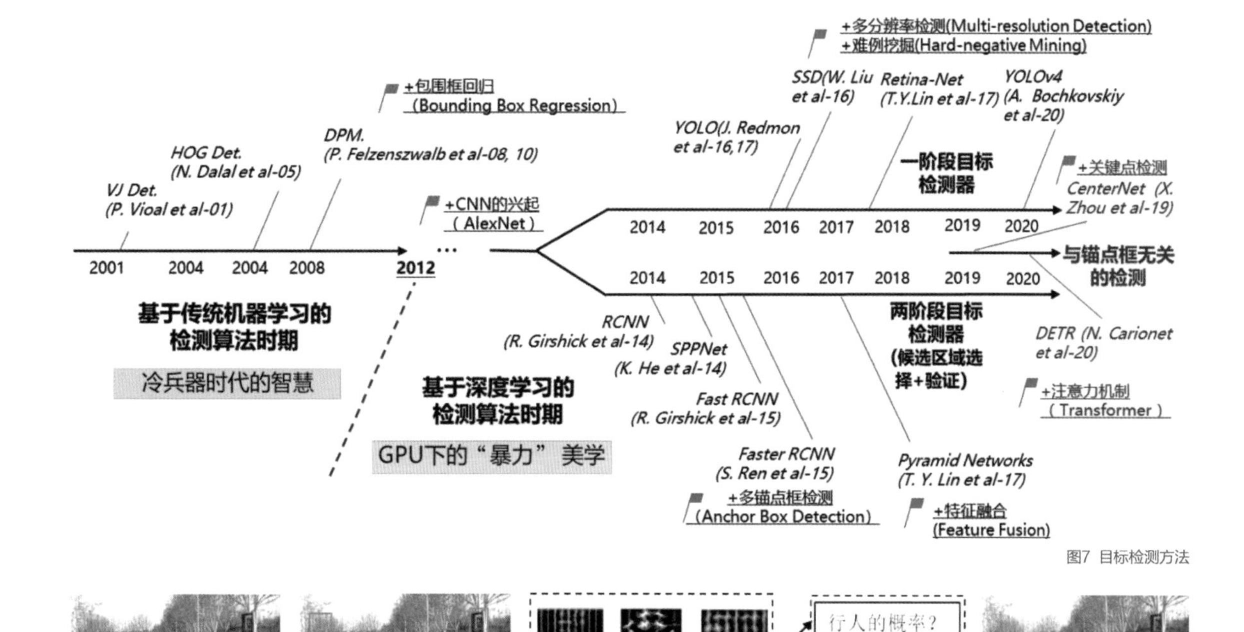

图7 目标检测方法

输入图像 → 候选区域选择 → 特征提取 → 目标分类（行人的概率？骑行者的概率？背景的概率？） → 输出结果

图8 基于传统机器学习的目标检测方法的核心组成模块

标的定位优化，常融入目标分类部分。中间的候选区域选择部分是从输入图像中筛选出若干个可能包含前景目标的图像区域；特征提取部分利用人工设计好的特征描述子提取候选区域的特征；目标分类部分基于提取的区域特征进行前景目标和背景障碍物的分类。

不同于上述传统的机器学习方法，深度学习是一种特殊的机器学习方法，通过构建多层的非线性隐藏层网络结构，自动提取特征来表征数据的分布特点。基于深度学习的方法具备优异的特征学习能力和特征辨别能力，在2012年提出的AlexNet模型获得ImageNet分类挑战赛第一名后得以快速发展，随后基于深度学习的方法也广泛应用到目标检测任务中。

通过目标检测的综述可知相比传统的目标检测方法，基于深度学习的目标检测方法无需人为手动地设计最可能代表目标的特征描述子，同时深度学习方法也弱化了特征提取和目标分类之间的界限，可叠加使用相应的网络结构。从特征提取、模块关系和性能三方面，表2对比总结了两者的区别和联系。

目标检测方法	特征提取	模块关系	性能
基于传统机器学习	手动设计	特征提取和目标分类模块分离，可单独优化各个模块	适应性不足，针对不同目标需要设计不同的特征
基于深度学习	自动学习	弱化了特征提取和目标分类模块的界限，可形成端到端的模型，统一优化各个模块	适应性好，辨别能力强，特征提取方法可复用，网络结构可叠加

表2 传统机器学习和深度学习目标检测方法的对比

根据基于深度学习的目标检测网络是否利用锚点框（Anchor Box）来提取目标候选区域的分类标准，深度学习目标检测网络可以分为基于锚点的网络（Anchor-based Network）、不基于锚点框的网络（Anchor-free Network）和融合两者的网络三类，在实际应用中，前两类更常见，也是本节分析的重点。其中，基于锚点的网络可根据是否需要单独产生输入到分类和回归子网络的目标候选框，进一步分为两阶段的网络（Two-stage

Network）和一阶段的网络（One-stage Network）。根据现有研究现状和发展趋势，不基于锚点框的网络又可细分为基于关键点的网络（Key Point-based Network）和基于自动机器学习的网络（Automated Machine Learning Network，AutoML Network）两种。按上述分类策略，基于深度学习方法的目标检测网络结构分类如图9所示。

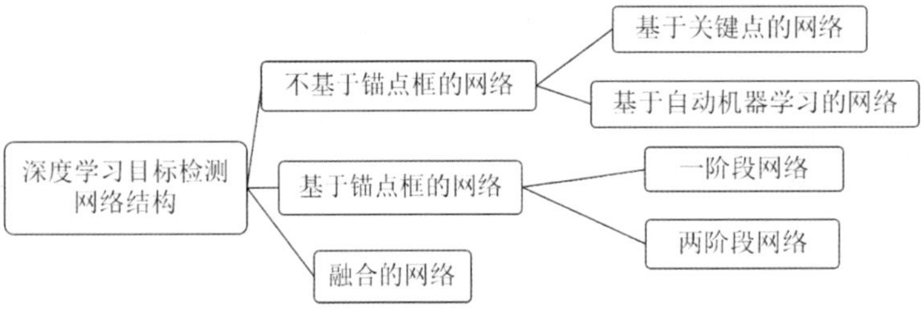

深度学习目标检测网络结构
不基于锚点框的网络
基于关键点的网络
基于自动机器学习的网络
基于锚点框的网络
一阶段网络
两阶段网络
融合的网络

图9 深度学习目标检测网络结构分类

在基于锚点框的两阶段目标检测方法上，已开展的研究通常以采用选择性搜索候选区域选择方法、卷积神经网络特征提取方法和SVM分类方法的R-CNN模型为基础。例如，研究者提出了带有空间金字塔池化层（Spatial Pyramid Pooling，SPP）的SPP-Net网络加速特征提取。为进一步提升网络的学习能力，又提出了具有多任务学习能力的Fast R-CNN模型。基于上述方法模型，研究者们又分别提出了集成候选区域选择网络（Region Proposal Network，RPN）的具有端到端学习能力的Faster R-CNN模型，以及在目标检测网络分支（Network Branch）的基础上增加了实例分割网络分支的Mask R-CNN模型。

不同于上述将候选区域选择和目标分类视为两个单独任务的两阶段网络，一阶段深度学习网络同时考虑这两个任务。其代表性模型涉及三方面：第一方面，将检测任务转换为回归任务的YOLO系列模型，包括直接将整个网络应用于图像的实时的YOLOv1（You Only Look Once Version 1），基于聚类进行锚点框设计和采用多尺度训练的YOLOv2，借鉴残差网络（ResNet）和特征金字塔网络（FPN）结构的YOLOv3，以及融合多种数据增强和模型优化策略的高效的YOLOv4等模型；第二方面，考虑多层特征融合的SSD系列模型，包括舍弃YOLOv1的全连接层而采用纯卷积结构的SSD，以及加入反卷积层的具有沙漏结构的DSSD（Deconvolutional Single Shot Detector）等模型；第三方面，针对正负样本不平衡的问题，设计相应的损失函数的网络模型，如有文献提出了采用新颖的焦点损失函数（Focal Loss）的RetinaNet模型。相比于两阶段的方法，上述三类一阶段目标检测方法在检测精度和效率上达到了较好的平衡。然而，在复杂行驶环境下，仍存在漏检误检和小目标检测困难的现象，两阶段到一阶段目标检测框架发展的脉络如图10所示。

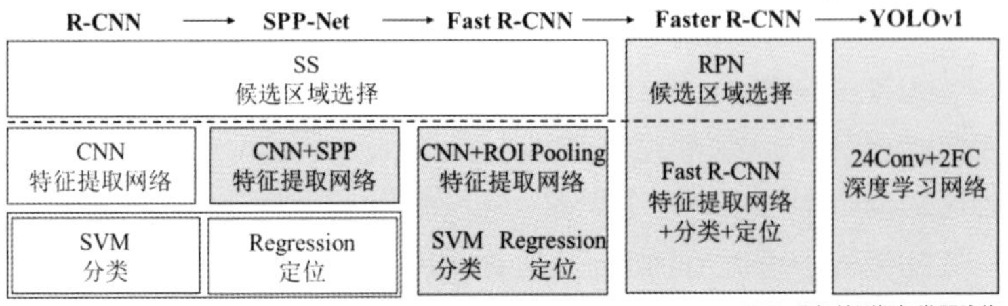

图10 目标检测框架发展脉络

不同于上述基于锚点框的目标检测方法，有研究者尝试基于同一目标的数个关键点建模的方法来实现目标的检测，将目标检测的问题转换为关键点估计的问题。CornerNet网络基于目标左上角和右下角两个角点进行关键点的检测，该方法采用对称的沙漏网络模块和角点池化层来对这两个关键点的信息建模，匹配属于同一目标的角点。

作为CornerNet网络的改进版，CenterNet网络额外增加了一个中心点热度图的估计，采用三个关键点估计来进行目标的准确检测。不同于上述两种关键点估计的方法，有的方法只需借助一个关键点进行目标的检测，它将整张图像直接传入全卷积网络中，输出一个热力图，而热力图的峰值点即为估计的关键点，无须进行同一目标多个关键点之间的匹配，并可直接回归目标的其他属性，如尺寸、方向和姿态等。这类方法的性能依赖于关键点估计和关键点与目标匹配的准确性，复杂行驶环境下小尺寸目标检测性能有限。CenterNet的网络框架如图11所示。

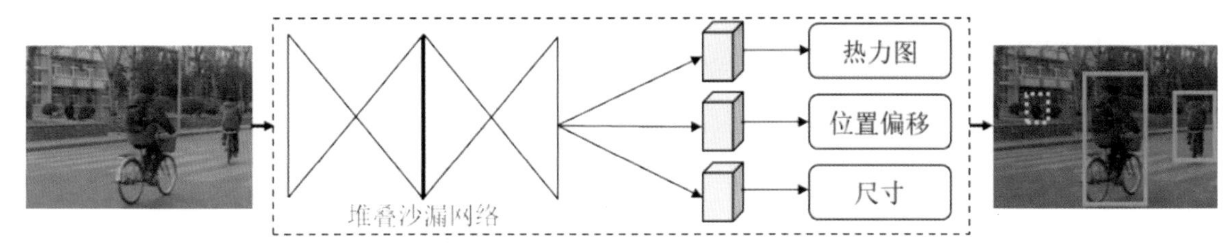

图11 CenterNet网络框架

不基于锚点框的AutoML目标检测方法，自动搜索适合于图像分类或目标检测的骨干网络（backbone）结构进行目标检测。接下来，总结AutoML中的神经网络架构搜索（Neural Architecture Search，NAS）方法。借鉴ResNet网络和Inception网络重复堆叠使用基础网络块（block）思想，有研究者提出了NASNet模型，设计了Normal Cell和Reduction Cell两种基础的卷积细胞单元，减少了网络结构的搜索空间。NASNet基于强化学习机制进行搜索，由RNN组成的控制器从搜索空间以一定概率抽样生成网络架构，再以此网络架构训练子网络直至收敛，并在验证集上进行评价得到准确率，然后将这些准确率作为回报函数并基于策略梯度来更新控制器的权重。

不同于其他设计用于图像分类的骨干网络的NAS方法，国内研究者提出的DetNAS网络是首个专门用于搜索适用于目标检测任务的骨干网络的NAS，基于轻量级的卷积网络ShuffleNetv2的基础网络块设计了网络搜索空间，其卷积结构选择的策略包括对block中的卷积核采用不同的核大小和直接基于新的Xception block使用进化算法进行搜索。不同于在固定搜索网络空间中自动搜索最佳的模型，微软学者综合探究了在人工设计网络结构和自动搜索网络结构过程中的规律，探索网络设计的通用范式，提出了网络设计空间RegNet，其核心思想是量化的线性函数可用来解释网络架构的宽度和深度。这类网络结构自搜索的检测方法是针对一般目标分类任务或通用目标的检测任务，目前仍处于发展初期，不能直接用于VRU的检测。

进一步的，基于视觉的多目标跟踪框架可分为基于检测的跟踪（Tracking-by-Detection）、与检测无关的跟踪（Detection Free Tracking）和联合的检测和跟踪（Joint-Tracking-Detection）三种。其中，第二种方法需人工手动地标记出待跟踪的目标，限定了跟踪目标的类别和数目，适应性不够。第三种方法处于发展阶段，用于平衡跟踪效率与精度，能替代目标检测过程比较耗时的一类Tracking-by-Detection方法。

运动轨迹预测方法

运动轨迹预测也属于智能车辆的感知层任务，基于多目标跟踪模块提供的连续多帧中各个VRU目标的历史信息，如轨迹位置、外观特征等信息，预测输出各个VRU目标的未来运动轨迹，解决未来目标在哪里的问题，进而为智能车辆的决策服务。接下来，将从研究场景、研究对象、研究框架和研究方法多个角度来归纳总结面向VRU的运动轨迹预测研究现状。

首先，通过已公开的相关数据库，从研究场景和研究对象的角度来分析多目标运动轨迹预测的研究现状（见表3）。研究场景包括鸟瞰视角、第一人称视角、混合场景和车载视角，研究对象包括车辆和各类VRU。

目前针对车辆这类刚体目标的轨迹预测研究相对成熟，常用的是高速公路场景中无人机高空视角下的NGSIM或HighD数据集。面向VRU多目标轨迹预测的，针对行人目标的轨迹预测的研究较多，比较流行的是鸟瞰视角或监控视角下的UCY/ETH数据集上的研究，但其缺少标注样本对应的原始图像数据，语义信息利用不充分。因此，缺少专门面向自动驾驶环境的基于车载图像的VRU多目标轨迹预测方法的研究。

其次，通过现有研究框架来分析VRU运动轨迹预测的研究现状。VRU轨迹预测框架包括输入图像序列、目标检测、目标跟踪、轨迹预测和输出未来序列几个部分（见图12）。

研究场景	数据库	图像数据(公开与否)	研究对象			
			车辆	行人	骑自行车者	其他骑行者
鸟瞰视角(监控视角或高空视角)	NGSIM，highD	—	√	—	—	—
	UCY/ETH	—	—	√	—	—
	Stanford Drone Dataset	√	√	√	√	—
第一人称视角	FPL	√	—	√	—	—
混合场景	MOT Challenge	√	—	√	—	—
车载视角	KITTI	√	√	√	○	—
	ApolloScape Trajectory	—	√	√	√	√

表3 基于公开数据库的研究场景与对象（√ 表示存在，○ 表示很少，— 表示不存在）

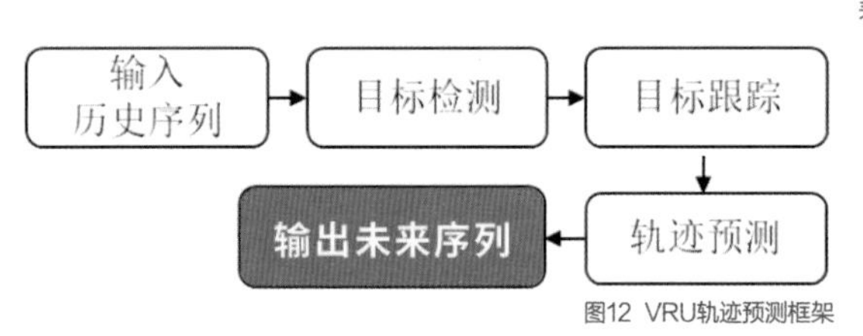

图12 VRU轨迹预测框架

目前常见的运动轨迹预测主流框架的目标检测和目标跟踪结果是基于标记的真值数据库的先验知识获取的，这种框架下的预测方法对环境信息利用不充分。另外，还有一部分运动轨迹预测框架是利用现有的检测器和跟踪器来获取预测所需的信息，这种框架没有训练面向VRU的检测器和跟踪器，不能通过目标检测和目标跟踪来优化轨迹预测，从而到达多个感知任务的一体化感知。

最后，通过已开展的轨迹预测方法研究来归纳总结VRU运动轨迹预测的研究现状。以行人轨迹预测为代表，方法包括基于数据的轨迹预测方法和基于模型的轨迹预测方法。其中，基于数据的轨迹预测方法为主流研究方法，包括基于高斯过程等传统机器学习方法和基于循环神经网络的深度学习方法。基于深度学习的方法又可细分为有没有考虑交互信息的轨迹预测方法，具体包括没有考虑人-人之间交互信息的3DOF，考虑人-人交互信息的Social LSTM，以及考虑人-人和人-场景多个层次的轨迹预测因素的ITA方法等。这类基于数据驱动的预测方法能从样本数据中自动捕捉目标个体的各种运动模式，但依赖于标记样本的数据量，且考虑交互信息的模型训练收敛较困难。

基于模型的行人轨迹预测方法包括基于运动学模型的方法和基于运动意图模型的方法。其中，基于运动学模型的方法又分为KF线性方法，PF、EKF和UKF等非线性方法，以及交互式多模型（Interacting Multiple Model, IMM）方法和混合模型SLDS方法。而基于运动意图模型的方法主要是基于贝叶斯框架实现的，如观测样本随时间变化的DBN和含有隐含未知参数的隐马尔科夫模型（Hidden Markov Model，HMM）等方法，各类轨迹预测方法汇总如图13所示。

这类基于模型驱动的预测方法简单易行，不同运动模型间可集成，对数据样本的依赖性不强，在复杂行驶环境下的模型学习能力仍有提升的空间，该类方法更适应于短时预测。

如上所述，基于数据和模型的两大类轨迹预测方法都有一定的优缺点和适应范围，归纳总结（见表4）。

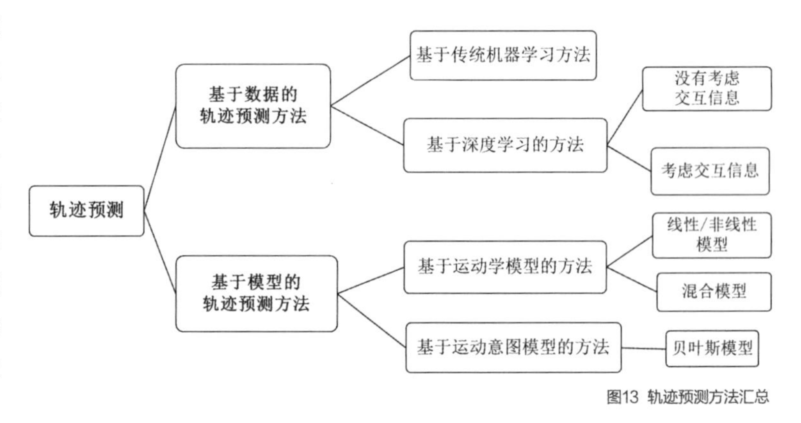

图13 轨迹预测方法汇总

方法分类	优势	局限性
基于数据的预测方法	自学习捕捉运动模式，强大的特征自学习能力	基于监督学习的任务，需数据支撑，考虑交互的模型训练收敛较困难，常忽略自主车辆运动信息
基于模型的预测方法	简单易行，不同运动模型间可集成，对数据样本的依赖性较弱	方法适应性不足，更适应于短时预测，复杂场景下的预测能力不足

表4 两大类轨迹预测方法对比

相关数据库应用

算法、数据和硬件是推动深度学习技术发展和广泛应用的三大重要因素。相关算法已在上文进行了综述，而硬件主要指的是GPU的算力（每秒运算次数），不在本文的研究范围内，本小节分析总结基于机器视觉的环境感知领域中目标检测、目标跟踪和轨迹预测任务相关的公开数据库信息。

公开的数据库资源对于推动目标检测、目标跟踪和轨迹预测技术的发展和应用起到了重要作用。在目标检测的综述文章中，引入了用于通用目标检测的Pascal VOC、ImageNet和MS-COCO等具有代表性的数据库和专门用于行人目标检测的Caltech和CityPersons等典型的数据库。相对于检测数据库，多目标跟踪数据库更难标注且现有资源较少，由于多目标跟踪数据库能同时用于目标检测和轨迹预测方法的研究，因此这里重点分析基于图像信息的多目标跟踪数据库。另外，公开数据库还有面向整个自动驾驶任务（包含雷达信息）的ApolloScape、Bdd100k、A2D2和nuScenes等数据库。

近十年来，多目标跟踪数据库提供了丰富的基准方法，公开了若干个数据库资源以供不同方法进行性能测试。研究场景中涉及的轨迹预测数据库包含目标的位置信息和跟踪ID信息也可当作多目标跟踪的数据库。常用的多目标跟踪数据库有MOT Challenge、KITTI，以及较新的PathTrack和PoseTrack等数据库，下面将对这些数据库进行归纳总结。

MOT Challenge数据库专门用于行人多目标跟踪研究，涉及静止和动态场景，包括2D和3D标签。2D MOT数据库由一系列图像序列组成，包括常见的PETS09-S2L1、TUD-Stadtmitte和ETH-Crossing等。从2015年到2017年，该数据库每年都有更新，包括混合视角下的MOT2015、MOT2016和MOT2017，以及2020年监控视角下的拥挤场景数据库MOT2020。

相比于面向行人的混合场景下的MOT数据库，KITTI数据库是针对自动驾驶研究的数据库，是室外道路交通场景，但标记质量不如MOT。KITTI数据库包括目标检测、目标跟踪、语义分割和深度估计等任务。其中，KITTI目标跟踪数据库涉及车辆和行人跟踪，有21个训练序列和29个测试序列。PoseTrack数据库是针对行人关节点姿态跟踪的数据库，标记500多个视频序列，帧数超过20000，具有单帧行人姿态估计、多帧行人姿态估计和多帧行人姿态跟踪三个子集。PathTrack数据库是针对行人多目标跟踪的数据库，覆盖静止相机和动态相机场景。相比MOT数据库，该数据库具有更多的标记序列和轨迹训练样本，有720个图像序列，超过了16000个行人轨迹数。不同于其他数据库，PathTrack同时标记了场景类型和相机运动情况，其中场景类型包括街道、跳舞和运动会等，相机运动情况包括静止、几乎静止和运动。综上所述，具有代表性的多目标跟踪数据库的对比可见表5。

数据库（格式：名称，年份）	序列数		持续时长/分钟		轨迹数		标记类别（P:行人，C:骑自行车者）	相机状态（S:静止，M:运动）	场景类型标记	相机运动标记
	训练集	测试集	训练集	测试集	训练集	测试集				
KITTI Track，2012	21	29	13	18	-	-	C+P	M	—	—
MOT15，2015	11	11	6	10	500	721	P	S+M	—	—
MOT16，2016	7	7	4	4	517	759	P	S+M	—	—
MOT17，2017	21	21	11	13	1638	2355	P	S+M	—	—
MOT20，2020	4	4	6	3	2332	1501	P	S+M	—	—
PathTrack，2017	640	80	161	11	15380	907	P	S+M	√	√

表5 部分多目标跟踪数据库对比

总结和展望

目标检测方面。传统机器学习方法因需要针对特定的感知对象人为设计典型特征以及滑动窗口法穷举搜索的局限，逐渐被具有强大的特征自学习能力和类别分辨能力的深度学习方法所替代。深度学习网络从最初的Anchor-based的两阶段网络到一阶段网络，再到基于关键点的Anchor-free网络和基于结构搜索的网络，朝着网络结构一体化集成和自学习搜索的方向发展。然而对于类内外形姿态多变和类间运动特性各异的行人、骑自行车者和其他类别VRU的目标检测，现有通用型或针对行人的深度学习检测方法的适应能力有限。现有深度学习方法直接应用于多类别VRU的目标检测时，仍存在不同类别VRU分类精度有限、小目标检测效果差和实时性不足等问题，进而影响后续多目标跟踪的性能。如何兼容检测性能和计算效率是目标检测研究的难点。

多目标跟踪方面。Tracking-by-Detection框架下多跟踪方法的发展得益于快速发展的基于深度学习的目标检测方法，多目标跟踪方法的整体性能也随着状态预测和数据关联性能的提升而加强。近年基于联合的检测和跟踪（Joint-Tracking-Detection）框架的多目标跟踪方法处于发展阶段，Tracking-by-Detection仍是目前主流的多目标跟踪框架。虽然基于深度学习的目标检测器能为数据关联提供强大的外观度量模型，但是在复杂行驶工况下，现有跟踪方法对各类VRU目标的生命周期管理能力有限，易丢失出现遮挡的或运动变化的VRU，进而不能为后续的轨迹预测提供长时间准确稳定的2D和3D历史轨迹信息。针对这些问题，自主车辆运动补偿下具备在线更新能力的3D多目标跟踪方法是目前的研究热点。

运动轨迹预测方面。现有研究缺少自动驾驶环境下面向不同类别VRU的多目标轨迹预测方法研究。同时，现有的多目标运动轨迹预测方法，依赖于已有目标检测和目标跟踪的性能，往往基于历史轨迹真值信息或直接应用公开的检测器和跟踪器，没有充分考虑检测与跟踪模型自身的不确定性、周围环境的不确定信息和自主车辆的运动信息，从而导致预测准确性和稳定性不足。针对这些问题，结合Transform等注意力机制和交互意图的多模态轨迹预测方法是目前的研究热点。

数据库应用方面。现有数据库虽然标记样本量丰富，但主要是针对行人的多目标跟踪，标记的主要目标类型是行人，只有KITTI数据库中涉及了少量的骑车人，且仅有PathTrack等数据库提供了相机运动信息，不足以支撑动态行驶环境下骑车人或其他骑行者多目标跟踪方法的模型训练和性能评价。可知，目前缺少车载视角下面向多类别VRU的多目标跟踪和运动预测方法研究的感知数据库。

熊风云

智行者研发工程师，北京航空航天大学硕士，清华大学联合培养硕士，清华大学博士。主要研究方向为自动驾驶环境感知领域下的目标检测、多目标跟踪与运动轨迹预测，硕博士期间相关领域发表SCI/EI论文20余篇，专利10余项。曾获硕士国家奖学金、校优秀硕士论文、校优秀硕士毕业生和北京市优秀博士毕业生等称号。

张放

智行者智行者联合创始人&研发副总裁，清华大学汽车工程系学士、博士，加州大学伯克利分校联合培养博士，主要研究方向为智能网联汽车和人工智能。在国内外期刊/会议发表论文10余篇，申请授权专利100余项，参与编写智能网联产业报告和标准《中国智能网联汽车产业发展报告》《智能网联汽车应用路线图》《自动驾驶车辆道路测试能力评估内容和方法》等。

扫码观看视频

听张放分享精彩观点

主要参考资料

[1]World Health Organization. Global status report on road safety 2018[R]. World Health Organization, 2018.

[2]Enzweiler M, Gavrila D. Monocular pedestrian detection: Survey and experiments[J]. IEEE Transactions on Pattern Analysis and Machine Intelligence, 2009, 31(12): 2179-2195.

[3]Hosang J, Omran M, Benenson R, et al. Taking a deeper look at pedestrians[C]// Proceedings of the IEEE Conference on Computer Vision and

Pattern Recognition (CVPR). IEEE, 2015: 4073-4082.

[4]Llorca D F, Sotelo M A, Parra I, et al. An experimental study on pitch compensation in pedestrian-protection systems for collision avoidance and mitigation[J]. IEEE Transactions on Intelligent Transportation Systems, 2009, 10(3): 469-474.

[5]Liu L, Ouyang W, Wang X, et al. Deep learning for generic object detection: A survey[J]. International Journal of Computer Vision, 2020, 128(2): 261-318.

[6]Wang L, Yung N H C, Xu L. Multiple-human tracking by iterative data association and detection update[J]. IEEE Transactions on Intelligent Transportation Systems, 2014, 15(5): 1886-1899.

[7]李晓飞. 基于深度学习的行人及骑车人车载图像识别方法[D]. 北京: 清华大学, 2016.

[8]熊辉. 基于车载图像的弱势道路使用者多目标跟踪和运动预测[D]. 北京: 清华大学, 2021.

[9]Milan A, Leal-Taixe L, Reid I, et al. MOT16: A benchmark for multi-object tracking[J]. arXiv:1603.00831, 2016.

[10]Geiger A, Lenz P, Urtasun R. Are we ready for autonomous driving? the kitti vision benchmark suite[C]// Proceedings of the IEEE Conference on Computer Vision and Pattern Recognition (CVPR). IEEE, 2012: 3354-3361.

[11]Li X, Flohr F, Yang Y, et al. A new benchmark for vision-based cyclist detection[C]// Proceedings of the IEEE Intelligent Vehicles Symposium (IV). IEEE, 2016: 1028-1033.

[12]Y. Ma, X. Zhu, S. Zhang, et al., TrafficPredict: Trajectory Prediction for Heterogeneous Traffic-Agents [C]// Proceedings of the AAAI Conference on Artificial Intelligence, 2019: 6120-6127.

[13]Alahi A, Goel K, Ramanathan V, et al. Social LSTM: Human Trajectory Prediction in Crowded Spaces[C]// 2016 IEEE Conference on Computer Vision and Pattern Recognition (CVPR). IEEE, 2016.

[14]Gupta A, Johnson J, Fei-Fei L, et al. Social GAN: Socially acceptable trajectories with generative adversarial networks[J]. 2018.

[15]Saleh K, Hossny M, Nahavandi S. Intent prediction of vulnerable road users from motion trajectories using stacked LSTM network[C]// Proceedings of the International Conference on Intelligent Transportation Systems (ITSC). IEEE, 2017: 327-332.

[16]Li Y, Xin L, Yu D, et al. Pedestrian trajectory prediction with learning-based approaches: A comparative study[C]// Proceedings of the IEEE Intelligent Vehicles Symposium (IV). IEEE, 2019: 919-926.

[17]Graves A. Generating sequences with recurrent neural networks[J]. arXiv preprint arXiv:1308.0850, 2013.

[18]Kooij J F P, Flohr F, Pool E A I, et al. Context-based path prediction for targets with switching dynamics[J]. International Journal of Computer Vision, 2019, 127(3): 239-262.

端到端自动驾驶解决方案的探索与实践

文 | 李博　潘坚伟

“For the drivers”，意味着给予驾驶员自由，既是享受驾驭的自由，也有解放双手“随心所欲”的自由。但要获得自由，就需要高级别的自动驾驶解决方案。具体来说，需要从“硬件、软件，以及智能云端”这三大核心入手。

一百多年前的1908年，百公里加速度和最高车速是“马力时代”衡量产品好坏的最佳指标，福特T型车用20匹马力的动力和72km/h的最高车速成为汽车行业里程碑式的产品。

然而，以速度作为最高奋斗目标的“马力时代”已然过去。近年来，随着“加州路测报告”“北京路测报告”“上海路测报告”的发布，让MPI（Miles Per Intervention，每两次人工干预之间行驶的平均里程数）开始走进大众视野。人们开始用“接管里程”和“覆盖里程”等自动驾驶相关能力来评价一辆车的好坏。这是否说明，属于自动驾驶的“算力时代”已悄然来临？

以接管里程和覆盖里程评价自动驾驶产品，其实质是对城市路、高快路，以及泊车三大场景的考核。要实现高级别端到端的自动驾驶，需要以环境感知、路径规划、整车控制为切入点，对三大场景的自驾难点进行攻克，并实现对更大路段范围的覆盖，打破城市与城市间的界限。

城市路因其他道路使用者、路权、路况等多种原因，存在十字路口博弈、无保护左转，以及路段施工等复杂场景；高快路则会面临上下匝道、自主变道，以及紧急cut-in预判等技术挑战；同样，泊车也会遭遇停车路径被阻、闸机收费等困境。

在我们看来，自动驾驶技术发展有三大核心：硬件、软件和智能云端解决方案。传感器和算力平台决定自动驾驶能力的发展高度，软件算法决定性能水平，智能云端解决方案决定软件迭代的速度。因此，要攻克以上问题场景，实现高级别端到端的自动驾驶，需要从三大核心入手。

全覆盖、多冗余的硬件架构

自动驾驶所需要的硬件主要由传感器和算力平台构成，这两大硬件可以很好地比拟成人类的眼睛与大脑。完全覆盖的传感器布置方案可以让我们看得更清，大算力的计算平台可以让我们的脑子转得更快。

传感器是解决自动驾驶感知问题的核心。关于感知，目前行业正面临着纯视觉感知和多融合感知路线之争的问题。但该问题在我们看来其实是伪命题，高级自动驾驶感知技术的终点虽不排除有纯视觉感知解决方案，但第一个实现完全自动驾驶的系统必然是由多传感器融合感知方案所打造的。就像今天回顾发动机发展史，其技术终点很可能是三缸机或者四缸机，但第一台达到180匹马力的车上，搭载的一定是十二缸机。所以立足当下，量产车开始搭载多激光雷达方案，成像毫米波雷达开始进入量产，摄像头的分辨率从百万像素发展到千万像素。究其原因无非以下两点。

一是拉高软件潜力的天花板。智能手机发售时的应用虽可能无需必备千万像素级的摄像头，但考虑到生命周期的软件迭代对硬件的需求，智能手机还是将更高像素级的摄像头搭载至量产新品之中。整车亦是如此，产品的生命周期一般要达到8年以上。因此，在自动驾驶软件高速迭代的今天，通过硬件系统平台推高软件潜力天花板变得更加重要。

二是提高系统的可靠性。自动驾驶当下的MPI或者MPD（Miles Per Disengagement，每两次干预之间的行驶里程数）场景，所谓Intervention或者Disengagement，大部分是由于感知问题导致的。无论摄像头、激光雷达，还是毫米波雷达在其性能方面，都存在不足之处。因此，搭载更加豪华的感知系统，其意义不仅在于对自动驾驶感知性能的提升，更多是对未来用户的安全负责。

算力平台是保障自动驾驶软件迭代能力的基础。我们的高算力计算平台于今年开始量产，应用了英伟达及高通芯片，既支持集联和云端算力，后续又可通过硬件或云对算力进行无感拓展。

尽管智能汽车在目前看来还像是一部电脑和四个轮子的组合，但汽车与电脑最大的不同点在于使用寿命。消费电子，比如智能手机，寿命一般为2~4年，但整车的使用寿命达到8年以上。因此，汽车厂商如何保证软件在五年后依然有竞争力，用户能够正常迭代，是目前行业要解决的问题。在我们看来，自动驾驶会长期处在技术爆发期。因此，只有计算平台可拓展，成为可云端化的算力资源，才能支持软件的快速发展。

而要对自动驾驶的安全实现保障，需要有完全备份的冗余系统作为支撑。高性能自动驾驶平台会对电子电器架构提出很高的要求，这也是为什么自动驾驶技术在研发初期，企业更愿意使用林肯MKZ车型的原因。

事实上，端到端自动驾驶需要完全备份的转向系统、制动系统，以及控制系统等，由此充分保障自动驾驶的系统安全（见图1）。从这一点上，整车在做电子电器架构设计时应充分考虑自动驾驶域面向未来的系统需求。而科技公司需要积累整车架构开发经验，毕竟量产的自动驾驶乘用车与示范区域的自动驾驶演示车有所不同。

“以终为始”：重新定义自动驾驶软件

如果说硬件在自动驾驶技术中发挥着“眼”和“脑”的作用，那么承担着自动驾驶思考与决策任务的就是软件了。关于自动驾驶软件的发展，目前存在两种技术路线：一种是由量产L2级别辅助驾驶进阶发展至L4级别自动驾驶；另一种是直接发展L4级别自动驾驶示范应用。但无论是高速高架基于导航的辅助驾驶，还是开展道路测试/示范应用的L4级别自动驾驶，都不能完全适用于量产高级别端到端的自动驾驶。前者的问题在于软件架构不足以应对复杂的城市交通场景，后者的问题在于功能设计

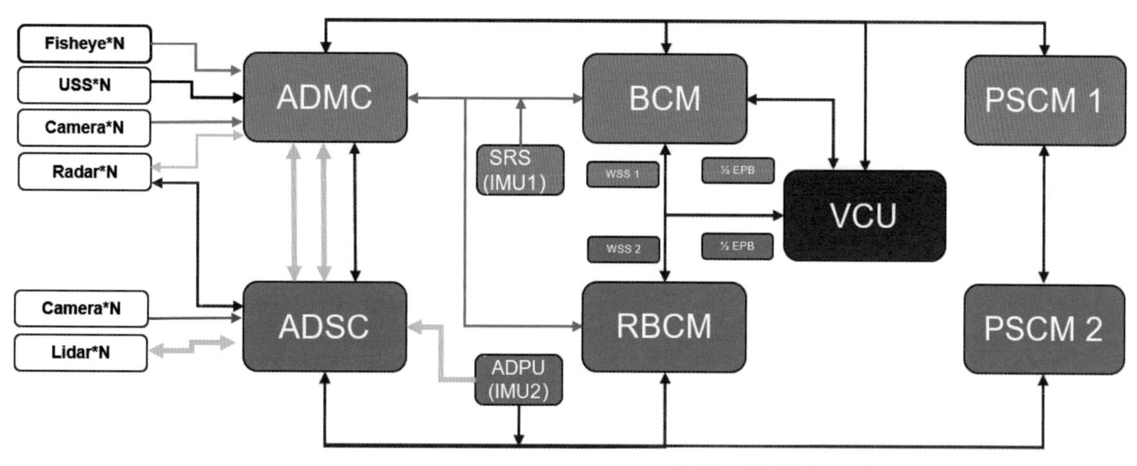

图1 具备完整备份能力的高可靠性自动驾驶电子架构（来源：路特斯）

之初主要面向运营，缺少对于复杂人机交互及人机共驾的思考。

基于用户对驾驶行为的差异预期，“千车千面”成为当务之急。比如，在十字路口场景中，有的用户会选择加速通过，有的会倾向停车等待。而即使是一个人，不同的情境中也会有不同的行为。影响用户接管的因素有很多，特别在定义人机共驾功能时，评价用户是否感知到安全和风险，以及是否自信和高效等，都是很难进行界定的。

因此，只有系统对用户进行深入了解，掌握用户的驾驶个性，才能解决这些问题，进而减少用户的接管，提升用户对自动驾驶的技术信任度。正如前文所述，评价端到端的两个维度就是智能化水平和功能适用水平，只有充分考虑这两个维度，端到端量产自动驾驶功能才能真正实现“以终为始”的产品理念。因此，需要从安全和智能两方面开发自动驾驶软件。

在安全领域，我们的软件模块Risk Model为车辆提供实时安全监测。事实上，高级别的自动驾驶技术难点在于车辆无法及时处理复杂的场景及环境，如果系统不能迅速解决车辆接管相关问题，整个行程就会被影响。为此，加载Risk Model的车辆可以根据车上传感器的置信度、控制与执行系统的可靠度，以及行驶场景的复杂度和用户状态的参与度等衡量标准，计算出车辆实时面临的风险值。如有需要，该模型会智能地提示车主是否需要提前接管（见图2）。

打造“千车千面”的软件，需要持续利用车上的传感器，学习车主每日用车习惯和风格，进而系统根据深度学习模型为用户提供定制化驾驶体验。比如，用户上下班可能会有一些必经路段，车辆识别出来后，会自动在这些路段上调成用户最常用的驾驶风格，如跟车距离、换道、行为的积极性等。

此外，博弈模型是一种基于试探，可以与环境及其他道路使用者进行交互博弈的算法模型，是对“智能”的另一种诠释。该模型能够让道路其他使用者更深入了解自动驾驶车辆的意图，也可以用来深度思考和环境互动后会产生什么结果。同时，博弈模型也可用于预测未来，作出沙盘推演，从而作出更安全的动作来降低风险。

云端模型训练实现快速迭代

要实现端到端自动驾驶软件的快速迭代，必须有数据

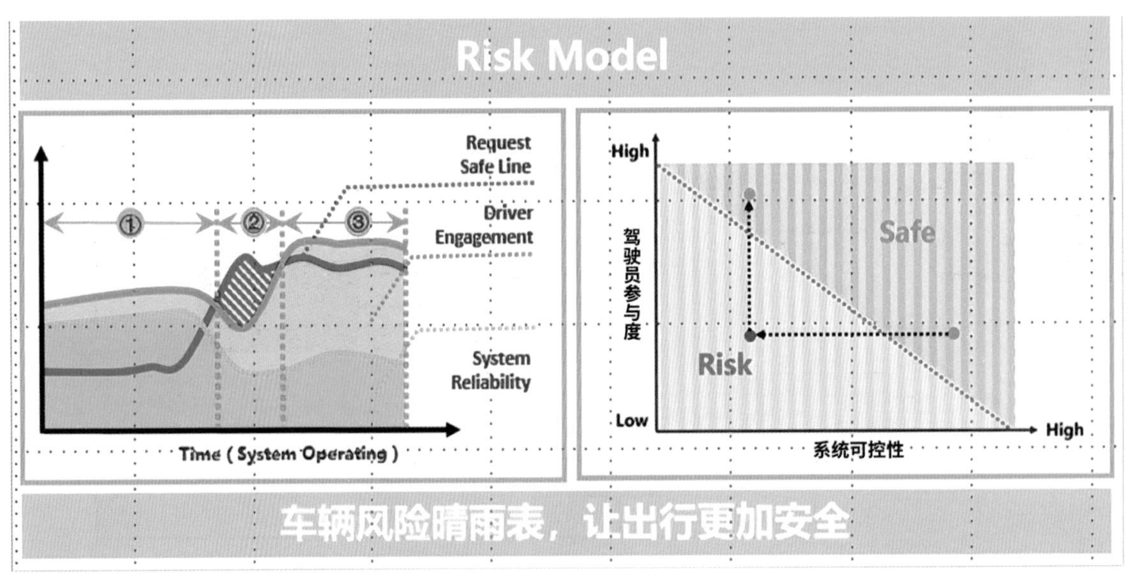

图2 实时风险值预测（来源：路特斯）

驱动算法的概念，用场景驱动产品发展、研发和测试。云平台可以为自动驾驶回传的场景数据提供数据处理、标注、训练与评测等服务。完成数据驱动的logsim、worldsim仿真测试，提供数据分发、数据可视化大屏、远程驾驶等自动驾驶功能。

因此，海量的数据场景经过清洗和脱敏后传至云端，脱敏后的场景可以支撑自动驾驶软件在云端进行大量的模型训练。也即是说，优秀的云平台会成为自动驾驶算法的智能工厂与训练场，用数据驱动开发过程、完善测试方法、丰富产品形态，最终实现自动驾驶软件的快速迭代。

总结

综上，要实现高级别端到端的自动驾驶之路依旧漫长，通过不断迭代的算法模型提升感知、决策、规划、控制仍是首要任务。

以激光雷达、毫米波雷达、高清摄像头全覆盖的感知能力为基础，可扩展车端、云端高算力平台为支撑，以终为始作为软件开发理念的“软件+硬件+智能云端”全栈式解决方案，可以为端到端自动驾驶技术的发展提供新的方向。

李博

路特斯科技自动驾驶业务线负责人，东京工业大学博士，先后任职吉利汽车、阿里巴巴、本田技研。2011年从零搭建吉利智能驾驶开发中心团队，任中心总监。2015年带队实现中国首套ACC、AEB系统量产，2018年实现中国品牌首套L2级别ICC系统量产。拥有国内外专利20余项，曾获汽车工业协会科学技术进步二等奖，并有“优秀青年工程师”和“最美汽车人”称号。

潘坚伟

路特斯科技CTO，负责技术开发与落地。美国弗吉尼亚理工大学博士，田纳西州立大学客座教授，博士生导师，国际组织ISO无人驾驶技术顾问。历任AutoX全球技术及合作副总裁、Roadstar.ai研发总监、波音集团无人飞机首席算法研究员，带队完成中国首例繁忙市区路况无人驾驶技术落地实践。拥有AI相关专利及著作60余项，范围涵盖中、美、欧、日等。

扫码观看视频

听李博、潘坚伟分享精彩观点

英伟达无人驾驶软硬件栈的思考与实践

文 | 卓睿

软件为变革中的汽车行业所带来的影响日益彰显，它不仅将汽车内部逐渐增长的数据链路全部打通，带来产品差异化的用户体验，也彻底改变了传统车企的商业模式。不过，在软件重新定义汽车的同时，硬件的快速迭代也迅速支持软件的运行，软硬件的协同并进究竟会为自动驾驶带来怎样的影响?

英伟达创始人兼首席执行官黄仁勋曾作出这样的预测：“汽车制造商的业务模式将从根本上发生改变。到2025年，许多汽车企业很有可能以接近成本价的价格销售汽车，并主要通过软件为用户提供价值。”近些年来，众多OEM厂商都建立自己的软件团队，他们可以快速修复出现的问题，也能快速地响应客户需求，大幅度地缩短软件迭代的周期。同时，在智能化的时代，OEM也看到了数据的重要性，海量数据给OEM开发无人驾驶软件栈提供了基础。越来越多的车企意识到了软件自研的重要性。

本篇文章将从硬件（芯片、ECU架构）、软件（操作系统、AI软件包、无人驾驶中间件）等多个维度，探讨NVIDIA对于“软件定义汽车”的思考和实践，希望能够对所有汽车行业的开发者有所裨益。

硬件

芯片

所有的软件都离不开底层硬件的支撑，其中最为关键的一项就是必须要有一个性能足够强大的芯片。从五年前正式切入无人驾驶赛道至今，我们在进行自动驾驶芯片设计时，主要从以下几个维度进行关键考量。

■ **满足车规级以及功能安全。**

安全之于自动驾驶汽车始终是重中之重。因此从起步之初，我们就将安全纳入了适用于自动驾驶汽车的NVIDIA DRIVE平台的总体设计中，包括芯片、ECU硬件和软件栈等。为了确保所开发的软件能够达到预期的性能、安全可靠且有备份，我们在计算系统的各个方面都采用了安全技术，包括使用的研发工具和方法。在此基础上，还确定了严格的工艺流程，确保没有任何安全死角。

■ **高效的异构化计算架构。**

算法演进过程中，单一的CPU架构已越来越无法满足算法的需求，由此我们通过对基于ARM 64架构的CPU、自研的GPU架构（Volta、Ampere等）、深度学习加速引擎DLA等多种不同的硬件加速引擎的引入，以及异构化计算架构的实现，为开发者带来足够的灵活性，允许将不同的算法部署到各种硬件模块上，从而使整个系统的效率最大化。

■ **不断增长的深度学习算力。**

随着要解决问题的复杂度不断提高，从NCAP到基本的ADAS、Highway Pilot，再到Ubran Pilot自动驾驶系统，需要的传感器越来越多，数据量越来越大，算法也愈加复杂，车企对芯片的算力增长就有了更为迫切的需求。在芯片的多个版本迭代中，我们将算力不断地提升，从最初Parker的1.3 TOPs（FP16）到现在Orin的254 TOPs（INT8）。

■ **兼容性。**

芯片的兼容性也非常重要，如果能在架构上做到向前兼容，将能够让厂商避免在芯片、软件更新迭代后，ECU架构要重新设计、软件要重新开发带来的高额成本。我们在GPU架构设计上，和最新的独立GPU显卡架构保持一致，允许深度学习开发者快速将算法从x86平台移植到DRIVE AGX平台上，由此不仅降低了开发门槛，还加速了开发流程。

迄今为止，我们总共发布了三代无人驾驶芯片，分别为Parker、Xavier和Orin。其中，Xavier具有90亿颗晶体管，芯片面积350平方毫米，CPU采用英伟达自研的8核ARM64架构，GPU采用512颗CUDA的Volta，支持FP32/FP16/INT8。第三代无人驾驶芯片Orin有245亿颗晶体管，CPU升级到12核的ARM A78核，GPU采用最新的Ampere架构，具有254 TOPs INT8算力。

ECU架构

芯片只是一个起点，如果没有ECU的参考设计，以及基于硬件平台的BSP软件包和各种SDK，Tier 1（一级供应商）和OEM很难快速设计出自己的ECU，从而进行软件开发。

如图1所示，整个ECU可以连接所有无人驾驶需要的关键传感器，包括基于GMSL2.0的摄像头、基于网络的激光雷达和毫米波雷达等。OEM和Tier 1可以根据实际需求适当调整外设，从而快速生产出自己的域控制器。

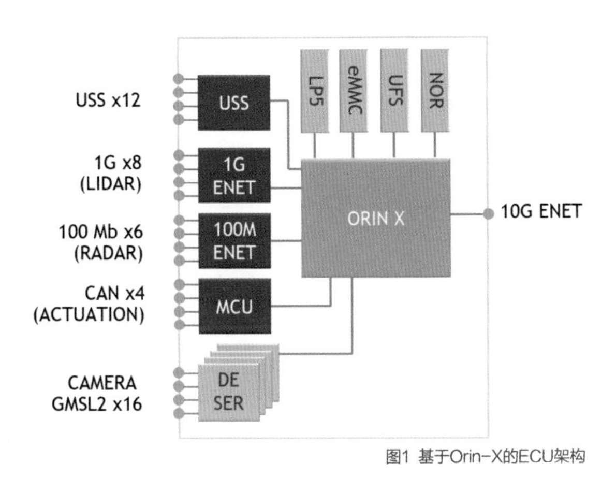

图1 基于Orin-X的ECU架构

软件

基于该ECU架构，我们从下而上分别设计了底层DRIVE OS系统、AI SDK以及无人驾驶中间件。

DRIVE OS系统架构

作为一款无人驾驶开发平台，在开发过程中，除了要保证平台底层软件的稳定性外，还需要重点考虑其可扩展性、功能安全和信息安全（见图2）。

可扩展性

可扩展性，方便用户调用不同的SDK，并根据自己的需求进行快速配置，开发自己的无人驾驶系统。对此，基于SOA设计而成的DRIVE OS，开发了定制版Type 1的Hypervisor，它可以运行于ARM CPU上，起到资源隔离和虚拟化的作用。除此之外，DRIVE OS提供了系列的软件开发包，如GPU底层软件开发包CUDA、针对深度学习网络优化的软件开发包TensorRT等。

功能安全

除了芯片的功能安全，该系统架构还使用了基于QNX QOS的DRIVE OS作为SEooC（Safety Element Out of Context），同时DRIVE OS严格地按照ASPICE和ISO 26262的标准进行软件开发，确保其中的模块都可以达到一定的安全等级。

信息安全

软件定义汽车中最重要的一环非OTA升级莫属。有了OTA就相当于开放了网络高速通道。在信息安全层面，我们既要防止外部攻击，也要防止内部信息的泄露。

AI软件开发包

有了稳定可靠的底层平台，下一步需要提供各种丰富的软件开发包，供开发者进行无人驾驶软件栈的开发，如上文所提及的CUDA、TensorRT等。

CUDA SDK

CUDA是英伟达于2006年推出的基于GPU架构的并行计算软件开发包。截至目前，已迭代了11个大的软件版本，有着广泛的应用基础。CUDA不仅可以支持x86平台，也能够良好地支持ARM的ARMV8 64bit平台，开发

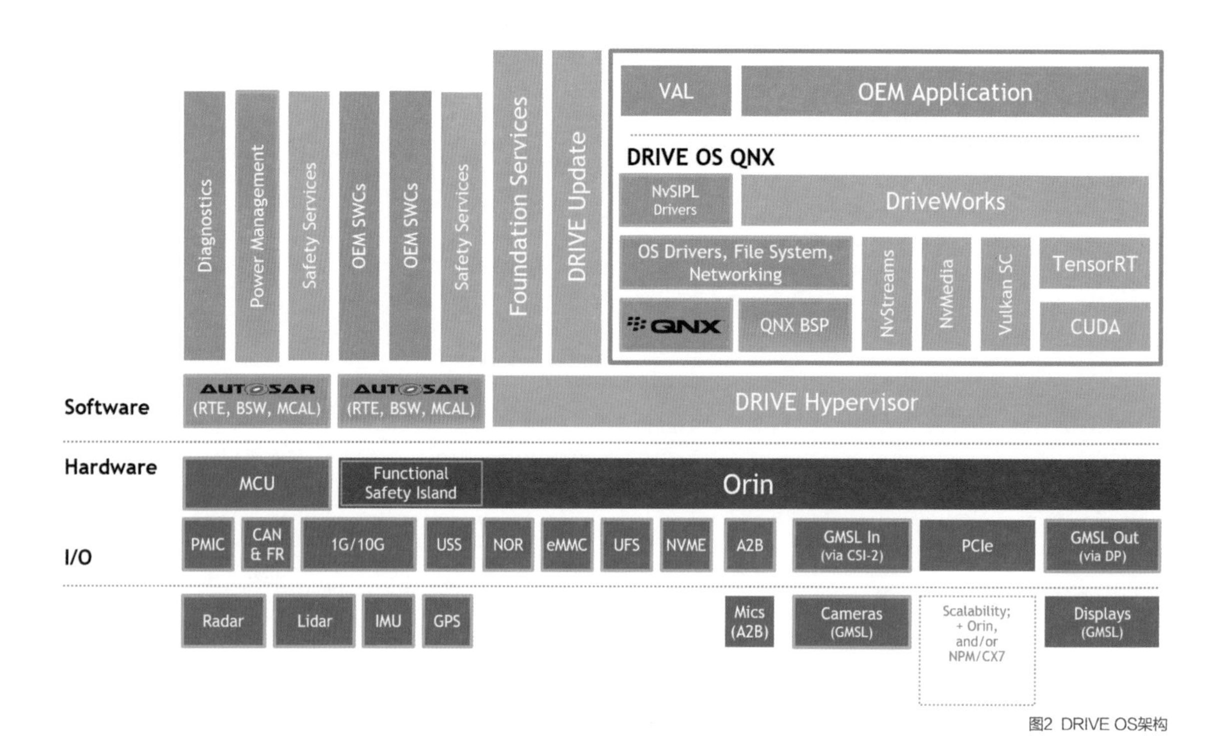

图2 DRIVE OS架构

者可以基于CUDA SDK优化各种用于并行计算加速的算法，从而获得更快的执行速度。

当前，随着GPU算力的增强、计算速度越来越快，CPU在提交GPU任务（如CUDA Kernel）时纳秒级的额外耗时对整体计算性能的影响越来越显著。

为解决这个问题，我们开发了一款名为CUDA Graphs的新功能，其主要目的是用来减少额外耗时的CUDA功能，它把GPU的一系列任务定义成一张子图（见图3），简而言之，CUDA Graphs旨在减少CPU带来的额外延时。

具体的实现是通过单个GPU操作将这张子图一次性加载到GPU上，从而达到一次CPU操作加载一系列GPU任务，来减少多次加载引入的额外耗时（见图4）。同时，因为减少了CPU任务加载的频次，也有助于降低CPU加载GPU任务的消耗而降低CPU负载。

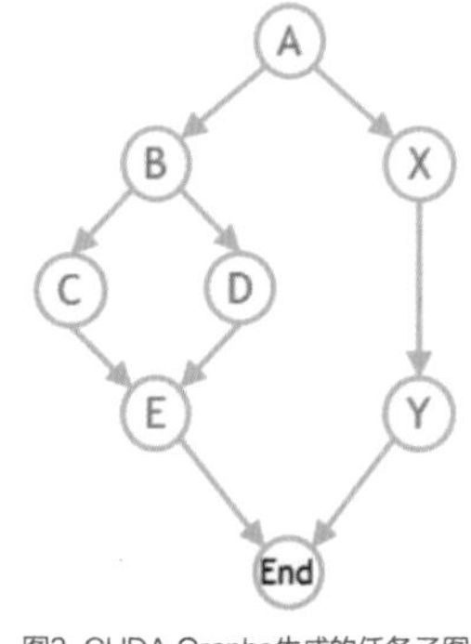

图3 CUDA Graphs生成的任务子图

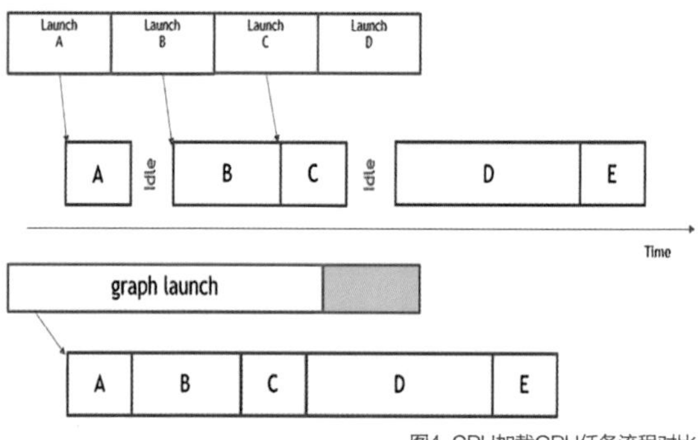

图4 CPU加载GPU任务流程对比

CUDA Graphs支持在初始化阶段建立子图，在执行阶段重复支持该子图。CUDA Graphs也支持CUDA stream等CUDA功能。

CUDA Graphs的使用主要分三个阶段：创建CUDA Graphs、实例化子图、执行子图。其中，创建CUDA Graphs有两种方法：一是用Graph API 逐个添加子图里的GPU任务节点；二是用CUDA stream capture的方法捕获在指定CUDA stream上执行的GPU任务。当创建好子图后，可以调用cudaGraphInstantiate(&graphExec,

graph, NULL, NULL, 0);函数把Graph实例化成一个可执行的子图——graphExec。最后，在主循环程序里重复调用cudaGraphLaunch(graphExec, stream);达到循环执行graphExec子图。

CUDA Graphs里支持的任务节点包括：CUDA kernel、CPU函数调用、memory copy、memset、wait/record on CUDA event等。

因为CUDA Graphs是CUDA的一项功能，所以目前基于CUDA的很多SDK（如TensorRT、cuDNN）都能够支持CUDA Graphs，譬如可以用CUDA Graphs的stream capture来捕获TensorRT、cuDNN的API调用以纳入Graphs的子图中。

TensorRT SDK

随着近年来深度学习的流行，我们也逐渐意识到，业界PyTorch、TensorFlow等主流的深度学习框架在推理使用中，尤其应用于嵌入式平台上，存在内存消耗过大、高延时等明显的缺点。针对这些问题，我们开发了一款用于深度学习推理的SDK——TensorRT软件开发包，它可以支持C++和Python两种接口。TensorRT提供API和解析器，支持从所有主流的深度学习框架中导入经过训练的模型，进而生成可部署在数据中心、汽车和嵌入式环境中优化的引擎。

当前TensorRT经过了几轮的迭代，早期TensorRT版本可以支持ONNX、Caffe和UFF模型。时下随着TensorFlow、PyTorch等主流的训练框架生成的模型文件相继能够转换成ONNX之后，可以直接通过TensorRT部署。因此从TensorRT 7.0起，我们将逐渐去除对Caffe和UFF的支持，最终将在9.0中彻底去除。

以ONNX模型为例，一个ONNX模型在TensorRT上部署会经过以下四个阶段：

- 通过TensorRT的ONNX parser对ONNX模型解析。
- 对解析后的模型进行优化编译，主要的优化手段包括：
  - 图结构优化，包括删除不需要的图节点，根据底层CUDA的算子支持把多个图节点进行融合。
  - 底层CUDA算子的优选，即选择最小延迟的算子对节点进行计算。
  - 可复用内存的优化，从而减少TensorRT计算过程中的内存消耗。
  - 根据用户配置的计算精度（FP32、FP16、INT8）和其他选项进行优化。
- 把编译生成的TensorRT内存存成本地plan文件。
- 在实际部署中，直接加载生成的本地plan文件创建对应的TensorRT执行上下文，然后输入对应推理数据（如RGB帧）进行推理计算。

当前，深度学习的算子层出不穷，TensorRT在支持越来越多的算子功能时，难免有一些算子不在TensorRT原生支持列表里。为此，TensorRT开发了一个TensorRT Plugin接口，用户可以由此来开发自己基于FP32/FP16/INT8的TensorRT Plugin。这些Plugin会像原生支持的算子一样在TensorRT执行中被调用。

基于CUDA SDK和TensorRT SDK，其自身不仅可以运行在DRIVE AGX平台，还兼容x86平台。与此同时，统一的API也为开发者带来了很大的便利性，开发者可以先用GPU卡在x86平台进行开发，然后快速移植到DRIVE AGX平台上。这些软件开发包使算法开发人员可以快速部署自己的算法到DRIVE AGX平台，在保持高准确度的同时，大幅度优化了运行的速度。

无人驾驶中间件

业界在开发无人驾驶系统时，最常用的就是基于ROS框架，但ROS本身有着明显的局限性，如缺少功能安全、跨进程大数据传输等问题。因此，我们在借鉴ROS多节点概念的基础上开发出了DriveWorks软件开发包（见图5）。

作为自动驾驶软件的基础中间件，DriveWorks SDK提供了一整套自动驾驶所需要的基础功能，包括传感器抽象模块、相机和激光雷达等数据处理模块、工具集，以及自动驾驶开发所需要的软件框架。

基于DriveWorks SDK，研发人员可以直接关注自动驾驶应用方案的开发，不需要投入太多时间和精力在底层基础功能模块的实现上。DriveWorks SDK是高度模块化的，研发人员可以把某一个独立的DriveWorks模块集成到自己的软件栈来实现特定的功能，也可以基于多个模块来实现更高层次的目标方案（见图6）。

DriveWorks充分利用DRIVE平台的算力，使用多种硬件加速引擎优化了数据流的传输效率，实现了高效的算法。DriveWorks 适用于如下场景：

- 在自动驾驶软件中导入和处理各种传感器数据。
- 为自动驾驶算法中的图像和激光雷达进行数据处理加速。
- 为车辆域控制器ECU提供操作接口，并接收ECU状态。
- 为自动驾驶感知算法的神经网络进行推理加速。
- 获取各种传感器数据并进行后处理。
- 对各种传感器进行高精度标定。

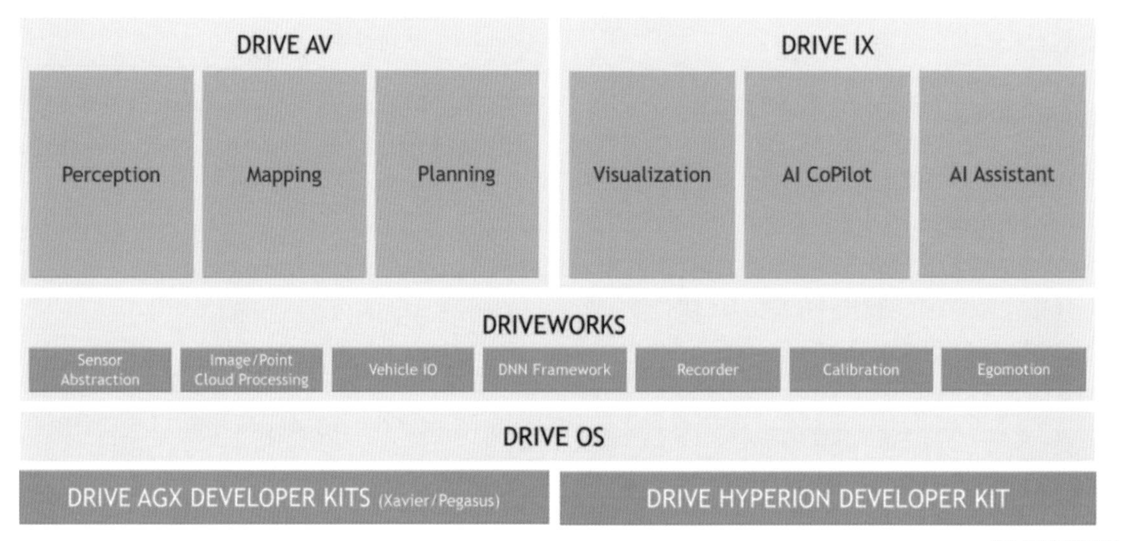

图5 DRIVE软件栈

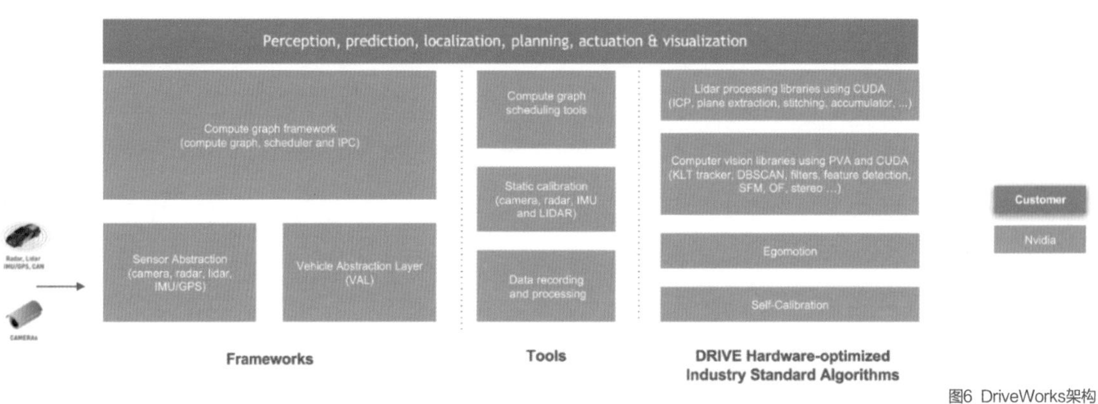

图6 DriveWorks架构

- 跟踪预测车辆位姿。

需要特别指出，DriveWorks SDK在设计和实现上遵循了ISO26262车辆功能安全标准，这也是区别于很多第三方软件的显著特点。举个例子，如图6所示，DriveWorks SDK的计算图框架模块（Compute Graph Framework）提供了类似ROS系统的多节点（Multiple Node）功能，熟悉ROS的研发人员可以快速掌握。但众所周知，ROS系统是没有通过车辆功能安全标准的，另外，计算图框架模块还有如下优点：

- 提供了高速通讯机制，可以跨进程、跨虚拟机，甚至跨SOC进行高速数据交换。
- 结合任务调度器，多任务执行时提供更好的实时性。
- 友好的图形化Node编辑界面。

总结与展望

作为无人驾驶的先行者，我们从芯片、ECU架构和软件等多个维度进行不断迭代和优化。其中，软件栈是软件定义汽车的重中之重，我们从底层软件的功能安全、信息安全、稳定性到AI软件包的易用性、可编程性、低延时，到上层中间件的可扩展性等都逐一做了优化和改进，目标就是提供一个开放的高算力无人驾驶平台，供车企快速地开发出有自己特色的无人驾驶系统。

卓睿

NVIDIA中国区软件总监，中国科学技术大学本硕毕业。硕士期间的主要研究方向为人工智能算法在机器人领域的应用，在人工智能算法和嵌入式领域有着丰富的经验。现在的工作重点包括带领团队提供人工智能解决方案，帮助客户快速产品落地。主要负责的领域包括无人驾驶、机器人和智慧城市等。

参考资料

[1]https://developer.nvidia.com/blog/cuda-graphs

[2]https://docs.nvidia.com/cuda/cuda-c-programming-guide/index.html#cuda-graphs

[3]https://docs.nvidia.com/deeplearning/tensorrt/best-practices/index.html#cuda-graphs

[4]https://docs.nvidia.com/deeplearning/tensorrt/index.html

扫码观看视频

听卓睿分享精彩观点

从博世汽车的ADAS系统，谈SIT的实现思路

文 | 付彦皓

随着汽车智能化水平越来越高，行车安全保护技术也在日益完善，对潜在事故提前预警和规避的主动安全技术成为构建“0事故社会”的重要依仗。因此，传统车企与造车新势力都纷纷“押宝”提供主动安全的ADAS。那么，ADAS对于自动驾驶与智能汽车而言意味着什么？

作为博世ADAS（高级驾驶辅助系统）工程师，在这个行业中切身地感受到了软件在汽车量产过程中所扮演的角色愈发重要。随着市场和科技的发展，汽车从一开始的“硬件定义汽车”，开始向“软件定义汽车”转变。从前听到人们谈及汽车，更多还是关于发动机、悬架等；而今天则会更多听到关于自主巡航、主动制动相关功能的讨论。谈论的品牌也从传统的BBA（奔驰、宝马、奥迪）、长安、上汽等传统车企，逐渐转向特斯拉、蔚来、小鹏、理想等造车新势力。

这说明人们对于汽车的需求已经不局限或仅仅满足于出行。智能汽车除了汽车本身所应具备的属性和功能外，更需要将类似智能手机的终端智能设备变成基础功能，除了服务人们的出行外，更应服务于人们的生活。

博世智能汽车系统“决策者”：SIT

随着技术和市场的发展，智能汽车的概念开始逐渐被人们接受。然而，智能汽车的实现脱离不了汽车的软件智能化。根据目前普遍被人们熟知的SAE标准，智能驾驶分为L0～L2的驾驶辅助系统和L4～L5自动驾驶系统，而L3更多是作为从“驾驶辅助”到“自动驾驶”的过渡阶段。基于这个标准，要实现完全的自动驾驶不是一蹴而就的，而是有阶段性地逐步实现。这也符合软件可以通过逐步迭代来升级发展的特性。

也正是这种迭代更新，使得软件在整个汽车智能系统中所扮演的角色完成从“驾驶辅助”到“驾驶主体”的转变，以及从“交通责任的无关者”到“责任主体”的转变。然而，要实现这一转变，需要智能驾驶技术三大模块共同完成，分别是：感知、决策、执行。

以人类身体举例：感知=耳目，完成对环境的探知；决策=大脑，对耳目探知到的信息进行抽象。例如分辨自车、道路和周围物体的关系（比如前方的物体是否会和自己发生碰撞；旁车道物体是否有切入自车道的意图，或者自车应按照某条路线行驶等）；执行=肌肉和四肢，按照决策所提供的信息，去加速、减速或换道，实现安全舒适的行驶。

在博世的系统方案里，ADAS属于“决策”模块，叫作Situation Analysis（简称SIT）。它的前端是感知Perception（简称PER）。它会接收博世的第五代毫米波前雷达、角雷达、第三代单目摄像头和各类合作商ECU所提供的信息，计算并输出车道线、目标和自车相关的运动状态信息。SIT会利用这些信息，依据不同的功能需求去完成决策规划的工作，可简单分为：目标的行为预测、道路模型的重建，以及具体功能的评估和对应的目标筛选。

例如，对于自适应巡航功能（即ACC），SIT会先利用车道线、道路边缘、车流、自车轨迹去融合重建道路模型，并在这个道路模型的基础上，通过目标与某个车道的

Reference Line的法线方向的横向速度和距离，作为Bayes Network的输入，从而去预测所感知到的目标的行驶行为，即目标将来的行驶状态是保持在某个车道，还是从当前车道切入邻车道，预测的结果以概率的方式表示。

同时，从目标本身属性质量的角度出发，考虑它的障碍物概率、存在概率等属性，最终在有可能切入自车道和保持自车道行驶的目标中，选取距自车最近的目标作ACC的跟车目标。SIT会将该目标的相关信息，提供给执行模块，去计算完成保持设定车距跟车所需的加速度。

另一方面，对于智能驾驶来说，保证计算的实时性是十分必要的。因此对于量产项目来说，设计系统时考虑算力和模型的复杂度显得尤为重要。目前对于ACC功能，博世为了寻求量产项目中系统的实时性和算力成本，会假设Bayes Network的输入之间是彼此先验独立的，以此来消元并简化计算。而对于AEB-VRU这样的横向制动功能，则可能需要脱离道路模型这类行为策略，并且应当将自车和目标都作为刚体来考虑。

因此，需要把自车和目标从Cartesian Coordinate（笛卡尔坐标）中的点转变为Bounding Boxes（包围盒）。例如对于“行人”这类目标主体，SIT会根据目标的当前速度去判定行人是在行走还是在奔跑，通过这样的判定会适当地扩张行人的Bounding Box。通过预测两个Bounding Boxes在未来轨迹上的重叠来计算碰撞概率。碰撞概率最大的目标就应该被选作触发功能的制动目标，执行模块会根据这个目标的运动状态去计算出避免碰撞的制动减速度。

根据ASPICE开发流程，除了这种以满足功能需求而设计模型的正向开发外，SIT会同样关注在任何一种测试中所发现的问题。例如，在NCAP测试中（New Car Assessment Program，汽车碰撞测试），由于车型本身性能的差异等可能引起的正确触发损失（即TP Lost），或者是在Endurance Run路试数据中发现的误触发（即FP）。SIT会分析每一条测试过程中所反馈的数据，并找到问题的根本原因。并基于此提出解决方案，在最大程度保证正确触发的前提下，去解决消除误触发。

这里有一个很有趣的案例，我曾负责的某个项目中，在路试过程中遇到了一个AEB的误触发。场景大概是：路上没有车道线，道路由金属柱子标注出来，路宽较窄的同时，两侧均有因施工而搭建的临时墙面，且道路具有一定弧度（见图1）。在这个场景下，摄像头会生成一个质量很好的行人鬼影，和雷达所探测到的金属柱子融合在一起，导致了AEB的误触发。

图1 AEB误触发时的道路环境

从本质上说，这是一个感知模块的问题。但对于任何一种传感器，我们都不应要求它的误检率为0。尤其是在这种场景下，我们很难在考虑量产成本的条件下，去要求感知模块消除这一类的鬼影目标。

因此，从SIT的角度来说，应该从行为场景和目标属性的角度去区分TP和FP里行人目标的差异。对于毫米波雷达来说，一个横向运动的行人，是应该能表现出微多普勒效应的。简单来说，该效应的产生，是因为一个物体的不同部位在运动过程中的速率不同。例如，人跑步时，手和脚的速度在同一方向上和躯干的速率是不一样的，这样的特征可能会被雷达捕捉到。因此通过微多普勒效应可以区分出这个场景里的鬼影目标，从而解决误触发。

这样的做法能够保证NCAP中相关测试用例的正确触发，同时也不会影响实际场景中的行人保护。这部分的工作十分重要，因为不论一个模型设计得如何周全，都不可能兼容所有的汽车并涵盖我们真实世界里的所有场景，尤其对于高速发展中的国家来说。

自动驾驶技术的发展不能忽视生命安全

与之相对的是，有时候我们会听到一种声音：他们认为当我们在拥有足够算力的条件下，在决策模块相关的工作中，只需利用现有的足够复杂的模型（比如POMDP或者RNN/LSTM这类深度学习的模型），只要模型本身足够完美、训练集足够丰富，那么即便是面对如城区工况（Urban Traffic Scenarios）这样具有挑战性的场景问题，也可以被顺理成章地解决。如果不行就加重网络，只要能找到一个足够复杂且完美的模型，当它的算力需求被满足的时候，那决策模块的工作也就可以被完全满足。

但这样的想法是脱离实际情况的。首先，如今找不到这样一个足够完美的模型去覆盖在驾驶过程中可能遇到的所有场景。其次，即便存在这样的模型，它的算力开销也难以想象，其成本极有可能会超过一辆汽车的造价本身。当前的实际情况是，行业既找不到这样模型，也承受不起这样的成本。最重要的是，这种声音脱离了汽车本身最关注的一个问题：生命安全。

面对这个问题，我认为不应该只局限于某个算法本身，尤其是面对问题时就寄希望于加重网络这样的做法。技术人员首先应该承认算法的局限性，把它作为工具来使用而不是把其神化，它的属性应该是服务于人并帮助人们解决问题的，所以如何使用好这个工具才是我们应该研究和实践的方向。

对于目前的景况，我认为可以先采用混合的方式。对于复杂的交通行为，我们确实没有办法通过Model Base的方式很好地描述或计算当某一辆车变道时，它会对自车和其他的目标产生怎样的影响。因为当我们把整个交通场景当作一个不可分割的整体时，它内部状态变化的复杂程度是远超我们想象的。对于这样的问题，我们只能通过深度学习的方式去尝试寻找答案。

但这样的方式，无疑离量产落地遥遥无期。如果无法量产落地，那么所能收集的数据将只能覆盖部分场景，而这些数据也无法训练出能覆盖真实路况的模型，最后数据闭环不能达成，智能驾驶也会变成“小众”在特定场景里的自我陶醉，无法真正地服务于人们生活里的切实需求。但我们可以暂时假设整个交通场景不是一个不可分割的整体，而是彼此独立的道路参与者。对于单个物体的行为，我们可以通过深度学习的方式去计算以提供更多的特征，但是对于他们和自车以及彼此之间的关系，我们可以先基于经验，通过Model Base的方式去利用这些特征。这样的做法在满足功能需求的同时，既避免了成本的消耗浪费，也可以降低量产落地的难度。只是需要提取出何种特征，以及如何利用这些特征，就需要决策模块的工程师在项目量产的过程中，对数据具有较高的敏感性和经验的累积。

简而言之，ISO26262等协议，是汽车行业百年来，通过无数驾驶员和乘客在各种交通安全事件中总结出来的宝贵经验。在软件定义汽车的今天，我们已经开始使用敏捷开发、机器学习甚至深度学习来完成软件的智能化，以方便软件的维护和数据的挖掘，并将其转为产品开发的需求，而这些对于汽车软件的智能化都是极其有利的。

但高级别的智能驾驶并非一蹴而就，作为汽车行业的从业者，应时刻警惕并在开发过程中遵循ISO26262等安全和法规标准。从实际量产经验出发，通过逐步迭代的方式去实现我们所期待和设计的智能驾驶。

付彦皓

博世高级软件工程师，德国开姆尼茨工业大学信息通信系统硕士、长安大学自动化本科。先后就职于华为、博世汽车，现主要负责博世汽车ADAS开发工作。

福特中国基于微服务和容器的车云实践

文 | 蒋彪 王函 赵伟

软件正在吞噬汽车！当数字化、智能化逐渐渗透汽车时，也给传统车企带来了诸多的技术挑战。在此背景下，本文作者对云边协同及车联网的众多特性展开深入研究，并进行了基于微服务与容器化，深入的车云实践。

传统车企在车联网中面临的挑战

近年来，随着大数据、新能源、智能网联、自动驾驶等现代科技、创新生态在汽车行业的迅猛发展，汽车与人们日常生活的联系正变得更加紧密。如何实现“以产品为中心”向“以用户为中心”转换的业务目标，如何快速响应、探索、挖掘、引领用户的需求，如何与用户形成触点、了解用户、与用户进行有效沟通，是当下传统车企进行数字化转型的根本立足点。面对新事物、新科技、新理念所带来的冲击，传统车企向数字化、智能化与网联化的转型已迫在眉睫，但在这个过程中，也面临着众多技术挑战。

首先如何加速企业零售、技术、生产、质量等部门的数据融合，联通各个业务领域的“数据孤岛”，建立统一的数据视图，最大程度确保企业层面的数据共享？

其次，如何实现智能网联？云边协同是关键。在云端和车端之间，需要用边缘计算来解决分布式基础设施资源、计算资源、安全策略、数据策略、应用管理等方面的协同。然而，根据姚建铨院士（中国科学院院士）于2020年12月在报告《边缘计算理论科学问题初探》里指出的：边缘计算目前仍存在两个方面的问题亟须落实，一是类似PC的软硬件解耦、SDN（软件定义网络）中的数据平面和控制平面解耦、云与数据中心解耦，从而实现动态自适应地支撑各种粒度的边缘虚拟化融合，以及在边缘硬件上实现网络面、数据面和业务面的充分融合；二是强调异构场景下边缘技术栈统一，研究通用软硬件技术，充分实现IT（Internet Technology，互联网技术）-CT（Communication Technology，通信技术）-OT（Operational Technology，运营技术）的边缘融合。

第三，车联网的数据特点除了数据量大、类型多、价值密度低、速度快，同时具备专业性、关联性和时序性。如何在云端实现存储资源的有效利用、弹性扩容，实现工业大数据的冷热分离和数据容灾？这是车企云端服务在设计和实施中需要考虑的问题。

最后，传统车企对云计算缺乏理性认知，云端设计和数据中心的建设经验匮乏。在多云服务商公有云和私有云混杂的情景下，如何建立统一的云端安全防范策略和防御措施？如何集中管控云端应用的一致性，屏蔽云端IaaS和PaaS的异构性？如何平衡公有云资源的计算优势和私有云的安全优势，合理规划数据资源的存储和迁移？

福特中国的架构实践

架构理念和全景设计

有人说架构是艺术——语言的艺术或者取舍的艺术，我更觉得架构是世界观的逻辑泛化。以下我们尝试用准逻辑化的术语来勾画出架构思想。

首先，我们提出如下架构定理1：

定理1. 架构是产品的骨架，理念是架构的准则(Principle)!

就好像大厦不能没有钢筋骨架，桥梁不能没有墩柱垫石，一个产品没有正确的架构，必然是失败的。但什么才能决定架构是否正确？正如TOGAF（开放组体系结构框架）之类的架构方法论指出的，准则是架构的灵魂，理念是架构的准则。

我们在架构实践中发现，很多传统主机厂在数字化转型过程中最大的问题，不是没有技术或产品，而是没有理念。不知道自己是谁、从哪来、到哪去。有些主机厂习惯从Tier1供应商的角度看汽车，或从云厂商的角度看汽车，还有从硬件厂商的角度看汽车，但是很少从汽车的角度看汽车。也就是说，大部分都没有认识到，汽车架构中最核心的理念其实是做一台好车。

那么，什么样的架构理念才是正确的呢？我们接下来提出定理2：

定理2. 软件定义汽车，服务定义软件

软件定义汽车的概念大家都很清楚，我在此不再赘述。我想指出的是，对于主机厂而言，怎么定义“软件”？很多人讲到软件就想到车内SOA（面向服务的架构）生态，把车内生态和云生态割裂开来。但是，车无法脱离云生态而存在，如果脱离了，那主机厂和代工厂又有什么区别？

那么，如果我们把“车内SOA + 云生态”看成一个整体够不够？答案还是不够，因为很多车联功能极度依赖于传统IT系统。例如，用户在提车前需要从移动互联网入口进行用户偏好设置，在这个环节中最大的问题不是车端硬件如何FOTA（无线固件升级），也不是云如何下发，而是制造系统什么时候下发车辆元数据。所以，主机厂需要从全局看待软件，即要站在服务的视角，用服务定义软件。

如何在具体实操层面交付（Delivery）服务定义软件这个理念？我们提出如下定义1：

■ 定义1 SDN（Service Delivery Network）跨多种通信网络（广域网/车内以太网/边缘网络）向车联网中的生产者和消费者提供服务，以及流量路由、车辆元数据、鉴权与熔断等多种基础能力。

SDN是概念上的服务交付网络，其概念有点类似于中台，但又有很大不同。我们常见的中台有数据中台、业务中台、技术中台等，但它们都有一个特点——站在云的角度看待整体业务。而主机厂很多情况下恰恰相反，需要站在端，而且是异构多端的角度梳理业务。

正如图1所示的逻辑图，我们在SDN中用通道链接端和云，站在主机厂的角度定义软件产品，从真正意义上实现软件定义汽车，而非软件嫁接汽车。

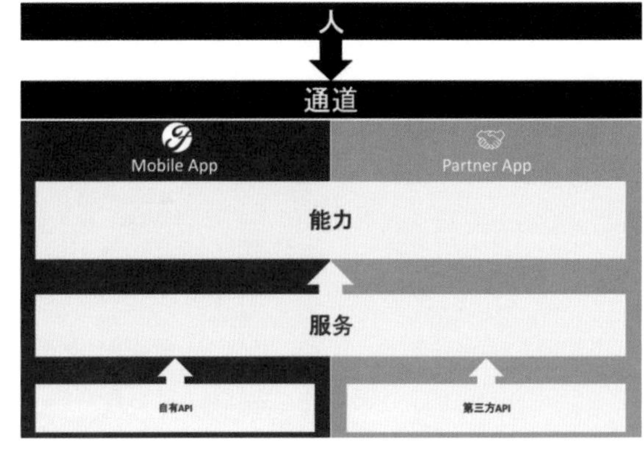

图1 用通道链接云和端

进一步地，又该如何定义服务？服务的边界是什么？服务到底是逻辑单元还是物理单元？为此我们提出了定义2：

■ 定义2 服务（Service）是基于逻辑实体（Entity）的部署单元（Deployment Unit），以API的方式对外提供服务，可以跨硬件进行异构计算。

这里首先强调了服务的基石是逻辑实体，如车辆元数据就是个典型的逻辑实体。这里需要注意的是，没有强调逻辑实体的颗粒度，如果要求颗粒度细到不可切分，那么这里的服务就很类似于微服务（Microservices）概念。但在汽车软件中，并不要求所有的服务都有统一的颗粒度，因为同样的逻辑实体在不同硬件和环境下，算力资源和分布式环境各有不同，不适合一刀切。

其次，这里的服务要求以API形式对外提供服务，并且不仅仅通信协议，还可以是Socket接口、RESTful，也可以基于Message broker（消息代理）。但是会要求具备统一的接口Uniform Resource Name、统一的安全机制、基于JSON的数据结构、统一的ErrorCode。

最后也是最重要的，要求可以跨硬件计算，这是为了边缘计算或者混合云做准备。对于主机厂而言，保证算力的自由调度，将数据搬运到计算节点上是非常关键的一个核心能力，为了达成这个目的，可以采用Docker、WebAssembly等容器技术。

基于容器的混合云模式

混合云策略是将公共云和私有云环境结合在一起，使企业能够将两者的优点结合起来。公有云的优势在于可根据企业需求按需付费、弹性扩展；私有云为企业提供敏感数据的环境隔离，保障企业数据安全。为了有效利用各个云服务厂商网络资源整合、垂直领域发展、流量推广等各方面的优势，也避免被单个云服务厂商深度绑定，企业在公有云的合作上往往会对接多个公有云提供商。

尽管混合云集成了公有云和私有云的优势，但也带来了更多的安全防范成本，云之间的数据交互控制和设计带来了更大异构资源管理的复杂性。仅仅从应用管理的角度来，混合云的背景下，运用容器化技术来实现应用层的抽象，并利用大规模分布式资源和服务管理工具来对接不同的云服务厂商，屏蔽IaaS层的异构性是非常有必要的（见图2）。

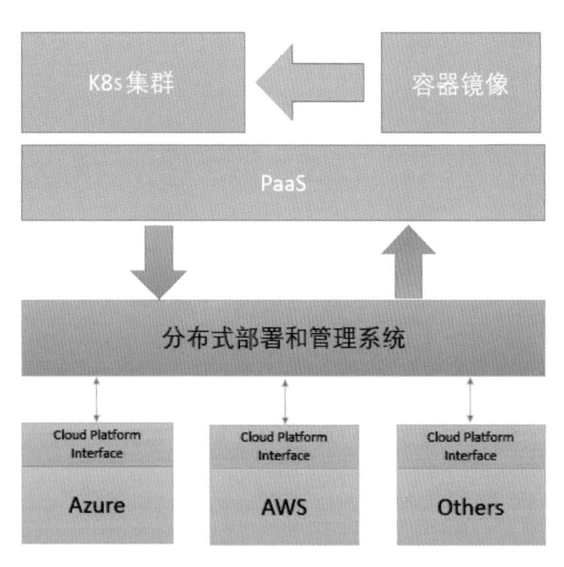

图2 混合云架构设计

建立抽象层屏蔽云服务差异

云服务厂商的Serverless功能，通常以相同的方式工作，具体场景上存在特定的差别。类似Cloud Foundry的BOSH引擎，可以通过建立对IaaS资源的抽象，解耦应用与服务管理层和下层资源管理层的依赖差异。资源抽象层的核心功能有：

- 对接云服务厂商的云平台接口。通过集成服务厂商的资源管理接口，向上提供统一的资源管理API，屏蔽资源层的异构性。
- 提供资源运行状态的监视数据，对每个云提供商的VM进行统一的异常检测、自动恢复及告警通知。
- 提供统一的资源管理入口。对IaaS层资源进行抽象的描述，同时就可以提供统一的资源管理界面和管理API。

基于容器的平台无关性实践

容器能提供比虚拟机更轻量的隔离技术，类似Docker和Cloud Foundry的Garden。在汽车行业逐步进行以用户为中心的数字化变革背景条件下，一套基于容器化的分布式服务治理体系对车企非常重要，主要体现在以下几个方面：

- 主流的云服务厂商都支持容器技术。容器技术给车企带来的环境适配性是不可替代的，车企可以集中在自身的业务发展和开发上，无需担心具体云平台的捆绑问题。
- 容器技术屏蔽了系统环境的差异，使得开发、测试和运维人员仅关注应用和服务的镜像部署、测试和发布，简化了沟通和环境成本。
- 容器生态系统完善，开放容器倡议（OCI）就制定了关于容器运行环境和容器镜像格式这两个核心部分的规范。

最后，容器技术结合Kubernetes编排工具，可以进一步提高应用的资源利用率，简化部署提升扩展性。

基于容器和微服务的车云协同计算

随着汽车智能化的逐渐推广，汽车已经从单纯的交通工具转变为承担着越来越多功能的载体。如最近比较流行的智能座舱、无人驾驶等概念，不管是智能座舱主打的人机交互体验、实时安全提醒、智能AR导航等功能，还是无人驾驶L2~L5的各项能力，背后都需要众多服务和计算去支撑。是否能够快速将这些服务能力交付给客户使用，就成了一个主机厂需要迫切解决的问题。

对于传统的车辆开发来说，通常都需要一个较长的周期。要将一项功能部署到车辆上，从设计到生产通常需要3~4年的时间，这就导致车辆上的硬件规格相对较为保守。此外，受限于成本和能耗因素，硬件算力可能不足以达到要求，特别是在无人驾驶场景下，需要大量基于计算机视觉或雷达数据的路况实时分析等服务。因此，将这些服务迁移到云端的想法便很自然地产生了。这样不仅可以大幅降低车辆的制造成本，且基于云端高性能、可扩展的计算能力，还可以做很多车端胜任不了的计算任务。

但云端计算存在时延问题。自动驾驶对于智能决策的时延要求非常高，如果移到云端去计算，势必会造成时延的增加，这将带来严重影响。例如，车辆在高速公路上以120公里/小时的速度行驶，每秒钟就能行驶三十多米，时延增大就可能会引发严重的交通事故。由此就出现了为解决时延问题的边缘计算解决方案，即把云端那些计算任务移到路侧的边缘计算平台上来进行，从而辅助车辆进行实时的智能提醒和决策。它带来了三个好处：第一，计算能力大幅提升，有利于提高准确度；第二，不需要占用过多的核心网或骨干网络带宽；第三，可以有效降低时延，车辆通过基站就可以连接路上的终端，缩短了数据传输路径，取消了从互联网到无线核心网再到无线接入网的时间。

这里出现了车、云、边缘计算等多种部署位置。如果为每个场景都单独开发，必然会带来巨大的成本和不便性。因此，通过容器构建一个统一的运行时环境就成了必然选择。一个服务根据场景的需求，可以运行在车、云或边缘节点上，使用统一的技术栈既能减小部署成本，也可以根据实际情况进行调整，为主机厂带来了非常大的发挥空间。

另外，车联网的数据有着数据量大、类型多、速度快等特点，而这些正是微服务架构所擅长的。通过微服务容易水平扩展的特性，可以跨多个服务器和基础架构进行部署，从而很好地支持高并发连接数和高吞吐量的需求。同时，利用微服务架构也能解耦不同业务，降低系统的复杂性，使其更加易于部署。

通过容器和微服务的结合，主机厂可以快速将服务部署到需要的位置上，也能从容面对日益增长的客户数量和需求，由此可见这是一种十分合适的解决方案。

基于吞吐的弹性扩缩容和异地双活

一个车型的销量通常都会经历一段发展过程，如果在开始时建设大量的云基础设施，将会产生巨大的财务成本，基于容器化技术的快速扩容和动态调整可以显著降低成本。例如，在前期车辆数量不多时部署少量容器，在销量扩大后根据实际的吞吐量去部署相应的服务，就可以减少不必要的成本浪费，降低财务压力。

并且，因为容器的创建十分快速，能够根据吞吐量的变化快速扩张或收缩节点的数量，可以更进一步地节约成本。

“以用户为中心”的车企最需要考虑的是云服务的连续性和可用性，体现在技术上就是异地双活。基于Kubernetes管理的容器平台可以通过联邦的管控能力，来达成多机房多地域多集群的单元化架构，在一些复杂的场景中为业务提供统一的发布管控和容灾应急能力。

联邦具有如下特性：

- 简化管理多个联邦集群的Kubernetes API资源。
- 在多个集群之间分散工作负载（容器），以提升应用（服务）的可靠性。
- 在不同集群中，能更快速、更容易地迁移应用（服务）。
- 跨集群的服务发现，服务可以就近访问，以降低延迟。
- 实现多云（Multi-cloud）或混合云（Hybird Cloud）的部署。

通过利用这些特性，我们可以协调各集群资源、应用和配置，以实现应用变更管控、分组发布、镜像管理、流量调拨、元数据管理、集群资源管理等功能，从而降低运维成本。但任何技术都不是万能的，这里我们必须认识到几个问题：

- 异地多活是有成本的，包括开发成本和维护成本。需要实现异地多活的业务越多，投入的设计开发时间也会越多。同时也会提高维护成本，需要更多的机器、带宽。
- 并非所有业务都一定适用于异地双活，比较典型的有强数据一致性的业务，因为数据同步需要时间，可能出现不一致的问题。

因此，在考虑异地多活时，需要从业务和用户角度出发，识别出核心和关键业务，明确哪些业务是必须实现异地多活，哪些可以不需要异地多活，哪些是不能实现异地多活的。例如“登录”要实现异地多活，“修改用户信息”和“注册”不一定要实现异地多活。

总结

最后，随着技术不断进步，特别是无人驾驶技术逐渐投入使用，汽车行业必然会出现一个大变局。人们在汽车出行上越来越方便，享受越来越多个性化的服务，汽车会从一个单纯的交通工具演变成为人们移动的家。如何快速地为用户提供这些服务成为了主机厂们必须要面对的问题，这也是软件定义汽车的由来。而基于微服务和容器化的车云实践，正是我们通向未来、更贴近用户的一个探索。

蒋彪

工学硕士，2006年参加工作，现任福特中国架构经理、福特中国大学创新计划企业导师、中国智能网联汽车学会专家委员。曾发表多篇学术论文，并出版《Docker微服务架构实战》《人工智能工程化：应用落地与中台构建》等技术书籍，在大数据、人工智能工程化架构等领域都有独到见解。

王函

福特中国车联网高级架构师、福特中国大学创新计划企业导师，《人工智能工程化：应用落地与中台构建》联合作者，在大数据和人工智能工程化架构等领域都有一定经验。

赵伟

福特中国车联网高级架构师、福特中国大学创新计划企业导师。

扫码观看视频

听蒋彪分享精彩观点

数字孪生在智慧交通领域的高价值应用

文｜苏奎峰

智能网联汽车为什么需要数字孪生？在本文作者看来，主要在于“万物互联”的概念与数字孪生之间的相互作用：万物互联是实现数字孪生的基础，数字孪生技术则为发挥万物互联的价值提供了强有力的技术支撑。结合数字孪生在交通测试、运营管理、规划等方面的应用，它在真实场景中还需要解决怎样的问题？

众所周知，交通网络是一个城市乃至整个社会运行的基础，交通的智慧化升级不仅可以提升社会生产和运营的效率，也会对人们的生活体验及综合幸福指数产生很深的影响。

交通的核心本质，是提供安全、便捷、高效、绿色的出行体验，这也是所有交通从业者努力的方向。经过几十年的建设发展，我们看到中国的交通事业取得了可喜的成绩，为国家经济发展提供了极大的支撑。同时与交通出行相关的众多领域的信息化建设也初步完成。交通行业的数字化、在线化和智能化并行发展，也使得交通出行领域成为创新科技聚集和爆发的集中地。

从技术角度来看，数字化和在线化是智能化的基础。车辆与交通基础设施的数字化和并联在线，为智能分析和高效协同提供了基础。近年来，随着新基建的加速落地，推动了智能座舱、自动驾驶、车路协同、智能交通等产品和服务快速走进生活，为人们的出行提供更多便利，也推动交通由单点智能逐步向智能化运行和管理网络演进。而在面向未来的智慧交通建设中，我们认为实时数字孪生技术将会成为核心支撑，发挥重要作用。

接下来，我就从“为什么智能汽车领域需要数字孪生”“数字孪生技术在交通测试、运营管理、规划等方面均有应用”，以及“突破关键技术，从场景出发解决实际问题”三个方面，来说明数字孪生起到的重要作用。

为什么智能汽车需要数字孪生？

对数字孪生最简单的理解，是基于感知、计算、建模等信息技术，对物理空间进行描述、诊断、预测和决策，我们可以将其价值总结为三大维度，分别是：对过去，沉淀数据，复现生产经营过程，用于分析总结；对当下，实时动态感知物理世界，反映孪生对象当前运行状态；对未来，实现基于现实数据的即刻推演，为决策或控制提供支撑。数字孪生所处层级如图1所示。

图1 数字孪生在“软件定义”层

我认为在某种意义上，万物互联是实现数字孪生的基础，数字孪生技术则为发挥万物互联的价值提供了强有力的技术支撑。就拿智能网联汽车来说，一直以来，智能汽车的产品验证遵循着传统汽车产业的方法，主要包括软/硬件在环测试、封闭场地测试和开放道路测试。

随着技术的发展和交通场景的复杂程度提高，这些测试方法表现出一些不足之处。主要包括以下三个方面：

■ 在真实的物理空间中开展大规模的连续场景验证，需要的时间和经济成本难以接受。复杂交通场景的搭建难度大、成本高、安全风险也很高。

■ 真实的封闭场地建设成本高，且很难适应技术快速发展带来的新测试需求。

■ 开放道路的测试在场景方面存在明显的长尾效应，许多复杂的交通状况不易复现，难以进行大量的重复测试等。

但与此同时，我们发现信息技术的进步带来的不仅是车辆与互联网世界更加紧密的联系，也让车辆本身的运行信息以及车辆运行相关环境信息都可以实现数字化和在线化。当我们将这些信息按照固有逻辑和规律组合到一起，一个和现实世界一致的数字孪生空间徐徐展开，为智能汽车乃至智慧交通系统测试验证提供了全新的解决思路。

基于数字孪生，我们可以迅速搭建复杂的测试场景并实现交通场景的连续定制，用很低的成本解决复杂场景难题，并且更加贴合实际使用需求。而当所有的测试都基于数字试验场，就能迅速适应技术升级带来的全新测试需求。最后，基于云计算技术，数字孪生可以实现海量仿真测试的并行计算，得到更高的测试效率。

数字孪生技术在交通测试、运营管理、规划等方面的应用

数字孪生作为一个信息物理空间的存在，其描述一定是时空一体的数字世界，空间上以数字地理信息为基础，其中包含基础的地理信息图层、行业图层，以及与之相关的业务数据，在CPS（Cyber-Physical Systems，信息物理系统）中，信息由传统的二维存储转变到三维的空间存在。在时间上，涵盖整个物理过程的全生命周期信息链路，包括过去、当下和对未来可能的预测。

从数字孪生的作用过程来看，主要分为以下步骤：

第一步，“场景构建”，可以在虚拟空间中构建起和物理世界形似的场景。

第二步，物理世界和虚拟世界实现实时信息互动，使物理世界的信息能够实时传送到虚拟世界里，同时虚拟世界信息，包括关键的控制信息能够实时反馈到物理世界，保持物理世界和虚拟世界在动态环境中的高度一致性。

第三步，把物理世界的描述转换成虚拟模型，在此基础上进行仿真推演，从而进行对未来的预测，辅助决策，这是体现核心价值的关键一步。

最后一步，将仿真推演的控制决策信息反馈到物理世界，改变物理世界的一些状态，之后再采集数据反馈到虚拟世界。

场景构建-虚实数据互通-仿真推演-控制信息反馈，这四步构建起了完整的数字孪生闭环。这样的闭环体系能够支撑所有现实中可以实现的功能，而且具有干预和预测能力。

下面，通过自动驾驶测试验证、交通组织规划与调控、智慧城市运行管理等方面，就“自动驾驶虚拟仿真平台TAD Sim”做一个具体的案例分析。

■ 通过三维重建、游戏引擎等完整的仿真工具链，在真实的场景数据基础上搭建起平行的数字孪生场景，将道路、地形、交通标志，甚至天气和光照等条件都一一还原。

■ 基于真实世界的交通数据，将现实交通流变成虚拟交通流。可以在遵循物理规律和运行逻辑的前提下，依照需要改变交通流，训练自动驾驶的感知、决策、控制算法，推动自动驾驶算法迅速迭代。

■ 可编辑改变是这种方法最大的特点，让测试更高效地覆盖更多场景，同时能基于现实数据构建一些很少出现但极具价值的长尾测试场景。

数字孪生在自动驾驶落地中的作用路径如图2所示。

而在交通运营管理领域，数字孪生技术可用于交通实时调度和管控。我们都知道道路交通信息化设备正在不断完善，交通数据经过收集后可以实时传输到云端，在云端构建起数字孪生城市。交通管理部门可以在云端城市中结合人流和车流等位置大数据信息，进行交通状况的

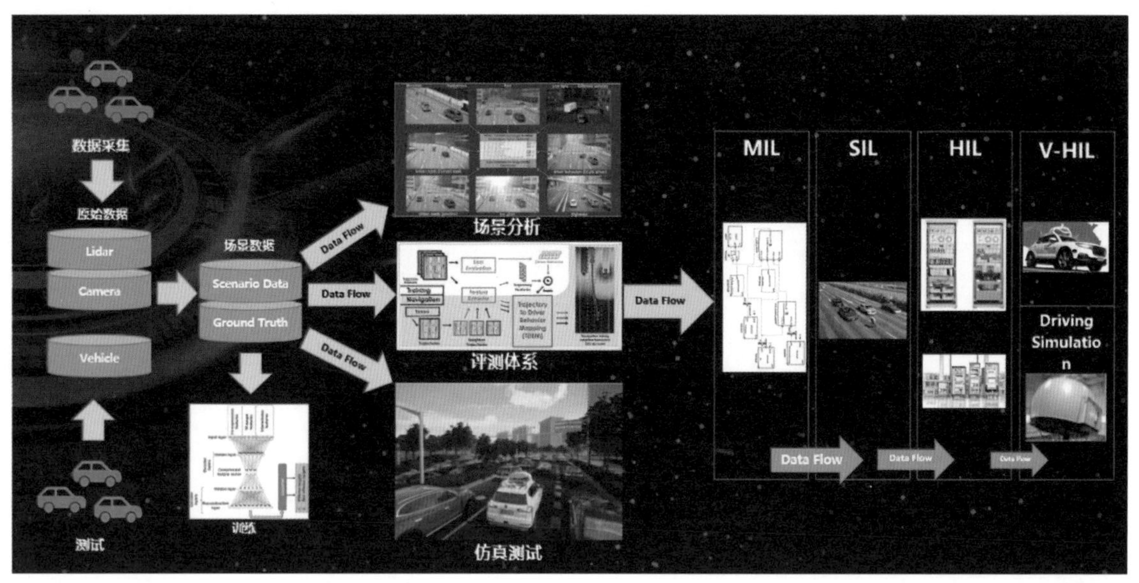

图2 数字孪生在自动驾驶落地中的作用路径

宏观和微观分析。

实时数字孪生系统为交通调度管理部门提供实时监控、动态数据分析，以及可视化功能。融合实时及历史数据做预测和模拟推演，进而实现快速准确地交通管理决策和调控策略落实，并为重大决策提供科学依据。

从这一点我们也能看出，实时数字孪生本质上是将交通信息平移到数字孪生世界中，并在这个虚拟世界里做分析和推演、验证控制策略，最终与现实世界链接，实现虚拟世界对现实世界的控制。其核心就在于动态和实时，现实世界中有很多决策对实效性要求非常高。例如，演唱会散场后局部地点大规模交通拥堵，需要交管部门根据真实情况提前作出预判和应对，孪生平台上的推演就是必要和高效的决策依据（见图3）。

此外，在交通规划设计领域，数字孪生技术助力交通道路、轨道线路、站点、车次等的建设和规划。

一方面，数字孪生系统可以对现有基础设施的模型进行快速改变，并利用仿真技术验证有效性。举个例子，路口的渠化改造，之前可以利用孪生系统改变地图，然后模拟验证其合理性。孪生系统与传统仿真相比，最大的优势是实时数据与历史数据的结合，如果在虚拟世界中做了渠化改造，仿真验证可以直接用现实数据进行验证，真正做到虚实结合，保证仿真模拟的有效性。

另一方面，孪生系统可以融合大数据、历史数据和实时数据为重大决策提供支持，尤其是提前验证规划的合理性和有效性。例如，目前我国大多数城市地铁都存在盈利难题，在设计时需要从路线、站点、运行设计等多维度综合判断和解决。数字孪生技术可以用来构建一个一比一模型，在其中进行规划设计的模拟推演和测算，提出符合人流量、交通需求、城市规划需求等多方面要求的解决方案。

同时，在轨道交通领域，通过数字孪生的虚拟设计、装配以及运行，可以模拟出从轨道交通工具的设计制造到运行维护等各阶段的场景，为轨道交通建设工程节约成本与时间，提高效率和质量，并在运行过程中做好及时

图3 数字孪生下的城市交通热力图

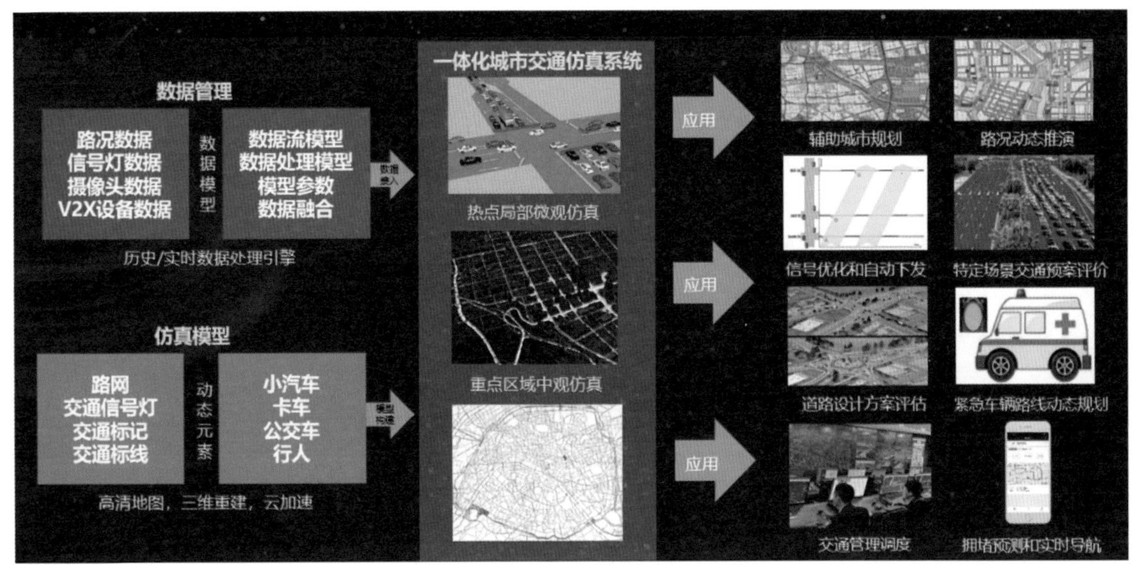

图4 数字孪生在智慧交通发展中的作用路径

的科学分析，做好维护与突发应对（见图4）。

突破关键技术，从场景出发解决实际问题

数字孪生是物理世界中实体、流程或系统的数字精准镜像。经过多年发展，从最早的计算机辅助设计和流程模拟开始，随着技术的进步也有了很多新的内涵，如支撑特定业务的模型需求，与现实世界的实时数据交互，基于大数据和人工智能技术的分析，以及孪生模型与实体模型的交互等。

从场景构建、虚实互动、模拟推演，到决策控制全链路实时数字孪生等方面，我们重点解决以下技术问题：

- 物理世界的“人-物-环境”互联与共荣技术。
- 虚拟世界的构建、仿真运行与验证技术。
- 实时孪生数据构建及管理技术。
- 数字孪生的运行技术。
- 基于数字孪生的智能“生产”与精准服务技术。

上述关键技术都面临很多需要突破的核心挑战。以虚拟环境构建为例，如果低成本、自动化、高精度地构建物理世界模型，则会涉及复杂的系统流程，系统组件上下游依赖，而且行业传统的构建方法重建模型数据量大，无法满足UE（Unreal Engine，虚幻引擎）等引擎需求。同时也难以单体化、语义化，无法在孪生场景中进行计算。为解决这一难题，可以采用基础Mask R-CNN主干网络，充分利用边缘信息做语义级的分割，然后采用检测网络进行细分类。

图像细分类采用Mask-Injection结构（见图5），使用FC层的高级特征融合，特征抽取使用SE-ResNet-50。从而提升类型增减训练速度，无需重复训练检测网络，同时分类网络更易进行领域迁移和知识蒸馏。

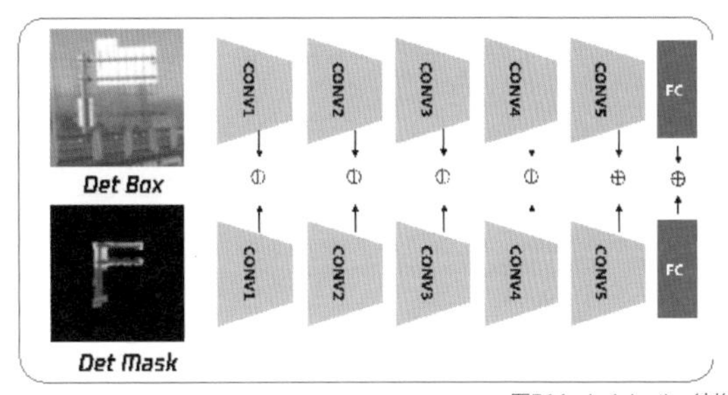

图5 Mask-Injection结构

场景环境生成过程中，需要兼顾不同尺度。在构造网格时，可以同时构建两个分辨率r_h和R网格，其中$R \subset [r_{min}, r_{max}]$为自适应分辨率，不保证生成的网格

M_a的连通性（Connectivity）； $r_h = r_{max}$生成高分辨率网格M_h，保证全局拓扑连通性。

目前，我们已经将数字孪生技术应用到自动驾驶、智能座舱、智慧交通等领域。此外，在城市交通智能管控方面，基于数字孪生的城市交通仿真引擎，结合自动驾驶高精度地图、三维重构、游戏引擎技术，进行模型推理，生成高真实度的虚实结合交通流，同时基于位置大数据，进行宏观仿真，构建未来城市交通规划、预测和运营管理解决方案。

在高速和道路智慧化方面，数字孪生技术可以基于全要素实时感知，有效还原完整的高速系统，包括高速的动、静态场景，隧道内部的动、静态数据等。在传感器看不到的盲区部分，也可以通过预测算法进行弥补，实现信息的实时联通，提升高速道路安全通行能力。另外，在危险化学品运输管理方面，通过重点车辆智慧管控方案可以进行轨迹规划，分析危险品运输轨迹两侧人群分布、交通流时段对比，以及保障设施分布等信息，给出危险品运输最优策略。

总结

整体来说，我认为未来交通将以精细化的运营和感知为基础，通过基础设施数字化、云端数据融合、数字孪生技术分析推演，结合交通指标体系和评价工具，最终实现工程优化、设施控制和C端触达，形成交通治理可持续进化的闭环体系。在此过程中，我们也将发挥生态优势和技术积累，助力汽车、交通、能源各方联动，实现碳达峰、碳中和等目标。

苏奎峰

清华大学计算机科学博士，腾讯自动驾驶总经理，腾讯交通平台部总经理。中国自动化学会智能自动化专业委员会委员、全国汽车标准化技术委员会智能网联汽车分技术委员会委员。主要研究领域包括多传感器信息融合、不确定性状态估计、物联网、软硬件协同设计，以及自动驾驶相关技术等。

扫码观看视频

听苏奎峰分享精彩观点

通关智能汽车与数据库，值得细读的9本书籍

智能万物

自从达特茅斯会议上“AI”诞生，六十多年来，符号、控制、连接学派通过各自的方法论竭力尝试真正意义上的人工智能。无论因机器翻译受挫，感知器能力不足，还是无法达成大规模计算，在行业历经三次高潮与寒冬之后，如今又焕发新的生机。这一次，基于互联网、云计算和大数据的底层架构，加上GPU、FPGA、ASIC等的超高算力，深度学习能否让AI打破循环起落的魔咒，开启第四次智能革命？作为人工智能的顶上皇冠，智能驾驶被寄予大规模产业落地的厚望，究竟该如何实现，以下介绍四本智能驾驶相关书籍，希望能够为你梳理思路有所帮助。

《科学之路：人，机器与未来》

Yann LeCun（杨立昆）著

出版社：中信出版社

出版年份：2021年

我们站在一个新时代，它是信息时代的开端。现在的人工智能系统就好比莱特兄弟的第一次载人飞行。航空业经过数十年、上百年的不断创新已经得到了极大改善，相信人工智能领域也会如此，今天的喷气式飞机大大提高了我们的出行能力，而人工智能也将让我们变得更加聪明，并大大提高我们的生活水平。理查德·费曼（Richard Feynman，诺贝尔奖获得者）说过：“我无法创造出来的东西，我就理解不了。”机器能思考吗？机器会有意识吗？如果我们创造出了能学会思考、产生自我意识的机器，这些人工智能领域的大问题的答案也就昭然若揭了。杨立昆的这部著作，给我们讲述的就是人工智能在我们面前崛起的时刻，也是这个绝无仅有、将载入史册的时刻发生的故事。

——特伦斯·谢诺夫斯基 美国四大国家学院院士、《深度学习》作者

30年前，神经网络走过了非常崎岖的道路。最初的成功过后，神经网络因为本身训练的复杂性、结构的不确定性、对数据量的依赖性、理论的不清晰性等，在2000年年初的一段时间之内逐渐被更加有理论依据的凸优化、核方法、概率图模型等取代。杨立昆和其他两位同获图灵奖的大师约书亚·本吉奥（Yoshua Bengio）和杰弗里·辛顿（Geoffrey Hinton）回忆起自己在这段时间的坚持的时候，笑称这是“Deep Learning Conspiracy（深度学习的阴谋）”，而他们自

己是“Canadian Mafia（加拿大黑手党）”，在各自所在的学校中，他们坚持自己所相信的神经网络研究。

同时，他对人工智能的将来也有着非常深刻的思考。杨立昆在本书中分享的思考，值得我们每一位感兴趣的读者细细咀嚼。

——贾扬清 阿里巴巴集团副总裁

Robotic Computing on FPGAs

刘少山、万梓燊、俞波、汪玉著

出版社：Morgan & Claypool

出版年份：2021年

FPGA具有很好的潜力，其高可靠性、适应性和电源效率，是机器人计算加速的高效载体。本书对基于FPGA的机器人计算加速器的设计进行了全面概述，总结了其采用的优化技术，并证明通过共同设计软件和硬件，FPGA可以实现10倍于CPU和GPU的性能和效能提升。同时，通过部分重新配置（partial reconfiguration）方法，可以进一步提高设计的灵活性并减少开销。

—— 刘少山 PerceptIn CEO

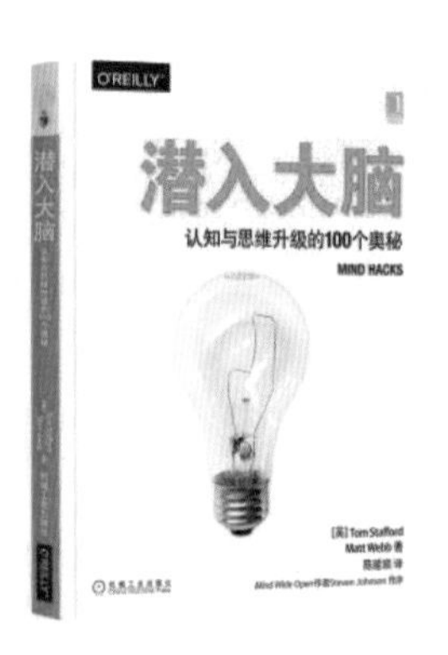

《潜入大脑：认知与思维升级的100个奥秘》

Tom Staflord、Matt Webb著

陈能顺译

出版社:机械工业出版社

出版年份：2021年

不管是自动驾驶，还是智能语音，以至于未来更加前沿的机器人领域，都离不开对人类大脑的研究。本书深入浅出地通过很多试验与举例，讲解了大脑许多有趣的奥秘。与当前行业最流行的机器学习（深度学习）技术框架进行对比，我们可以发现许多人与机器看问题的差异，而这些差异，可能也会成为推动机器的智能进一步发展、更加像人类一样聪明的触发器。

—— 纪宇 小鹏汽车副总裁

《ADAS及自动驾驶虚拟测试仿真技术》

宋柯、魏斌、朱田著

出版社：化学工业出版社

出版年份：2020年

作者用大量图示清晰地讲解了仿真测试平台的架构以及各个软件的功能，基于案例讲解了各个场景的仿真原理。在介绍仿真平台搭建过程的同时，作者也从另外一个角度阐释了自动驾驶技术、车辆运行模型。本书适合想要学习自动驾驶仿真技术和车辆建模技术的人群，是自动驾驶领域不可多得的好书。

——张航 中科创达智能汽车事业群首席架构师兼工程VP

数据库之路

数据库的诞生，对计算机技术具有划时代的意义。从一开始的数据模型衍生出各类非关系型数据库，或从单机数据库到现今如火如荼的分布式数据库，数据库领域展现出了勃勃生机且发展日益壮大。对于广大程序员而言，了解数据库历史、掌握技术内核、上手场景化实践是重中之重，在此向大家推荐5本数据库经典好书，希望能对你有所启迪。

《数据库系统概念》

Abraham Silberschatz、Henry F.Korth、S.Sudarshan著

杨冬青、李红燕、唐世渭译

出版社：机械工业出版社

出版年份：2006年

本书系统全面地介绍了数据库及相关领域的诸多技术内容，既包括了原理性的阐释又不乏实践操作方法。该书深入浅出地介绍了诸如数据建模、查询语言、应用系统开发等方面内容，还包括数据库系统的实现技术，如磁盘文件、索引技术、查询处理及优化技术、事务管理与并发控制等诸多细分领域的经典技术内容。

本书涉猎的数据库技术内容具体而翔实，此外还通过文献注解的方式提供给读者相关领域经典论文供其深入了解技术内容。它紧跟技术领域的发展趋势，在多次的修订版中及时地收录本领域的最新进展，是经典的数据库系统入门书籍。其系统化、全面化的程度很高，又适合让人作为工具书供日常参阅。

—— 廖浩均 涛思数据联合创始人&TDengine核心作者

Database Internals：A Deep-Dive into How Distributed Data Systems Work

Alex Petrov著

出版社：O'Reilly Media

出版年份：2019年

本书出版于2019年，所以其涉及内容相对较为现代。作者Alex Petrov曾经是DataStax的工程师，在NoSQL领域比较领先的开源项目Apache Cassandra工作多年，所以他在数据库领域有着深入的实战经验。这本书只讲了两个部分：存储和分布式，这虽然不是数据库的所有领域，但却是现代数据库系统的两个核心领域。书中涉及不少比较现代的主题，在教科书式的数据库读物中不会出现，但这些内容比较全景地展示了数据库工程在存储和分布式两个方向上的主要进展和成果 。全书写作简练，图文结合，在数据库类的读物中比较难得，读者也不会有太多负担。

—— 金明剑 TensorBase创始人

《数据库系统实现》

Hector Garcia-Molina、Jeffrey D.Ullman、Jennifer Widom著

杨冬青、吴愈青、包小源译

出版社: 机械工业出版社

出版年份: 2010年

本书是斯坦福大学计算机科学专业数据库系列课程的教科书，可以被列为学习数据库实现的必读书目。书中阐述了实现关系数据库系统各层面的关键技术，包括事务、存储、索引、查询编译器、优化器等方面。本书不仅内容全面、讲解权威，同时以问题为导向，给出大量解决实例，让读者能够理论结合实践，更深刻理解其中的含义。

如今国产数据库产业发展涌现出大量新机会，相比之下，数据库内核研发人才数量却远远不能满足市场需求，在此欢迎更多的青年才俊投身国产数据库产业，为国产基础软件的振兴共同奋斗。

——杜胜 北京人大金仓CEO

《大规模分布式存储系统：原理解析与架构实战》

杨传辉著

出版社: 机械工业出版社

出版年份: 2013年

分布式系统是一门理论与工程实践相结合的学科，它的难点不仅在于某个理论或者协议，更在于大规模系统的工程实践，最难的在于怎么把大规模系统做稳定。虽然业界有很多分布式理论相关的书籍或者论文，但鲜有工程实践类的书籍。本书系统性地介绍了分布式系统的原理、范型，以及分布式数据库OceanBase的工程实践，从实践的角度把分布式和数据库的核心技术，包括数据分布、负载均衡、事务处理、故障恢复、存储引擎都讲得比较清晰，是一本不可多得的分布式存储系统实践类书籍。

——杨传辉 OceanBase CTO

SQL Cookbook

Anthony Molinaro著

王强、王晓译

出版社：清华大学出版社

出版年份：2005年

在数据库百花齐放的年代里，不少技术朋友都在讨论A数据库如何迁移到B数据库的问题。数据库产品的迁移除了数据同步外，更难以处理的是各数据库厂商不同的SQL语法特性，因此开发人员需要详细了解目标数据库的语法特性，但是，通读一个数据库产品的SQL语法手册是不现实的。在这里推荐给大家一本经典的书籍*SQL Cookbook*，它以场景分类，提供Oracle、SQL Server、Db2、MySQL、PostgreSQL多个数据库的SQL操作对比，可以作为数据库迁移过程中有效的工具书进行使用。

——萧少聪 SequoiaDB 巨杉数据库资深总监

《神秘的程序员们》之

简单方案！

作者：西乔

人人都喜欢简单方案，
尤其是老板

不要弄得太复杂 越简单越好
尽量用最低成本实现

作为工程师们，你当然也梦想
做出的产品是精巧可靠的。

架构精巧灵活
低维护成本

但你理解的简单方案，
跟老板的理解，
可能不太一样……

可以很快做完，
而且不用花太多钱，
也不需要太多人。

下面你开始准备“去复杂化”了

但是，找到“简单方案”
却是一件非常复杂的事……

因为你首先
需要确定，
哪些是
应当被
简化掉的？

嗯，我觉得你把事情想简单了。
你最好再深入了解下……

你不能就这么把功能给
拿掉，现有用户觉得这
些功能是属于他们的。

用不用是一回事，
他们觉得为此付过钱了。

呃，变化有点大，我觉得
老客户会很难接受……

让付钱最多的用户开心才是
最重要的，你说对吗？

合规永远是第一位的。这几点不
做会导致什么后果你清楚吗？

我们正在进行中的这个大活动
筹备一年了。我希望一切都保
持稳定，不要搞这么多花头。

我就是想把
事情简单化。

大哥，什么都不变
就是最简单的！

最后……

不是说了让你搞简单点嘛，
花了好几天，
连方案都还没出来？？？？

图书在版编目（CIP）数据

新程序员. 002 / 《新程序员》编辑部编著. -- 北京 : 中国水利水电出版社, 2021.9

ISBN 978-7-5170-9887-4

Ⅰ. ①新… Ⅱ. ①新… Ⅲ. ①程序设计－文集 Ⅳ. ①TP311.1-53

中国版本图书馆CIP数据核字(2021)第172074号

书　　名：新程序员.002
　　　　　XIN CHENGXUYUAN . 002
作　　者：《新程序员》编辑部 编著
责任编辑：李海元
出版发行：中国水利水电出版社
　　　　　（北京市海淀区玉渊潭南路1号D座 100038）
　　　　　网址：www.waterpub.com.cn
　　　　　E-mail：zhiboshangshu@163.com
　　　　　电话：010-62572966-2205/2266/2201（营销中心）
经　　售：北京科水图书销售中心（零售）
　　　　　电话：（010）88383994、63202643、68545874
　　　　　全国各地新华书店和相关出版物销售网点
印　　刷：河北华商印刷有限公司
规　　格：185mm×260mm 16开本 13印张 397千字 1插页
版　　次：2021年9月第1版　2021年9月第1次印刷
印　　数：00001—11000册
定　　价：89.00元